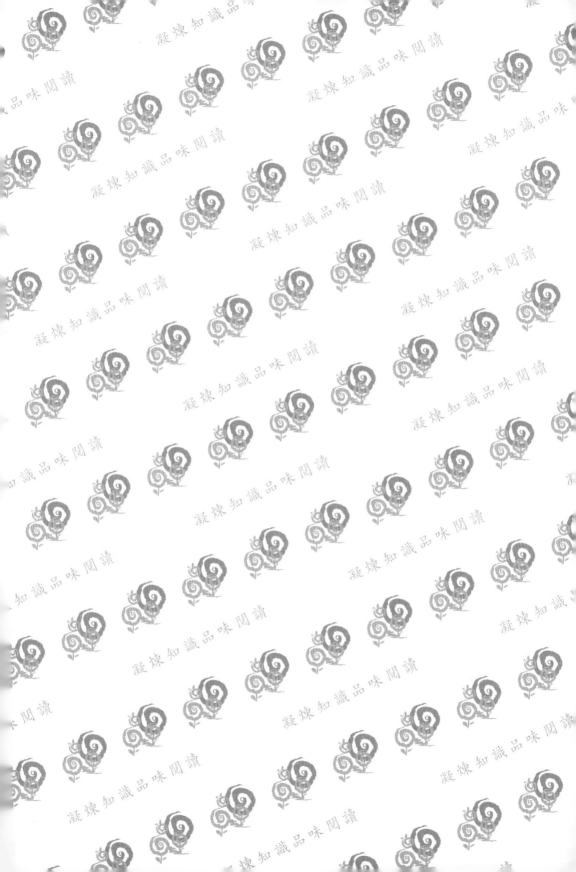

研究&方法

問卷設計
如何規劃、建構
與編寫有效市場研究之調查資料

中文第二版

Questionnaire Design:
How to Plan, Structure and Write Survey Material for Effective Market Research (5th ed)

伊恩・布萊斯（Ian Brace）
凱特・博爾頓（Kate Bolton） 著

王親仁 譯

五南圖書出版公司 印行

前言

　　有時，似乎每個人都在編寫問卷。那些想要得到問題答案的人是多種多樣的。有些是大型企業，例如：跨國公司需要資訊制定商業戰略，或政府爲了擬訂政策。其他請求的發起者是規模較小的實體，例如：試圖瞭解如何最好地讓父母參與孩子教育的學校；或者個人，例如：爲論文蒐集證據的學生。新技術也持續增加傳送調查請求的方式和即時性，例如：在日常活動中瀏覽網站時彈出。

　　提出問題可能是獲取所需資訊的唯一方法——因爲該資訊無法透過任何其他來源獲得——或者就成本和時間而言，這可能是最可行的方法。但是，蒐集到的資訊僅如同提出的問題一樣好。問卷編寫者面臨著廣泛的挑戰，這些挑戰可能會逐漸削弱問卷的價值。在整體層面上，需要決定包含和排除哪些問題主題——同時有壓力要使訪談盡可能簡短，以鼓勵參與及保持注意力。他們需要決定以什麼順序提出問題，以及對於每一個單獨的問題，他們需要選擇適當的問題類型、選擇措辭、添加說明，並考慮視覺配置。他們在每一點上所做出的決定，都會對給出的答案產生影響。

　　調查設計的許多其他方面對資訊品質和有用性產生影響，例如：抽樣方法和分析的穩定性。改進這些要素的步驟（例如：增加樣本數量），通常對成本產生重大影響。更好的問卷編寫是一種在提供更準確的答案方面有重大的回報、低成本或無成本的改進。

　　本書的目的是提供一些可應用於編寫任何類型問卷的一般規則和原則。本書主要是針對市場研究的學生和從業者編寫的，但同時也應該有助於社會研究人員、政治民意調查人員和其他任何需要編寫問卷的人。

什麼是一份問卷？

一份問卷透過結構式訪談，對每一個受訪者根據事先準備好的固定訪談時程表提出一系列問題來蒐集資訊。因此，本書不適用於質性研究訪談。雖然質性訪談涉及主題指南，但訪談時程表是事先準備好的，並非是固定的。然而，這種訪談將適用於招聘面試，通常用於質性研究，以確定有資格參加後續深度訪談或焦點團體的受試者。

在市場研究中，名詞「問卷」是指調查參與者自我完成問卷，以及由訪員進行的調查工具——無論是面對面，還是透過電話。在其他學科中，涉及到訪員的問卷通常稱為「訪談時程表（interview schedule）」，而術語「問卷」一詞則保留給自我完成的問卷。在本書中，我們使用市場研究中問卷的常見用法，包括自我完成和由訪員進行的調查。

「半結構式訪談」一詞將避免使用，因為它對不同的人來說可能意味著不同的含義。對某些人來說，這意味著一份問卷幾乎完全由公開的、逐字逐句問題和提問說明所組成。此種問卷為不同訪員進行的訪談之間，提供了在一定程度上的一致性架構，同時為他們提供相較於平常可能的更大探索空間。對於其他人來說，這個詞只是意味著包含開放式逐字和封閉式問題的問卷。

當本書的第一版完成時，面對面訪談可能仍然是商業和社會研究中最常見的資訊蒐集形式。在這些年裡，發生了巨大的變化，面對面訪談對於大多數商業研究調查而言變得不太常見，而在社會研究中，只要存在可信的線上替代方案，這種情況就越來越多。這一版本在討論技術時承認線上研究的主導地位，但仍然承認面對面和電話資訊蒐集的重要性。每一種調查模式各具有本身的機會和問

題，但一般問卷設計和編寫的一般準則均適用於所有模式。

一份問卷的角色

問卷為所有受訪者提供標準化訪談。它管理訪談流程，以確保向所有受訪者都以相同的順序詢問適合他們的問題，並確保以一致的方式詢問或呈現問題。

以同樣的方式提出問題，是大多數調查研究的關鍵。如果一個問題在受訪者中以不同的方式提出，那麼有些人可能會對這個問題的理解略有不同，因此在回答時會考慮不同的因素。如此，就無法有效地將答案合併，且如果這樣做，可能會導致誤導性的解釋。在某些情況下，問題的措辭應針對受訪者群體量身訂做，以辨識不同受訪者的詞彙或對該主題的知識，從而幫助他們理解問題。如果受訪者中有預先確定且可識別的離散子群體，例如：有定期服務經驗的受訪者與新使用者，則可在問卷中進行管理。他們可以被引導到一個以最適合他們的方式來表達的問題。這不能在個人基礎上進行，也不能在沒有預料到需要之情況下進行。對於這些子群體，問題的答案也需要被分別進行分析。

遠距對話的挑戰

問卷可以被視為研究人員和受訪者之間遠距對話的媒介。然而，這是一個由不在場的人設計的對話。問卷編寫者的技能之一是編寫出對所有受訪者都有相同意義的問題，無論它們在螢幕上或頁面上是如何閱讀的，或者訪員可能如何說出它們。

這種遠距性（remoteness）是量化調查研究和大多數質性研究

之間的主要差異。量化研究人員必須意識到他們與受訪者的距離，並在他們所做的工作中考慮到這一點。特別地，研究人員絕對不能忘記，每一位受訪者都是一個真實的人——而且是一位自願放棄時間參與的人。研究人員有時可能會傾向於將受訪者純粹視為資訊來源，並撰寫冗長、複雜和無聊的問卷，未能以應有的尊重對待受訪者。這導致受訪者缺乏參與過程，因此所蒐集的資料品質受到影響。問卷編寫者的關鍵要求之一，是確保受訪者在整個訪談過程中受到吸引並持續參與。

研究人員與受訪者相距甚遠的後果之一，是結構式問卷難以引發創造性的回應。研究人員和受訪者之間缺乏互動，以及因而無法為特定受訪者量身定做問題，這意味著問卷通常應被視為一種反應性媒介。它擅長獲得所提問題的答案（儘管我們會看到很多方法無法做到這一點），但它並無法對沒有被提問到的問題提供答案，也不是挖掘消費者創造力的好方法。如果這是必要的，質性研究技術提供了更好的解決方案。

問卷編寫者必須避免許多陷阱。在本書中，一些最常見的錯誤透過從一系列不同來源的範例進行了說明。這些範例說明了違背最佳實務甚至基本原則有多容易，以及如何蒐集到無意義或難以解釋的資訊。在許多情況下，為了避免這些責任者的尷尬，已經進行了微小的修改。

獲得最佳的答案

所有研究只是代表現實世界的一種模型。我們希望這個模型盡可能做得準確。在大多數情況下，很難判斷它的準確程度。政治民意調查是一種罕見的場合，可以根據選舉結果的現實來判斷模型，

但它們並非總是如我們希望的那樣準確。在許多情況下，民意調查中開發的模型與研究人員的預期一樣準確，但其他人的期望往往更高。在商業研究中，模型的測試最有可能發生在銷售預測方面，但是有許多因素超出行銷經理的控制範圍，例如：競爭對手的反應，這使得即使在這樣的情況下，對模型進行的測試也不像政治民意調查那樣嚴格。

然而，在大多數研究中，我們在確定我們的模型到底有多好時有些盲目。這使得研究人員有責任確保他們所蒐集的資料在描述市場、社會狀況、人們的信仰和態度，或模型所設定的任何描述或代表的內容時，能夠盡可能準確。

在大多數調查中，我們主要依賴人們告訴我們的訊息。這並非總是準確的，而且為什麼會準確呢？我們常常要求自願的受訪者犧牲他們的時間，且經常沒有或幾乎沒有給予酬謝。我們經常要求他們回憶對他們來說往往是微不足道的事件，例如：他們購買的早餐麥片，或者超市裡提供選擇的優酪乳口味。我們經常要求受訪者分析和講述他們從未有意識地考慮過的問題之情緒和感受，例如：他們對不同品牌塗料的感受。即使他們能夠意識到自己的感受和情緒，他們真能表達出來嗎？他們為什麼要為這些事付出任何努力？訪談也許在家門口或透過電話進行，此時受訪者首先關心的是孩子在哪裡；或者他們可能會因為正在觀看最喜歡的電視節目時被打斷而感到惱火。或者訪談也可能在購物中心進行，此時受訪者急於完成購物並回家。或者它可能在網路上進行，在一個有干擾的個人電腦上進行，動機是獲得面板公司提供的獎勵，或者在一個關注有限的行動裝置上進行。

身為研究人員，我們必須意識到我們不能期望受訪者提供完全準確的資訊。我們必須構建和使用問卷，來幫助受訪者提供他們所

能提供的最佳資訊。我們必須考量的不僅僅是受訪者提供準確答案的能力或意願，我們自己的工具往往是不純熟的，而且很難評估什麼是真實的或準確的，特別是在涉及態度和意見方面，不同的調查似乎產生不同的評估。這有時是因為目標的不同，但也可能是由於調查工具本身的差異所造成。

在本書中，會有些範例說明問題措辭、回應選項和版面配置如何影響所獲得的結果。本書旨在介紹我們如何幫助受訪者為我們提供他們最佳的答案，來將我們不需要的偏見和變異降到最低，或者，如果我們無法實現這個目標，至少讓我們意識到這些偏見和變異可能存在，以便我們可以對我們呈現的世界模型充滿信心。

標準化的調查方法

許多市場研究公司現在使用標準化（通常是品牌和商標）方法，來滿足一些較為常見的研究需求，例如：廣告追蹤、廣告預試、品牌定位和客戶滿意度。這些方法使用特定的問題或問卷格式，它們的發展通常是由建立在經驗基礎上的價值所驅動——例如：識別已被證明是未來行為或成功之良好預測因素的問題方法。通常，已經建立了來自數百或數千個類似研究的規範資料庫，這些資料庫有助於提供一個比較基準，以幫助解釋結果——但是如果以不同的方式提出問題，則其有效性將會降低。標準化一種方法也可能在成本和時間方面帶來好處——在專案管理過程中，還可以減少研究人員確定和決定每次都要提出問題的需求上。然而，使用標準化技術並不能排除研究人員瞭解問卷設計原則的必要性。標準化調查通常考慮到特定的研究領域或產品部門而編寫，而且需要針對其他人群和產品領域進行調整。一種為了研究「快速消費品」（FMCG）的設計技

術，可能對金融部門進行相當大的改變。

　　許多標準化方法允許對額外問題進行一些彈性的調整。需要就如何提出這些問題以及如何評估其價值做出決定，因為在問卷中這些問題通常被限定在標準問題之後進行。所以，設計良好的問題並瞭解可能影響受訪者回答的因素，仍然是一項必要的技能。

⊚ 個案研究：威士忌的使用與態度研究

簡介

　　在每一章節結尾，我們將考慮一個涵蓋商業研究中典型資訊需求的專案。我們將逐章研究所提出的問題，這些問題將影響我們如何處理問卷。在本書結束時，我們將完成整個問卷的編寫，該問卷可以在附錄 1 查看。

背景與商業需求

- 「Crianlarich 蘇格蘭威士忌」（一個虛構的品牌）被定位為非當場消費且適用於零售業的品牌（即透過非許可酒類販賣員證和超市銷售，而且主要在家中飲用）。雖然它在酒吧、酒館、餐館中銷售，但公司沒有計劃專注於該市場。它最近發起一項行銷計畫，以鞏固其在非當場消費零售業的地位。該公司計畫在英格蘭和威爾斯的各種報紙、雜誌以及海報上，展開為期六個月的廣告活動。該活動的目的為鞏固 Crianlarich 作為非當場消費零售品牌的領先地位。

- Crianlarich 以較便宜的價格銷售，並且聲稱它是深受蘇格蘭人飲用的品牌，這被認為是這個市場選擇品牌的關鍵動力，儘管這一點以前沒有被研究過。

- 它的主要競爭對手被認為是「Grand Prix」（另一種虛構的品牌），預計它將與 Crianlarich 同時進行廣告宣傳。

- 該公司希望在市場上進行一項品牌定位的評估研究，並就廣告活動的成功提供回饋。

關鍵要點

- 量化研究旨在提供現實世界的模型。
- 問卷管理從受訪者那裡蒐集資訊，以確保有效整合答案來創建此模型。它透過提供一個結構化和標準化的訪談來實現此目標。
- 問卷能否成功導引出準確的資訊，是該模型實用性的關鍵。
- 不幸的是，有很多地方可能會出錯，尤其是保持受訪者注意力的挑戰，及提出他們實際上可以準確回答的問題。
- 問題編寫者需要做出許多決定（和妥協），包括：
  - ⊙ 包含（和省略）什麼。
  - ⊙ 順序。
  - ⊙ 問題類型。
  - ⊙ 確切的措辭。
  - ⊙ 版面配置。
  - ⊙ 指引。
- 由於這些選擇可能會影響受訪者的回答方式，因此每一位問題編寫者都需要瞭解其影響，以及消除（或至少減少）任何不希望影響效果所需的步驟。研究資料的使用者在解釋輸出時，也需要記住這些可能的限制。

Contents 目錄

Chapter 03　規劃一份問卷　　33

Chapter 04　問題類型概述　　55

Contents 目錄

Chapter 08　衡量滿意度、形象及態度　　133

Chapter 09　編寫有效的問題　　157

Contents 目錄

Chapter 10　為一項線上調查創建一份問卷　185

Chapter 11　讓受訪者參與線上調查　225

Contents 目錄

Chapter

01

定義可實現的問卷目標

簡介

幾乎所有問卷編寫者需要做出決定的關鍵是，首先對問卷需要實現什麼目標要有一個清晰地理解。獲得這種清晰度有時可能是所有挑戰中最艱難的。它不僅會影響有關如何建構、排序和措辭問題的具體決策——而且也會影響一個問題是否能在問卷中占有一席之地。鑒於越來越多的調查請求正大量、頻繁地向我們的潛在受訪者發送，問卷將面臨比以往更簡短與更聰明的壓力。

調查過程中的問卷

問卷代表調查過程的一部分。然而，在提出任何問題之前，必須定義樣本，並且確定抽樣方法和資料蒐集工具。此外，還必須考量調查的整體結構設計。典型地，這些決策是透過提前思考什麼是解釋結果數據所必需的或有用的所驅動。例如：如果調查正在衡量行銷活動的影響，那麼在活動開始之前對關鍵指標進行基準測試可能是有用的。在這種情況下，設計可能涉及對活動開始前後進行的訪談設計。或者，也許需要決定哪一種新產品配方應該推出。是否應該要求每一位受訪者測試兩種配方以進行直接比較嗎？是否最好採用單元設計，即讓受訪者隨機分配到其中一種產品？這將造成一個更實際的情況，但可能更難解釋，因為沒有直接的比較。這些都是設計一份與現實目標相符的調查之關鍵階段，儘管超出了本書的範圍，但都會對問卷的編寫方式產生影響。

問題編寫者還需要提前計畫最有用的分析方式。必須包括確保可以辨識出關鍵分析之子群組（例如：年齡組、用戶組、品牌忠誠度用戶與常客購買者等）的問題。也需要其他問題來提供理解關鍵指標所需的背景訊息：瞭解一位狗主人對狗糧包裝尺寸的偏好可能取決於其他變數，例如：狗的品種、體型和狗的數量等。

問卷編寫是調查過程統整部分。問卷編寫方式會影響其他調查流程，而這些流程中發生的情況又會影響問卷的編寫方式。

研究目標

業務目標和研究目標

　　區分專案下的業務／組織目標以及實現該專案（及問卷）的研究目標是至關重要的。

> **業務目標**：提供當前合約市場至少 60% 具吸引力的組合價格進入手機電信市場。
>
> **研究目標**：
> - 確定擁有合約的手機電信用戶每月付款的數量分布。
> - 確定這些金額是由基本費、通話費及特別優惠和折扣等組成的。
> - 確定當前供應商的滿意度。
> - 確定他們考慮更換供應商時所需的價格優勢。

　　業務目標涉及組織想要做出的決策和行動──而研究目標則根據所需訊息的類型和範圍來闡明，以利於做出這些決策。在某些情況下，這種區別似乎是一個語義問題。然而，明確的區別是重要的，以確保最終用戶對研究角色有一個實際的看法。研究本身並不做出決定──研究是一種使最終用戶能夠基於所產生的資訊做出更好決策的工具。如果對組織試圖實現的目標沒有清晰的聚焦理解，那麼研究目標就有被不恰當定義的風險──在最壞的情況下，會產生不相關且無用的資訊。更常見的問題是目標變得過於廣泛。問卷的時間有限，將更難決定什麼是可以省略的。因此，問卷可能比所需的時間更長，從而對資料品質產生風險，例如：過程中失去動力和參與度。當問題聚焦在特定的議題時，結果的直接可操作性（actionability）也會增加。然而，由於問卷的空間有限，如果試圖涵蓋太廣泛的問題範圍，這種聚焦和深度將受到損害。

釐清業務目標

　　確認計畫背後的業務目標明確，可能比最初看起來更難。通常，問卷編寫者不是研究的最終使用者，而是負責向業務中其他利益關係人提供有用資料的人。對問卷編寫者來說，瞭解客戶打算如何使用資料是非常重要的。通常，總體目標很容易表達（例如：增加市場份額），但思考如何實現這個目標可能更難。以下可能是有用的提示，有助於問卷編寫者和最終用戶之間的討論，以釐清特定需求：

- 已經做出哪些決定？
- 對已經做出的決定，您有多大信心？
- 您是如何走到這一步的？
- 您已經獲得哪些資訊？
- 您以前有沒有做過任何研究？
- 您正在考慮採取哪些措施？
- 如果無法進行任何研究，您將怎麼做？
- 在現階段做出錯誤決策的風險有多大？

研究目標：確定兩種（A和B）可能的義大利麵醬食譜中，哪一種更受喜愛（首選）

　　在一個簡單的層面上，這個目標可以透過詢問相關市場的受訪者來品嚐兩種食譜，並且說出他們較喜歡哪一種。然而，首先要做的是確定需要哪些訊息，這需要對工作簡報提出問題。僅僅知道 x% 喜歡食譜 A 和 y% 喜歡食譜 B 就足夠了嗎？我們是否需要以任何方式知道喜歡食譜 A 的人與喜歡食譜 B 的人有什麼不同，例如：人口統計特徵、他們通常食用的義大利麵醬量，以及他們目前使用的品牌或食譜？根據研究結果，兩種食譜是否可進行修改以

提高其吸引力，這意味著應該包括有關每個食譜喜歡和不喜歡的問題？是否可能結合某些 A 和 B 的特點，而創建一種新的食譜？

　　只有對工作簡介進行了這種方式審查之後，我們才能確定最後的調查設計或完全滿足該目標所需的資訊。

將業務目標轉化爲研究目標

　　研究目標不應看起來像是所有需要資訊的詳細清單，而更像是闡明實現業務目標所需的資訊範圍。

　　研究人員將業務目標轉化爲這些研究目標的能力是一種關鍵技能。在研究專案的商業宣傳中，這可能是委託公司選擇研究人員的重要原因：他們將尋找證據表明研究人員已經完全理解業務挑戰，並且已經闡明他們確信可以實現的研究目標。人們往往會過度承諾，然而一位熟練的研究人員和問卷編寫者不僅會意識到研究的威力，還會意識到其侷限性。我們可能需要特定資訊，但是我們必須對受訪者能夠正確回答的事實保持現實——即使是構建完善的問題。

　　應謹慎處理冗長的研究目標列表，其中無明確與業務目標的聯繫，也沒有顯示優先順序和過度承諾的測量語言。最後一點，對優先順序較低的目標尤其需要注意；最高優先順序的目標應主導問卷設計。如果需要妥協（例如：問題的順序或提問的深度），那麼研究目標的表達方式應該反映這一點，以便管理期望。對於優先順序較低的目標（例如：使用「探索」而不是「確定」），合理地預期測量語言應該更加謹慎。

　　理想的情況似乎是，研究人員從客戶或最終用戶那裡收到一份既包含業務目標，又包含研究目標的簡報。然而，即使發生這種情況，研究人員的責任是確保兩者保持一致，並且透過研究目標的提出，確保調查將有效地應對業務目標。

您能從其他任何地方獲得資訊嗎？

從任何細節來看，本書的範圍並不包括詳細探討整體研究設計。然而，重要的是要認知到從一開始就需要對其他資訊來源的存在和價值進行嚴謹的思考，以及在蒐集所需資訊時使用非問卷的研究方法。

人們往往過於期望問卷能夠滿足所有需求，部分原因出於希望從單一來源獲得所有資訊的吸引力。當然，在整合來自不同來源的資訊時可能存在許多挑戰，並且不可避免地會出現一些分歧和不一致（例如：在橫跨二手來源使用的術語和定義）。此外，從長遠來看，將預算過於分散在多種研究方法，可能效果較差，因爲每一種方法的穩健性可能會受到損害。然而，我們面臨的現實是問卷時間是寶貴的：問卷品質會受到長度的影響。過度附加的問卷可能是一種虛假的經濟，由此而產生的學習品質可能並不比整合來自各種來源的見解更好——甚至可能更差。

除了有助於將研究目標聚焦在問卷調查元素外，在一開始就考慮其他資訊來源，在解釋資訊時也會有所助益。例如：提供背景和比較點，有助於建立對新出現結論的信心。

問卷中的利益關係人

在設計一份有效問卷時，問卷編寫者需要認知到不同人群在問卷中可能存在的角色和潛在的衝突需求：

- 客戶爲委託進行研究的最終使用者，是主要的利益關係人，他們希望問卷所蒐集的資訊，能夠解決他們的業務問題。
- 受訪者希望問卷能提出一些可以輕鬆回答的問題，讓他們想參與並保持興趣，可愉快地完成，並且不會占用他們太多的時間。

- 訪員（若有使用的話）希望問卷能讓他們盡可能好好地、輕鬆地履行其角色。他們需要問卷易於施行，受訪者容易理解問題，並且有助於以專業和尊重的方式管理雙方間的互動。
- **資料處理者**希望問卷的版面配置可支持簡單的範本編寫或資料的輸入，並能直接產生可能需要的資料表格或其他分析。
- **研究人員**（或問卷編寫者）必須竭盡心力滿足所有這些人的需求，通常須在預算和時間範圍內進行工作。

因此，問卷編寫者的工作可以總結為，編寫一份問卷來解決客戶的問題，盡可能客觀地蒐集資料，並且不會刺激或惹惱受訪者，同時最小化在資料蒐集和分析過程中的任何階段發生錯誤的可能性。

蒐集無偏差和準確的資料：問題摘要

雖然這些內容將在本書的特定主題背景下進行討論，但瞭解本章開頭主題是有用的，因為它們會影響可實現的目標，並可能影響定義目標的方式。

受訪者議題：
- 受訪者未能理解問題。
- 因受訪者感到無聊和疲憊而對訪談不注意。
- 受訪者希望回答與所問問題不同的問題。
- 關於行為的記憶不準確。
- 關於時間區間的記憶不準確（伸縮）。
- 受訪者希望給人留下深刻印象。
- 受訪者不願意有意識或下意識地承認自己的態度或行為。
- 受訪者試圖影響研究結果，並給予他們認為會導致特定結論的答案。

這裡最後提及的三個受訪者問題，是屬於一個被稱為「社會期望性偏差（social desirability bias）」的主題。第 16 章專門聚焦在此主題上，因為它足夠重要，值得獨立一章來探討。

問卷議題：
- 問題含糊不清。
- 問題之間的順序效應。
- 問題內部的順序效應。
- 不適當的回應代碼。
- 由於路徑設計不佳而提問錯誤問題。
- 問卷未能準確或完整地記錄回應。

訪員議題：
- 提問的問題不準確。
- 未能準確或完整記錄回應。
- 因感到無聊和疲勞所造成的錯誤。

這些問題在問卷編寫方面早已被認同，而且它們的分析可以在 Kalton 和 Schuman（1982）的著作中找到。

個案研究：威士忌的使用與態度

最初的要求概述了需要進行研究來測量 Crianlarich 品牌在市場上的定位，並且就提議的廣告活動之成功提供回饋。

釐清業務目標

透過對基本目的之討論，我們確認在英格蘭和威爾斯（而不是蘇格蘭）建立銷售是客戶成長策略的核心。一個影響該專案範圍的重要因素也獲得了釐清：即

聚焦在建立非立即消費的零售銷售，他們已經擁有良好的零售配銷，而不是透過店內銷售，其中 Crianlarich 在酒吧、酒館和其他場所的出現相對較弱。

　　廣告活動本身的目標被確定爲讓威士忌飲用者購買 Crianlarich 在家中飲用，並將 Crianlarich 定位爲蘇格蘭人喜愛的品牌。

　　然而，透過討論後出現對廣告前提的懷疑，而不是確定：不確定 Crianlarich 作爲蘇格蘭領導品牌是否會成爲英國其他地區的關鍵促動因素。對於那些可能產生最多銷售量的最有經驗的蘇格蘭飲用者，是否這一點具有相應的相關性也存在一些顧慮——或者它更適用於不太頻繁飲用蘇格蘭威士忌的人。因此，（透過研究）對當前 Crianlarich 的定位有更深入瞭解，並對溝通策略充滿信心是有必要的；這將使客戶能決定消息和／或廣告的傳遞是否需要做任何改變。

轉化爲研究目標

　　從對廣告前提的深入理解，我們確定下列研究目標：

• 確定廣告對 Crianlarich 知名度的影響。
• 確定品牌對關鍵產品和形象維度的感知。
• 測量廣告活動期間這些感知的任何變化。
• 確定品牌關鍵廣告主張的重要性，即該品牌是蘇格蘭人喜愛的。
• 在蘇格蘭威士忌非立即消費的零售中，測量上述所有內容在輕度和重度飲用者中的影響。

研究設計

　　我們意識到受訪者很難準確地將他們所理解的任何變化歸因於一種特定來源（即廣告），甚至很難知道他們的理解是否眞正地發生了變化。因此，我們建議在廣告推出前（前測）和活動結束後（後測），獲取 Crianlarich 在市場上的知名度和定位之基準測量，以衡量可能歸因於廣告的改變。

　　研究樣本的定義如下：所有在過去一個月內曾在零售市場購買威士忌的成年

人，並且每三個月至少喝一次。我們選擇這個定義是因為廣告的目的不是要改變不飲酒者，而是吸引現有的蘇格蘭威士忌飲用者，而且我們聚焦於瞭解非立即消費的零售市場。從查看現有的飲用資料，我們認為定義中飲用的時間區段將支持辨識輕度和重度飲酒者的子群組。

我們應該預期哪些是受訪者限制和問題的挑戰？

我們可以預期在這個市場上會面臨許多問題：

- 受訪者可能並非總是對他們喝的威士忌量如實告知，或者他們可能無法精確地回憶。
- 在不太頻繁的威士忌飲用者中，可能出現過度估計的情況。
- 我們必須仔細區分在家和在外飲酒的情況。
- 在酒吧、酒館、餐館和其他人家中喝的酒類品牌可能無法被精確地回憶，甚至可能不被知曉。
- 一些受訪者可能會聲稱喝相較於實際價格更昂貴的品牌，以給人留下深刻的印象。

我們知道這是一個許多飲酒者參與的市場，但儘管如此，可能對問卷感到無聊、疲憊的風險始終是存在的。

其他資訊來源

為了協助解釋廣告的效果，我們將獲取有關該行業廣告支出的已發布資料。

該客戶擁有大量在蘇格蘭威士忌飲用者中進行的先前研究。雖然該專案的焦點是英國／威爾斯飲用者，但此現有資料來源可能有助於客戶瞭解市場之間差異。

關鍵要點

- 要區分支援研究需求的業務目標（即研究將告知的決策）和研究目標（研究本身將衡量的內容）是重要的：

  ⊙研究蒐集資訊以幫助做出更佳的決策，而不只是做出決策。

  ⊙研究人員需要釐清組織希望能夠確保研究重點聚焦的決策。

  ⊙聚集是至關重要的，因為問卷需要是簡短的以最大化品質。

- 如果一開始只提供業務目標，則需要將這些目標轉化為研究目標：即研究需要可以實際實現的資訊。這些目標必須反映受訪者的侷限性和實務限制。

- 即使同時提供業務目標和研究目標，研究人員仍須檢查它們是否一致。

- 確認和考量其他資訊來源的價值，對於確保問卷聚焦於差距和提供背景以協助後續解釋是至關重要的。

- 受訪者的需求有時可能與客戶的需求存在衝突。同樣地，對於參與該過程的人來說，使生活更輕鬆、更便宜或更迅速的事物，並非總是對最終使用者或受訪者有利。問卷編寫者需要擅長做出妥協，並解釋他們決策的理由。

資料蒐集形式對問題設計的影響

簡介

問卷調查資料蒐集的方式大致可分為兩類：自我完成方法，包括紙本、線上 SMS（簡訊服務）或 IVR（語音識別），以及由訪員管理的方式，通常是面對面或透過電話。

有時這些方法會組合使用。例如：訪員在街上進行招聘，執行篩選問題，然後對符合條件的受訪者提供網路連結，以便後續自我完成。

每一種資料蒐集形式對問卷編寫者都有其好處，但每一種形式也有其缺點。

資料蒐集形式的選擇

儘管資料蒐集的方式對問卷編寫者有所影響，但採用哪一種方式，通常主要由整體調查設計和樣本考量所決定。通常與自我完成方法相關的成本較低（即沒有訪員需要支付他們的時間），這是一個關鍵考量因素。然而，這通常需要與獲得代表性樣本的困難相平衡，因為高度自我選擇在自我完成研究中很常見，這可能會產生偏見，特別當回應率較低時。調查設計和抽樣是關鍵主題，但詳細考慮超出本書的範圍。這裡的焦點是瞭解影響問卷編寫者面臨決策的優勢和侷限性。

數位範本或非範本的資料蒐集？

與考慮資料蒐集方式重疊的一個重要因素，是創建問卷和記錄答案所涉及的技術。例如：調查是否使用調查軟體來編寫範本，將答案以數位形式記錄？還是非範本的（通常以紙本為基礎），需要稍後輸入資料？（此資料輸入可以是手動的，或使用掃描軟體）。調查是否為範本的或是非範本的，對問卷編寫者具有重大的影響。

所有線上自我完成調查將以數位編寫的範本呈現，因此使用範本問卷的

好處將適用。線上調查有時被稱為電腦輔助網路訪談（Computer-aided Web Interviewing, CAWI）。另一方面，紙本自我完成問卷不會被範本化，因此將共享此帶來的缺點。相對地，訪員管理的調查可能是數位範本或以紙本為基礎，因此在考慮訪員管理的形式時，對問卷設計的影響仍取決於它是否為範本的。

對於面對面訪談，常使用術語電腦輔助個人訪談（Computer-assisted Personal Interviewing, CAPI）來表示使用一種攜帶型筆記電腦，該電腦將在螢幕上為受訪者顯示一份問卷範本。電腦可以是使用觸控式螢幕的平板電腦或攜帶型的筆記電腦，兩者都可能具有多媒體功能。在中央位置，還可以使用桌上型個人電腦。個人數位助理（Personal Digital Assistants, PDAs）或智慧型手機，可以被用於問題數量相對較少的某些情況中（Anderson et al., 2011）。PDAs 猶如一種自我完成的工具，也已成功地被使用。

電腦輔助電話訪談（Computer-assisted Telephone Interviewing, CATI）在電話訪談中，帶來了與 CAPI 在面對面訪談時範本相同的許多優勢。

使用數位範本軟體的好處

對問卷編寫者而言，數位範本編寫的調查在構建問卷時提供了許多機會。這包括以下功能：

- 輪換或隨機化回應列表。
- 輪換或隨機化問題或重複的問題組。
- 使用語詞替換，以自定義問題或回應列表，通常稱為「管道（piping）」（使用先前問題的回應）。
- 包括即時處理的編輯檢查，用於檢查輸入錯誤或與先前答案的一致性與邏輯。
- 應對複雜的路徑。因此，對受訪者提出的下一個問題可以透過先前一些問題的回答組合來確定。
- 在訪談中進行計算。例如：可以計算一個家庭每年對雜貨產品的消費估計值。

這對受訪者獨立估計可能很難，但是，他們也許能夠對家庭每位成員的短期消費進行更準確的估計，從而計算出總家庭消費推估值。在企業對企業訪談中，消費量或產出量可被匯總為總量或預定類別內。此種資訊既可用於未來問題的輸入，也可用於問題路徑。

結合能夠進行計算和隨機化排列回應列表，使一些複雜的技術得以發展，例如：自我調整聯合分析。這包括對回應的即時分析，以確定隨後哪些問題以及多少問題被顯示。使用自我調整聯合分析，在最初問題的回應，被用於構建在後續問題中顯示的情境，而要求受訪者在這些情境中提供偏好。

即使路徑不是特別複雜，自動處理此事實對訪員管理和自我完成的方法都有好處。在面對面或電話調查中，訪員的注意力可以完全聚焦在建立良好的訪談關係或互信上，而不是因為要弄清楚接下來的問題是什麼而分心。在一項線上自我完成中，如果調查機制受到阻礙，繼續或保持完全參與的動機可能減弱，受訪者可以專注於思考問題而不是在導引上，從而提高資料的品質。

播放或示範文件也可以透過一些範本調查來實現。可以播放電視或電影廣告──無論是為了衡量認知還是評估內容──儘管觀看它們的品質取決於受訪者用來觀看它們的設備。商品包裝可以展示，及可以模擬超市貨架。這創造模擬展示的機會，就像在商店中呈現一樣，對不同的產品具有不同的展示面數，以試圖更好地再呈現實際在店內選擇情況。受訪者可以顯示和旋轉三維的包裝模擬。

使用範本問卷直接以數位方式輸入答案，意味著可以清楚地避免因受訪者或訪員的筆跡難以辨識而導致的問題。這對數字問題特別有用（手寫的 1 通常看起來像 7）。對逐字逐句的回答，可能仍然存在一些有關理解拼寫和錯別字的問題，但是通常逐字逐句的打字比手寫的回答更容易和更快速地解讀。

在資料品質方面的一個關鍵優勢是能力──如前面列表中所強調的──編寫範本即時編輯檢查，這可以減少錯誤及減少清理資料所花費的時間。例如：在數量問題中，可進行即時檢查以確保輸入的數量在合理範圍內。這將有助於發現

嚴重的打字錯誤（例如：輸入「77」而不是「7」）。其他簡單的輸入檢查也可以很容易地進行（例如：檢查對於只需要單一編碼回應的問題是否只給予一個答案），或者檢查數字加總（例如：如果要求人們重申他們在品牌間的最近 10 次購買）。還可以監控答案之間的邏輯一致性（例如：確保被識別爲購買庫存的品牌，在先前的品牌認知問題中已進行編碼）。這些類型的檢查有助於減少因誤解問題而導致的錯誤，或者發覺偶爾不願意幫忙的受訪者給出無意義的答案（這在沒有訪員鼓勵參與的自我完成問卷中特別有價值）。決定需要哪些編輯的責任通常由問卷編寫者負責，即使他們可能不是創建實際編輯範本的人。

使用數位範本軟體的挑戰

　　通常，如果編寫問卷範本對於問題編寫者是一個可行的選擇，那麼由於討論了許多好處，通常會採取這種途徑；與非範本／紙本相比，不管數據蒐集模式如何，大多數版本都可能造成數據品質的提高。但是，問卷編寫者需要注意一些挑戰：

　　檢查問卷的範本可能更加困難，特別是如果此範本利用了透過管道回答和複雜路徑的方式進行定制的功能。透過問卷的多條路徑都需要進行測試，以確保它們正確運作。這也許涉及對可能答案的許多組合進行廣泛的範本檢查。在一份紙本的非範本化的問卷中，其工作更加透明，可能會有更多的機會發現問題：無論是受訪者手寫評論，還是訪員向研究人員反饋某一個特定部分似乎總是被路徑繞過的情形。

　　如果問卷編寫者已利用這個機會編寫了即時範本，他們需要確信這些編輯範本能夠獲得眞正的錯誤，而不是簡單地根據他們的假設來約束資料。例如：爲輸入數字的資料設置一個允許的範圍。如果設置得太嚴格，那麼超出此範圍的眞實答案將永遠無法被獲得，如此可能導致錯誤的結論。在爲多國研究創建問卷時，這樣的錯誤也許最有可能發生，因爲這些國家的回應可能會有很大差異。在這種情況下，問卷編寫者可以根據自己國家的參考框架來確定一個可接受的範

圍，而無需考慮國際因素。

還需要考慮是否範本的訊息應該是順向進行的（即根據先前問題的回答透過管道進行），還是逆向進行的（即針對先前回答的編輯檢查所引發之錯誤消息）。順向編程設計的一個風險是，先前的錯誤可能會延續下去，並決定受訪者以後會接觸的內容。例如：有關品牌認知的先前問題，可能會決定在後續有關購買習慣的問題中，向受訪者展示哪些品牌。認知問題的品牌列表通常很長，如果受訪者略讀了列表，並錯過了相關品牌，則該品牌在後續的購買列表中將不會出現。如果受訪者知道許多品牌，並認爲他們已經勾選了「足夠」多，即使他們的認知答案不是完整的，這也是一種特別的風險。如果沒有使用管道並且再次顯示整個列表，則任何認知的不一致可能在購買基礎上重新被填寫（涉及的品牌較少這可能更準確，因此不會受到選擇疲勞的影響）。

範本編寫軟體通常要求在顯示下一個問題之前，必須輸入每一個問題的答案。這可以防止受訪者或訪員因爲錯誤或者故意快速通過而錯過問題。因此，通常會列出「不知道」選項，以確保每個人都能夠選擇一個答案。然而，明確地提供此選項作爲有效的回應，可能會鼓勵使用「不知道」答案，這些「不知道」被報告的數量通常高於非範本調查（與「無答案」相比）。

使用範本問卷的一個問題是，在受訪者和訪員的打字速度相較於書寫速度慢的情況下，記錄完全開放式逐字回答將變得困難。雖然經驗已經證明，這對某些人來說確實是一個問題，但逐字逐句問題的總體詳細程度是可以被維持的。

自我完成調查

自我完成對問卷編寫者的優點

從一份問卷設計的角度來看，任何自我完成格式的主要優點之一，是受訪者有時間考慮他們的答案。他們可以在思考一個問題時暫停，然後離開去檢查某些

事情或查看一些資訊。在沒有時間壓力的情況下，如果他們願意，他們可以對開放問題寫出詳細而完整的答案。這種時間的優勢在於，如果他們需要閱讀任何相關文件是很複雜或特別詳細時，例如：金融服務或企業對企業研究的概念，這就顯得特別地有利。

自我完成也可以受益於沒有訪員參與的過程。這消除了受訪者在回應中可能存在的一個主要潛在偏見來源，並使受訪者更容易對敏感話題保持誠實。自我完成形式可以被認為是獲得消費者未經編輯的聲音，如此完全開放式的回應可以更具啟示性。此外，來自 Kellner（2004）和 Basi（1999）的證據支持此觀點，由於沒有訪員，社會期望性偏差較少，受訪者更誠實地回答。這意味著關於敏感或兩極分化的問題——受訪者認為需要表現得是社會可接受的——很可能更好地代表了調查人群的真實感受。

自我完成對問卷編寫者的缺點

一個主要的缺點是沒有訪員在場澄清問題或糾正誤解。這加強了問卷編寫者的責任，要求製作清晰、不模稜兩可和引人入勝的問卷。

一位訪員的存在也給了受訪者一個儘管可能已經停止的訪談繼續進行，或者即使他們可能已經失去興趣也要繼續努力的理由。雖然無論資料蒐集的方式如何，答案的品質都可能受到乏味和冗長的影響，對於自我完成調查的影響可能更大。因此，問卷編寫者有更大的責任需考慮該主題對受訪者來說本質上可能具有多大的趣味性，並從受訪者的角度來看待問卷完成的體驗。雖然使調查更具吸引力的選項將適用於所有形式，但是思考如何使問卷更具視覺吸引力對於自我完成調查將更加重要，並且需要考慮設計時間和執行此操作的能力（見第 11 章）。

有時間考慮答案——雖然通常是自我完成調查的優勢——但並非總是問卷編寫者想要的。在態度和形象問題中，常常尋求的是第一反應，而不是經過深思熟慮的回答。問題中關於受訪者給予的第一反應之指示無法被強制執行，也不能像訪員那樣以面對面或是電話進行鼓勵。

線上自我完成

　　使用網際網路進行調查有幾種不同的方法。問卷可以透過電子郵件發送，也可以透過一個網頁訪問。Bradley（1999）總結了主要方法如下：

- **開放式網站**：向任何訪問者開放的網站。
- **封閉式網站**：受訪者受邀造訪網站以完成問卷。
- **隱藏的網站**：問卷僅在由某種機制（例如：日期、訪問者號碼、對特定頁面感興趣）被引發時，才向受訪者顯示。這包括彈出式調查。
- **嵌入的電子郵件 URL**：透過電子郵件邀請受訪者造訪調查網站，並且電子郵件包含受訪者可點擊的 URL 或 Web 網址。
- **簡單的電子郵件**：一份包含問題的電子郵件。
- **電子郵件附件**：問卷以附件形式作為電子郵件發送。

　　由於各種實務原因，最後兩種方式（簡單的電子郵件和電子郵件附件）很少被使用於商業研究。附件要求受訪者下載問卷，填寫完畢然後回傳。這需要大量的合作，並且已被證明會導致回覆率較低。嵌入的電子郵件問卷可能會因為打開時使用的電子郵件軟體而導致其編排版面變形，這兩種方法也都存在無法包含複雜路徑的問題。大多數從業者使用託管在網站上的問卷，透過邀請或以某種方式引導受訪者到該網站。本書只關注這種主要形式：基於網路的線上問卷。

　　邀請訪問網站或填寫問卷的方式有多種：

- 透過電子郵件連結到小組中人員，或可能有資格參加調查的客戶或人員。
- 彈出視窗用於在受訪者造訪其他網站時引導他們填寫問卷。
- 邀請可以作為橫幅廣告發布在其他網站，例如：ISP 首頁。
- 受訪者可以在面對面或電話招聘訪談後，或從受訪者線上的廣告中被引導到該網站（Nunan and Knox, 2011）。

每一種形式都涉及有關樣本如何是目標母體代表性的不同問題，特別是在母體包含重要離線因素的情況下。這些是本書範圍之外的調查設計問題，在其他地方有很好的介紹。除了基於網際網路的調查外，IVR 和 SMS 自我完成形式也是選項，但由於它們通常將調查侷限在幾個問題，因此在這裡不會被單獨考慮。然而，問卷組成的一般原則仍然適用於這些模式。

線上自我完成對問卷編寫者的優點與缺點

使用範本的自我完成問卷，可以控制受訪者是否能夠往前翻閱，或者折返並更改先前的答案。此功能為問卷編寫者提供了機會，確保問題按照研究人員希望的順序呈現。這也意味著，相對於紙本自我完成，它可以提出自發的問題，而不用擔心受訪者會受到後續問題的影響。

許多線上研究使用已被選入小組的受訪者來參與研究專案。通常，小組成員會獲得某種激勵制度的獎勵——通常與完成的調查數量有關。小組提供者有各種品質控制程序來識別無賴的受訪者，例如：「超速者（speeders）」，他們可能只是試圖積累積分。從問卷編寫者的角度來看，特別重要的是確保他們篩選的問題成功地掩飾了資格標準，這樣受訪者就無法弄清楚如何獲得參加調查的資格。同時在一週內，小組成員可能有幾個調查可以選擇，因此編寫者還必須確保最初的調查介紹和早期問題能夠立即引起興趣。

當設計要基於網際網路的調查時，問卷編寫者必須考慮調查可能使用的設備。這通常涉及電腦、手機和平板電腦的混合使用，使用手持設備的受訪者比例持續增加。較小的螢幕和縱向方向，對問題的編排和呈現造成許多額外的限制（見第 10 章）。

紙本自我完成問卷

紙本自我完成問卷通常透過郵件發送給有資格或被認為有資格參加研究的

人。他們也許是從資料庫被選出的，例如：企業的客戶或組織的成員。在許多國家，國家郵政地址資料庫在列舉住宅屬性方面是全面的和最新的，因此，如果需要一個全國代表性的樣本，將其用於郵寄自我完成調查可能是提供聯繫所有類型之受訪者最具包容性的方式。然而，與此相對應的通常是回覆率很低，特別是如果需要進行郵寄回覆，這將涉及額外的努力。有時使用郵寄作為聯繫方式，但提供網頁連結，以便在線上進行實際的問卷調查。這允許利用範本形式的優勢。

紙本自我完成問卷也廣泛用於方便抽樣的特定目標母體中（例如：在現場向參加活動、入住酒店或在餐館用餐的人發放問卷）。

紙本自我完成對問卷編寫者的優點與缺點

對於問卷編寫者來說，紙本自我完成有一些明顯的優點——如果它是達到特定目標群眾在特定地點的最實際的解決方案，則通常採用這種透過發放紙本問卷的方法。

使用紙本自我完成問卷，無法阻止受訪者在回答之前瀏覽所有問題。因此，某些特定問題不能包括在內。如果問卷中的其他問題包含品牌名稱，則無法詢問自發的品牌認知問題。

如果提示文件已經發送給受訪者供其做出回應時，要全部收回也很困難。如果該文件具有商業敏感性，這可能會帶來安全上的顧慮。

訪員管理的問卷

訪員在場對問卷編寫者的好處

訪員的存在對問卷編寫者來說可能是一種好處，主要有兩個原因。首先，熟練的訪員可以與受訪者建立融洽互信的關係，進而創造一個有助執行的環境，鼓勵深思熟慮的回答，並在整個訪談過程中保持動力。其次，訪員在場可隨時處理任何問題或疑問。

　　訪員可以鼓勵受訪者對開放式問題提供更深入的回答。在最簡單的層面上，訪員可以使用一系列無誘導性的（non-directive）提問（例如：「還有什麼？」），以盡可能從受訪者那裡提取資訊。如果預期會得到平淡乏味及無助益的答案，可以特別要求訪員取得進一步的澄清。例如：「您爲什麼特別從那一家商店購買此商品？」這個問題很可能得到「因爲它很方便」的答案。訪員可以被指示不接受只強調方便的答案，而問卷將提供引導問題：「您說的方便是什麼意思？」

　　有時候一個問題可能會無意中模稜兩可，雖然這應該在問卷最後確定之前被發現和糾正，但這些問題有可能被遺漏。如果受訪者因模稜兩可而無法回答，那麼他們可以要求訪員進行釐清。然而，訪員在進行釐清時必須小心，不要將受訪者引導至特定的答案，並且應該向研究人員回報需要釐清。

　　訪員有時候透過受訪者給出的答案能發現他們誤解了問題。這可能是因爲給出的答案，或者因爲它與先前的答案不一致，又或者只是與訪員對受訪者已經瞭解（或懷疑）的不一致。若有需要，可以對這種不一致的情況提出質疑、重複問題，以及必要時糾正回應。

訪員在場對問卷編寫者的缺點

　　資料的準確性可能受到訪員與受訪者之間互動的影響，雖然訪員被指示完全按照問題的內容進行提問，但是聽到訪員改變措辭或釋義問題並不罕見。根本的問題可能出在問卷編寫者，因爲他們創造了一種情況，使訪員覺得有必要進行行動，以便能管理和完成面訪，例如：

- 訪員發現措辭過於生硬。任何寫過要口語表達問題的人，都可能有過這樣的經驗——無論問題在紙上看起來很自然——當大聲讀出時，卻聽起來生硬且不流暢，訪員可能會相應地釋義。
- 訪員可能會認爲問題冗長。他們的目標之一是保持受訪者的注意力，因此一

個冗長、包含多個子句且詳細的問題，會分散注意力。

- 訪員可能認為問題重複，可能是在問題內部的重複、問題之間的指示或描述重複，或者他們認為問題已經被問過了。同樣的，為了保持受訪者的參與，可能會省略他們認為重複的內容。

- 他們可能自己不理解問題，或者覺得受訪者可能不太理解。在企業對企業訪談中，可能會使用對訪員來說是全新的術語，然後他們可能會對關鍵詞發音不正確或用其他更熟悉的語詞代替。在消費者訪談中，過度使用行銷術語可能會產生相同的結果。在這裡，對訪員進行所使用之技術術語的全面簡報，並提供受訪者可能使用的術語詞彙表是值得的。在調查過程的後期階段，這樣的詞彙表也可能對編碼人員和分析人員是有價值的。

如果問題被釋義，則其原始含義（及隨後的回應）有可能被改變。訪員的角色是與受訪者進行對話，以實現研究人員的目標。因此，問卷編寫者必須確保以最佳方式編寫問題以達成此目標。

訪員可能會以多種方式不正確地記錄回答：

- 他們可能只是聽錯回應——如果訪員的注意力更多集中在訪談的機制上，這種情況特別容易發生。範本化問卷降低了這些挑戰（例如：透過自動處理到下一個問題的路徑），但是在複雜的、非範本化的紙本調查中，訪員分心可能是常見問題。

- 使用完全開放式（逐字逐句）問題，訪員可能未能記錄所說出的每件事情。有一種誘惑，即釋義和簡要地回答，再次是為了保持訪談的流暢性，以免讓受訪者因完整的回答被記錄而須等待。

- 通常會提供一份預編碼列表，作為只有訪員才能看到的開放式問題之可能答案。他們的任務是聽取所給出的答案，然後查看列表並對最接近的答案進行編碼。此做法很容易出錯。可能沒有一個答案與受訪者所說的完全相符。然

後，訪員可以選擇最接近所給回答的選項，或者通常有個選項，允許填寫未被預測的逐字回答。有一種強烈的誘惑，使所給的回應與預編碼的答案之一相符，從而不準確地記錄眞實的回應。預編碼列表可能包含相似但至關重要的不同答案。問卷編寫者有責任確保這些答案被仔細分組，以使訪員更多機會看到細微的差異並選擇正確的答案。

• 冗長而乏味的訪談不僅會影響受訪者，也會影響訪員。像其他人一樣，訪員也會犯錯。回應可能會被誤聽，或者記錄一個錯誤的代碼，如果訪員厭倦了訪談，這些錯誤將會變得更加頻繁。對於繁瑣或重複的問卷，訪員可能會覺得讓受訪者感到厭倦而很尷尬。然後，訪員可能會加快問題的閱讀速度，從而導致錯誤數量的增加。

訪員在場也可能增加社會期望性偏差的機會，因爲受訪者希望給人留下深刻印象或表現得有禮貌。第 16 章將對此進行詳細介紹。

面對面訪談

在英國，線上調查興起之前的許多年裡，面對面訪談是資料蒐集的主要形式。相對於線上調查，面對面調查的執行成本是昂貴的，因此主要用於母體需要具有代表性樣本的調查；需要訪問難以接觸之樣本的情況下；或需要展示產品或物件的情況下（例如：汽車診所或測試廚房）。

在人口分布廣泛的國家如美國，面對面訪談從未占有如此高的訪談比例，而且主要侷限於商場攔截訪談。

面對面訪談對問卷編寫者的優點及缺點

相較於電話訪談，面對面訪談的一個明顯優點是能夠向受訪者出示提示卡。這些卡片可在需要提示認知或識別名稱的問題中使用，或者在需要受訪者從

一個量表中選擇答案的問題中使用，或者在可能的回答列表中進行提示的情況下使用。

當訪員親自在場時，社會期望性偏差可能最為明顯，因此問卷編寫者需要考慮可以採取哪些步驟來減少這種偏差。

電話管理的問卷

大多數電話訪談相較於面對面訪談的優勢主要有助於調查設計，而不是問卷設計。在成本和速度方面存在效益，特別是在樣本之地理位置分散的情況下，或者——像企業對企業調查中經常發生的情形——受訪者願意透過電話交談，而不願意有人親自訪問他們。

電話訪談對問卷編寫者的優點及缺點

資料準確性的一項優點是以電話作為一種媒介，可以讓受訪者與訪員關係方面具有更多的匿名性。這有助於減少由於受訪者試圖在訪員面前留下深刻印象或保留面子而產生某些偏見，但不像完全移除訪員那樣。許多研究人員的經驗是，相較於與訪員面對面，受訪者更願意透過電話討論諸如健康等敏感話題。對開放式問題可以獲得更充分的回答，而且它們更有可能是誠實的，因為訪員沒有實際地與受訪者在一起。因此，電話訪談成為需要由訪員進行管理的訪談，且為涉及敏感主題的首選媒介。

從問卷編寫者的角度來看，電話訪談有一些缺點。首先，它對於含有提示答案列表的問題施加了限制，這些問題要求受訪者在回答之前聽取所有選項。這些可能包括需要從中選擇最合適的原因或屬性的列表，或者在回答之前必須瞭解每一個尺度點的語義評級情況。這些列表必須簡短，以便受訪者能夠記住。對於較長的回應選項列表或重複列表（如量表），可以要求受訪者將其寫下來，但是無法保證他們這樣做的承諾和準確。

使用電話訪談，受訪者必須記住或寫下回應列表。不要把這些列表寫得太長，否則受訪者將無法記住所有選項，或懶得將它們寫下。

無法展示概念或廣告等刺激材料是電話訪談的另一個缺點。但是，廣播廣告或電視廣告的配樂可以透過電話播放作為一種認知提示。必須小心區分因受訪者聽到的錄音品質而產生的回應——這可能是可改變的——與內容有關的回應。

可以將資料部寄給受訪者，供他們在電話訪談之前或期間查看；這會產生一個冗長及更昂貴的過程。必須在初次訪談中招募受訪者，並獲得他們的同意。然後必須寄送資料，只有在資料已被送達後才能進行主要訪談。

這可能希望受訪者在訪談的某一個特定時間點之前不要看到資料。在這種情況下，最初的聯繫將完成訪談，直到那個時間點，然而要求受訪者允許研究人員向他們寄送資料，並再次打電話給他們以完成訪談。這個過程存在著高比例的受訪者拒絕接收「神祕」資料的風險。

對於某些受訪群可能會加快此一過程。在企業對企業研究中，透過電子郵件向受訪者發送資料是極為常見的。這意味著訪談的第一部分和第二部分之間的間隔可以縮短到幾分鐘。透過縮短這段時間，在兩個階段之間流失的受訪者就會更少。

另一種展示資料的方式，特別是在企業對企業調查中，是要求受訪者登錄到一個顯示資料的網站。受訪者可以在訪員持續電話交談時登錄，透過要求受訪者登錄一個包含剩餘問卷部分以及提示資料的網站，訪談可以繼續在線上進行。

跨蒐集形式的資料比較性

回顧本章討論的要點，可以很容易理解為什麼採用的資料蒐集方法會影響所蒐集的資料。在試圖與透過不同形式所蒐集的資訊進行比較時，這顯然是一個特殊問題。

例如：在評級量表使用點數分布上，已證明在不同形式之間是有所不同，透過線上調查記錄極端正向分數，相較於透過面對面或電話訪談被發現的分數少。然而，Cobanoglu 等人（2001）已指出，透過以網路為基礎的問卷所蒐集的資料之平均分數與其他自我完成方法、郵寄和傳真調查相同。

有許多文章闡明了這些差異，但由於各種因素的廣泛範圍和主題、目標母體、文化等多樣性，很難得出簡單的總體結論。雖然採用相同的方式似乎是最好的解決方案，但是在某些情況下，多模式方法可能更為適合，樣本考慮因素可能超越了資料形式比較性的論述。例如：雖然線上小組可能為訪問大多數樣本提供了最佳途徑，但線上小組中的老年人可能不太具有其年齡群組的代表性，因此可能需要另一種方法來更適當地接近他們。

案例研究：威士忌的使用與態度

資料蒐集形式

我們現在必須考慮將要使用哪一種方法。有三個主要考慮因素：

- 可行性：我們是否能在所需的時間範圍內接觸到這些目標群眾？
- 成本：相對成本是多少？
- 問卷：關於不同類型的問卷存在哪些問題？

在這裡我們有興趣的主要是最後一點。然而，對可行性的考慮可能有助於我們排除一些選項。

可行性

我們的目標樣本是威士忌飲用者。從所有 18 歲或以上的成年人招募樣本中，我們可以篩選和確認符合條件的人。

我們可以排除透過郵寄發送的自我完成之紙本問卷，原因是缺乏對完成時間

的控制，這在此是至關重要的，因為每一個階段的時間安排必須與廣告時程表互相協調。回應率也將是一個主要問題。

因此，我們只能考慮在線上、面對面和電話資料蒐集。

問卷問題

我們必須考慮在編寫問卷時可能遇到的問題，以及哪些媒體是最合適的。

已經確定了五個考慮因素：

- 我們會想要展示廣告以及可能的品牌提示，以避免混淆。
- 我們會想要詢問受訪者喝多少威士忌，而他們的回應可能受到社會期望性偏差的影響。
- 自發性品牌認知將會是我們的關鍵問題之一。
- 在某些問題中，品牌列表將需要在受訪者之間進行隨機排列。
- 由於需要詢問在家中和外出飲酒的問題，我們希望在受訪者之間輪換這些問題的提問順序。

表 2.1

考慮的問題	線上	面對面	電話
展示品牌與廣告提示	是	是	不是
詢問有關飲酒量（最小化社會期望性偏差）	最佳的	最差的	中間的
自發性品牌認知	不是	是	是
隨機排列的品牌列表	是	是	是
輪換問題的順序	是	是	是

使用線上或面對面方式，我們可以展示提示的文件。這在透過電話進行調查時是不可能實現的。

面對面訪談受到社會期望性偏差的影響最大，因此以這種方式記載消費習慣

可能是最不可靠的。

自發性品牌認知將是我們的關鍵問題之一。在一份線上問卷中，受訪者將以自由文本形式輸入這些訊息。由於不完整的回應，「例如：約翰走路紅標（Johnnie Walker Red Label）和約翰走路黑標（Johnnie Walker Black Label）」，可能會在類似品牌之間產生一些混淆，這是訪員須注意的地方。

在所有調查方式中，都可以進行隨機排列和輪換問題的順序。

結論

三種調查方式各自都有潛在的弱點。然而，因為包含品牌認知問題，電話訪談可以被排除在外，因為無法展示相關資料。

因此，我們必須在提高飲酒量的準確性或避免在自發性品牌認知問題中的一些品牌名稱混淆之間做出判斷。我們更希望獲得正確的樣本及最大化地提高飲酒量的準確性。在自發性品牌認知資料中，我們主要關注的是 Crianlarich，這應該不會受到任何混淆。因此，問卷編寫者的建議是使用線上問卷。

成本問題

除問卷考慮因素外，使用線上訪問小組進行線上調查的成本將大大低於任何形式的面對面訪談，這可能是選擇資料蒐集方式的一個重要因素。

關鍵要點

- 資料蒐集方式的選擇通常主要由整體調查和樣本設計考量的因素所驅動，但此決策將對問題編寫者產生影響。該選擇也可能影響受訪者回答的方式。一致的資料蒐集方法有助於與其他調查進行比較。
- 數位編寫範本問卷軟體，無論是用於線上自我完成，還是電腦輔助訪員管理的調查，都為問卷編寫者提供許多好處：

⊙結構和流程的管理使受訪者或訪員專注於問題，而不是引導。

⊙適合的問題措辭可創建更個人化和引人入勝的對話。

⊙有機會構建實時（real-time）編輯，以減少錯誤。

• 在自我完成的問卷中，受訪者可以控制進度及匿名性可以鼓勵其更誠實的回答，然而：

⊙問卷編寫者有更大的責任來確保問卷正常運作，因為沒有訪員防護網來解決問題。

⊙必須特別強調受訪者的注意力持久性和完成調查問卷的動機。

• 在訪員管理的問卷中，訪員和受訪者之間建立互信融洽關係，可以帶來更深入和深思熟慮的回答，然而：

⊙問卷編寫者必須預測訪員的存在將如何影響受訪者。

⊙必須特別強調幫助訪員與受訪者建立互信融洽關係，以便實現這個好處。

規劃一份問卷

簡介

編寫良好的問題需要時間，所以須確保您花費精力做的任何問題都是絕對必要的。

您還需要確保最終的問卷長度是適當的。即使沒有成本限制，為了資料品質的考量，保持訪談簡短是有利的，以便維持受訪者給出深思熟慮的答案之動機。資料的可靠性可能會受到問題呈現的順序所影響，因此在早期階段確定整體順序和流程也是很重要的。在後續章節中，我們將探討影響個別問題的詳細措辭、格式和編排順序的問題。在本章中，我們將考慮如何創建一份問卷大綱，有助於視覺化其廣泛的內容和結構。

一個有效流程中的關鍵步驟

問卷設計中的詳細流程，可能會因以下幾個問題的答案而異：

• 問卷編寫者是否也是資料的最終使用者或機構的研究人員？
• 問卷是否採數位化範本，還是紙本形式？
• 該研究是侷限於一個國家，還是跨越多個國家？

無論這些變數如何，所有問卷都需要一些共同的關鍵步驟：

步驟 1：獲得明確核心目的和最終用途

在第 2 章中，我們考量了充分理解研究目標背後之業務需求的重要性。缺乏這種明確性，將很難判斷哪些問題是必要的及做出排除哪些問題的艱難決定。

您應該能夠在一句話中，清楚地陳述一個研究的核心目的。

步驟 2：考慮還有什麼需要牢記事項

還有一系列其他考慮因素將指導您的設計。在您開始處理細節之前，請考慮以下這些內容。例如：

- **資料蒐集形式**：如果是自我完成，沒有訪員闡明，則指示和版面編排要特別地清晰。是否需要額外努力使其在視覺上吸引人，並激發完成的積極性？
- **成本和時間**：這研究預算有多長時間？您有多少時間進行問卷設計？
- **主題議題**：這個主題本身多有趣？您需要付出多少努力來保持受訪者的積極性？它是一個需要審慎介紹的敏感話題嗎？
- **目標受訪者**：樣本定義是寬泛的，還是聚焦的？他們對這個主題有多少瞭解？是否會有不同經歷的多元群體，需要分開進行提問嗎？
- **其他調查**：是否需要與其他調查（例如：共同的評級量表）進行比較？

步驟 3：內容範圍

在定義研究目標時，您已經對問題領域甚至具體問題進行了一些考慮。然而，重要的是，要給自己最後一次全面思考的機會，因為在這之後，每一個問題的設計決策都將是關注焦點。

與其他利益關係人合作——例如：在一場問卷開發研討會中——將有助於確保您從不同的角度看待問題。對可以獲取的資訊保持開放的態度，有助於按照每個研究目標進行思考，進行可能的維度或角度的腦力激盪。首先考慮訊息的廣泛領域，然後一旦確定了這些領域，請考慮如何探索該主題——有哪些不同的組成部分？在這個階段，不要否決想法或擔心詳細的問題措辭；目標是確保您已經完全探索了可能的投入，如此您就不會錯過有用的角度。

現在開始縮小範圍——逐一考慮每一個建議並評估其實用性：

- 我們能否大致預測結果可能是什麼？我們有多少信心？

- 瞭解此一結果將如何有助於做出業務決策？
- 我們可能期望／不期望的結果是什麼？每一個潛在結果將如何影響業務決策？
- 我們是否可以從其他任何地方獲得這些資訊嗎？
- 我們是否還需要知道其他資訊來幫助我們理解這個問題的答案？
- 是否需要協助分析其他問題？

從此一過程的產出將是一個基本問題領域的聚焦組合。此步驟對問卷最後要求增加內容是有幫助的：一個常見的問題是問卷變得比需要的還要冗長。如此，您將有意識地決定要排除哪些內容，因此在評估的最後一刻增加內容時會更加有信心。

步驟 4：確定三到四個關鍵問題

到這個階段，您已確定的所有問題都可以被描述爲「有用的」，而不僅僅是「有趣的」。但即使在這個減少的組合中，有些問題仍然比其他問題更有用。努力確定那三到四個問題是絕對的關鍵。這有幾個重要的原因。首先，問題設計過程的現實情況是，您面臨截止日期；當然，您希望所有問題都盡可能有效，但特別是您的關鍵問題需要最多的關注。優先寫下它們，這樣您就不會時間不夠。這也將爲以下事項提供更多時間：

- 其他人審查和檢查這些問題。
- 進行視覺效果、版面和說明的優化。

其次，對某一問題的回應可靠性可能會受到其在問卷中的位置所影響；問卷中的順序效應涉及動機和之前回答對受訪者心態的影響。理想情況下，我們希望透過將關鍵問題放在顯著位置來保護它們。

如果您發現很難只確定三到四個關鍵問題，請嘗試將自己置身於此場景中：您接到一通 IT 部門的電話，資料檔案已損壞，而且他們只成功保存了四個問題的資料——您希望它們會是哪些問題？如在第 11 章所述，場景創建對於調查也是一種有用的方法！

步驟 5：創建一份問卷大綱

影響順序決策的注意事項將在本章後面討論。然而，在創建一份大綱時，有幾個有用的要點需要記住：

- 視覺化整體結構——將廣泛的主題領域進行排序。
- 辨認僅適用於特定群體的部分（例如：將用戶引導到特定部分）。
- 在每個部分內按合理的順序排列問題。
- 顯示關鍵問題的位置。
- 對問題類型做出決定（例如：評級、自發的、提示的、開放性逐字等）。
- 設置任何限制以協助管理利益關係人的期望（例如：指示在列表中包含多少個品牌是可行的）。
- 確定需要視覺提示的位置（如品牌標誌），以便您可以開始蒐集。
- 推估每一個部分的時間。
- 將每一個問題映射回目標。
- 根據目標的優先順序檢查問題及其相應之時間安排的協調。

估算時間可能很難，因為您還沒有寫實際的問題。每一種問題類型非常約略的指南如下：

- 提示／封閉式問題：每個問題 15-20 秒（每分鐘 3-4 題）。

- 使用相同尺度的評分問題：每個問題 8-10 秒（每分鐘 6-8 題）。
- 自發性的開放式／逐字記錄問題：每個問題 30-60 秒（每分鐘 1-2 題）。

步驟 6：獲取最終使用者利害關係人對大綱的認可

確保在此階段獲得最終使用者利害關係人的支持，將有助於減少您收到的最後一分鐘的請求數量。

您現在已經準備好開始詳細思考這些問題了。

問題順序的考慮因素

通常，最好從最一般的主題逐漸深入最具體的主題。因此，訪談可能從關於受訪者在市場上的行為之一般性問題開始，然後進行到有關客戶產品的具體問題，最後針對客戶產品的新提議。這樣做有兩個原因。

首先，如果先詢問感興趣的特定產品或品牌問題，受訪者將意識到問卷編寫者對這方面的興趣，這將使他們對後面更一般的市場問題之回答產生偏差。提高受訪者對相關產品或品牌的意識，將傾向導致在後續的任何問題中過度代表該產品或品牌作為回答。

其次，受訪者很少像研究人員和客戶那樣對市場感興趣，他們可能會發現很難立即地回應有關特定品牌或產品細節的問題。從更一般性的問題開始，有助於受訪者輕鬆進入主題，回憶起他們的整體行為以及對品牌和產品的看法，之後再延伸到詳細的問題。當有充分的研究理由不從更一般性的問題開始時，這個一般規則有許多例外，但問卷編寫者應隨時準備好為這個決定提供合理性。

這裡特別重要的是考慮關鍵問題的位置。受訪者應該被允許在任何關鍵問題之前，回答有關該主題的幾個問題。這有助於他們進入主題的思維，以提供更深思熟慮的答案。

然而，關鍵問題應該在受訪者保持調查參與度時提出，要在他們感到無聊和

不專心之前，以及在您無意間開始詢問他們以前沒有考慮過的主題以致於會引導他們的想法之前進行詢問。

這方面的例子可以在客戶滿意度調查中找到。從調查開始時提出的整體滿意度問題所獲得的回應，與在調查結束時提出的相同問題之回答間存在較差的相關性（Flores, 2007）。作者自己的經驗是，在問卷後期詢問的評分總是低於早期詢問的評分。在這種情況下，問卷可能在衡量兩個同樣合法但不同的事物（Katz, 2006），但這突顯了完成問卷的過程如何改變對關鍵問題的回應。

問卷流程

問卷應從一個主題領域邏輯地朝向下一個主題領域，避免返回到先前已詢問過的主題領域。

在範例流程圖（見圖 3.1）中，目標是確定公共汽車用於哪些旅程類型；確定為什麼公共汽車或其他交通運輸工具比使用汽車更受歡迎；並且獲得不同類型交通運輸工具的評價。不使用任何形式交通運輸工具的人，不需要回答最後一部分的問題。這張圖並沒有準確告訴我們需要提出什麼問題。它決定了不同類別的受訪者（公共汽車使用者、使用其他形式交通運輸工具的非公共汽車使用者，以及不使用任何公共交通工具的人）需要回答的問題領域之流程。

在這裡，關鍵問題出現在問卷的末尾。但是，問卷是簡短的，如此受訪者在進行調查不超過幾分鐘就會被問及這些問題。此外，這些問題之前有一些必要的行為問題，這些問題決定了提出哪一個版本的關鍵問題。這些行為問題還用於調整受訪者的思維，使其更加關注交通問題。流程圖也顯示有一些路徑問題，受訪者是否使用過汽車，在不同的路徑上出現了 3 次。如果問卷編寫者決定此問題只應該出現 1 次，則需要複雜的路徑，以便於進行分析。同樣地，相同的問題可以出現 3 次，分別在每一個受訪者類別的路徑中各出現 1 次。如果使用紙本問卷，後面這種方法不太可能導致訪員的錯誤，或者在電子問卷中導致路徑錯誤。

流程圖在線上或其他電腦輔助問卷中，是檢查導引的一種非常有用的輔助工

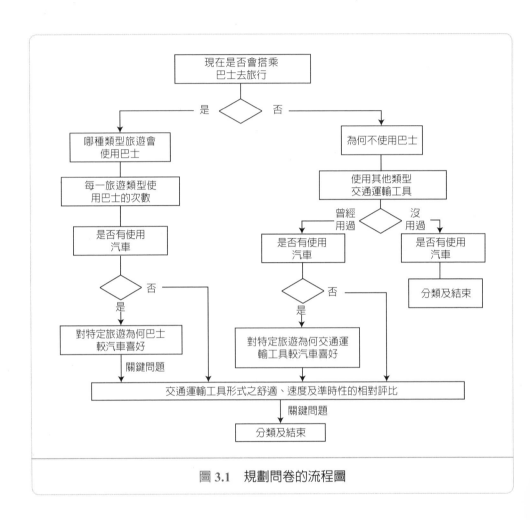

圖 **3.1**　規劃問卷的流程圖

具。如果沒有流程圖，則很難確定範本中是否正確定義了每一條導引，並且由於在範本檢查中未發現導引錯誤，因此有許多關鍵問題未被問及範例。

不要因害怕複雜的導引，然後跳過。這比詢問受訪者沒有意義的問題並失去他們的信心還要好。然而，終究要仔細檢查路徑。

行為問題在態度問題之前

通常建議任何訪談在開始詢問有關態度和形象之前，先詢問行為問題。部分原因是為了讓受訪者能夠評估他們的行為立場，然後透過他們的態度來解釋他們的行為。行為問題通常更容易回答，因為它們與事實有關，只需要回想。如果受訪者發現回答行為問題很難，這通常是因為問卷編寫者在預期的詳細程度上過於雄心勃勃，因此所記錄資訊的可靠性將受到質疑。

如果先詢問態度，那麼有受訪者可能採取未經深思熟慮和／或與他們的行為互相矛盾的立場之風險。他們隨後可能誤報他們的行為，以證明其態度合理。

自發的問題在提示的問題之前

它可能看起來顯而易見，但是在提出旨在獲得受訪者自發回應的問題之前，必須非常小心，以免在提問前提示受訪者可能的答案。因此，如果您已經問過：「您買過在這張列表上哪些品牌的即溶咖啡？」您就不能詢問：「在這張列示的即溶咖啡品牌中，您能想到哪些？」

有時候，幾乎不可能獲得自發品牌認知的一個「乾淨的」衡量，特別是當某種品牌的購買或消費是資格篩選標準之一的情況下。這是因為受訪者在篩選問題中，已經接觸到品牌列表。例如：可能根據受訪者對品牌的消費來招募，以便評估一項新廣告。該評估的一部分可能是在其他廣告中展示測試廣告。對於電視廣告而言，這將是群集廣告的一部分；對於印刷廣告而言，它們將被包含在一份報紙或雜誌的模板中。但是，如果受訪者透過篩選問題對品牌或類別產生敏感，則測試廣告將在其他廣告脫穎而出。為了改善這一點，有時候會提出一系列與其他廣告中顯示的產品和類別相關的虛擬篩選問題。雖然這不太可能降低受訪者對測試廣告類別的敏感度，但它確實提高受訪者對廣告的感知水準，使得所有廣告的敏感度都相同，從而抵消了差異效應。通常在提示發生得比預期還要早的情況下，才需要採用此策略。

提示也涉及到態度。問卷可能包括一系列要求受訪者回答的態度陳述。如果

要自發地評估對同一主題的態度，則必須在展示態度陳述之前提出，否則受訪者將繼續重複他們受到提示的態度。

敏感部分

如果問卷要包括敏感性本質的問題，如果可能的話，盡量不要在訪談開始時就提問這些問題。

通常，這些問題應放在問卷的末尾。這是因為：

- 由於在早期的問題中已準備要透露有關他們自己的訊息，因此受訪者更容易在問卷後期透露比在問卷早期詢問時更敏感的訊息，在問卷早期，敏感問題可能會引發訪談的終止。
- 如果受訪者因為敏感問題而終止調查，且研究人員已經獲取了他們的大部分回應，這些回應在分析中可能仍然有用。

在問卷由訪員管理的情況下，將敏感問題放在最後且允許訪員與受訪者之間建立關係，如此受訪者更願意揭露敏感的資訊。

但是，如果問題具有侵入性，以致造成相當程度的冒犯，問卷編寫者在列入這些問題之前應仔細考慮道德立場。（請參閱第 15 章，瞭解什麼可能構成敏感主題的內容。）

排除問題

一種常見但並不普遍的做法，是將從事市場研究、行銷或客戶產業的受訪者排除在研究調查之外。這通常是第一個問題，以便他們可以盡快被識別並排除，如此不會浪費受訪者和訪員的時間。

從事行銷或市場研究工作的人，在行為模式方面可能與一般人群不同，特別是有關新產品、品牌認知和對態度問題的回應。將在產業工作的人作為調查對

象，不僅對研究的安全性構成威脅，而且很可能具有與所需樣本的其他人非常不同的行為特徵。

　　研究人員應根據對專案構成的風險來決定是否排除任何職業。對麵包消費的行為研究不太可能撰寫一則向受訪者揭示任何新概念或刺激的文章。然而，一項評估汽車新設計的研究則可能會引起很大的興趣。這些訊息不僅對競爭對手有價值，對媒體也具有價值，因此可以受到高度吹捧。

　　安全問題通常以提示性的形式提出，受訪者會看到一份行業和職業列表。建議在列表中包含除了要排除的行業和職業之外的其他工作和職業；這減少受訪者試圖操縱結果的可能性。有時受訪者會無意中這樣做。大多數人的自然傾向試圖協助及積極地回答問題。有些人會「誇大」他們家裡某人的資格，並說他們在某個行業或職業中工作，因為他們相信這樣做是有幫助的。如果提供的唯一行業和職業為排除的項目，則受訪者可能會不必要地從研究中被排除。

典型的排除性問題

- 您或您的家庭成員是否從事以下這些行業或職業中的任何一個？
  - 會計
  - 廣告 *
  - 電腦或資訊技術
  - 行銷 / 市場研究 *
  - 酒精飲料生產或零售 *
  - 銀行或保險
  - 雜貨零售
  - 以上皆非

* ：受訪者將被排除在訪談之外（*不顯示在螢幕上）。

在這個階段，並非總是有必要排除任何人。如果獲得一個特定物品的擁有權或人們行為方式的精確輪廓是非常重要的——並且沒有安全問題——那麼就沒有理由排除任何人。這可能特別適用於有關社會問題的調查。

篩選性問題

在排除性問題之後，接著是篩選性問題，以確定受訪者是否符合調查資格，此取決於他們是否屬於研究母體。在許多調查中，研究人員只想訪談具有某些人口統計、行為或態度特徵的人。

即使對於廣泛的樣本，在進行訪談之前，通常也必須確定並滿足各種人口統計的配額要求。如果從選定小組抽取一個樣本，其中大部分的特徵將是事先知道的，並且可以相應地選擇樣本。雖然如此，通常有必要確保完成問卷的人是小組所有者具有特定人口統計數據的人，並且這些資訊是最新的。

資格標準可以包括行為和態度問題，或是複雜的行為標準。篩選性問題可能需要花幾分鐘的時間來進行，而且似乎像是以自己的權利對受訪者訪談。小組成員因完成一份問卷可獲得報酬，如果他們已完成一份冗長的篩選問卷，之後由於他們不符合主要調查資格而無法獲得任何獎勵，他們可能會感到被欺騙。在這些情況下，可以考慮減少獎勵。

使用訪員管理的問卷，冗長的篩選也會占用訪員的時間，如果使用紙本問卷，可能會導致資格評估中的錯誤。資格標準的複雜性應該是調查設計中的一個考慮因素，並盡可能保持簡單和容易進行。

分類問題

部分原因是分類問題可能被視為侵入性的，它們通常在問卷的末尾提出。它們之所以被放置在這裡，是因為它們通常與訪談的主題無關。在訪談的早期提出這些問題，可能會擾亂關鍵問題的流程。儘管如性別、年齡、收入、最終教育水準等分類，在受訪者看來可能並不具有相關性，但它們在許多行為和態度領域已

被證明是區分因子，因此對於交叉分析而言是非常有價值的。

研究人員應該抗拒誘惑，不要僅因為可能對交叉分析是有用的，而要求提供比所需更多的分類資訊。這通常涉及個人資訊，而且受訪者並非總是理解為什麼需要這些訊息。

如果問卷太長怎麼辦？

Macer 和 Wilson（2013）測量了一份線上問卷的中位數可接受長度為 15 分鐘。線上調查小組公司 SSI 的研究建議，對於一份線上調查，人們的平均注意力持續時間約為 20 分鐘（Cape, 2015）。本文作者自己的研究已證明，大約 50% 的調查完成者認為，當中位數完成時間為 5 分鐘時，這種體驗為「非常愉快」，但是在 15 分鐘時，比例下降到 35%，在 20 分鐘時，比例則降至 30% 以下。如果將此作為參與度的指標，此表明大約在此問卷長度時，參與度是如何下降的，導致對問題和回應的關注減少。這可能探取以下形式：

- 在每一個問題上花費更少時間。
- 在多選項問題中選擇的回應較少。
- 在開放式問題中使用較少字元。
- 滑鼠的位置保持不變。

隨著在行動裝置上進行的調查越來越多，這種參與度下降的趨勢只會增加。幾家領先的研究公司設定了平均調查時間為 15 分鐘的目標，以確保大多數受訪者在整個問卷中保持注意力和參與度。

您能做些什麼？

鑒於對資訊的需求，通常不可能在我們的目標時間內蒐集所需資訊。我們可

以採取幾種途徑來解決這個問題：

1. 我們允許訪談持續到必要的時間。如果我們這樣做，我們必須認知到，隨著問卷的進行，資料的品質將下降，以及受訪者的注意力和參與度會減低。因此，我們應該確保我們的關鍵問題在最初幾分鐘內提出，然後才提出較次要的問題。

2. 我們將所需的資訊分成幾個部分，而且為每一個部分編寫一份長度可接受的問卷。為了每一部分資訊，我們進行一些平行調查。為了獲得全貌，需要有與每一個平行調查之關鍵標準完全匹配的樣本，然後將資料融合到不同的樣本中，以創建包含我們完整資料要求的單一資料組合。這是可行的，但要創建完整資料組合的分析需要專業技能，並且可能需要一些時間。

3. 我們確定關鍵問題，然後將其他優先順序較低的資料需求組織成具有共同主題的模組或區塊（例如：行為問題和態度問題；或假期旅行和商務旅行）。使用隨機分配程序，對每一個樣本子群只呈現一個模組。然後，每一位受訪者只能看到關鍵問題和一個或兩個模組（取決於您有多少個模組），從而使他們的調查時間更短。有必要接受模組化的資料將基於較小的樣本大小，因此相較於關鍵資料將較不可靠的。

　　第三種途徑通常是處理超過 15 分鐘之單一問卷資料要求的首選方案。

> 使用問題模組時，要隨機選擇模組的受訪者——而不是基於他們的行為——否則將對模組中的回應產生偏差。例如：為一個模組選擇一個品牌的重度使用者，將導致他們在其他模組中的代表性不足。

　　一份典型的問卷結構呈現，如圖 3.2。如果對整個樣本提出所有問題，則估計完成時間為 25 分鐘。但是，已經確定四個模組，其中一個需要花 7 分鐘才能

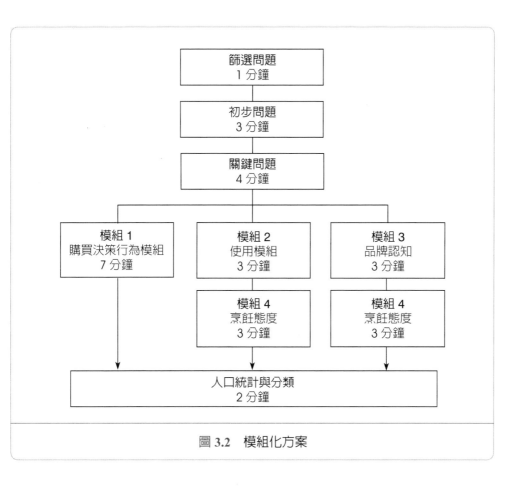

圖 3.2　模組化方案

完成，另外三個模組每一個需要 3 分鐘。問卷編寫者能夠構建三條途徑，每一條途徑的估計完成時間約為 15 分鐘。模組 4 包含將用於創建一個細分態度的資料，因此出現在兩個路徑中，以便為該資料提供更大的樣本規模。

　　這種方法經常用於定期記錄相同資料的追蹤研究。例如：對零售商的績效追蹤研究，可能需要每月報告一些與服務相關的關鍵指標，這些指標需要 1,000 個樣本大小，才能提供所需的準確度。但是，如果其他測量變化緩慢，則可能僅需每季記錄一次，或者更不需經常記錄。如果採每季報告，則不太可能需要 3,000

個樣本量；如果每半年報告，則不太可能需要 6,000 個樣本量，因此這些模組可以在受訪者之間輪換，並且仍然提供足夠可靠的資料。

⦿ 個案研究：威士忌的使用與態度

規劃問卷

現在我們必須考慮準備要提問什麼問題，以及它們呈現的順序。

問卷規劃

為了實現目標，我們需要建立的關鍵措施是：

- Crianlarich 和主要競爭對手的**自發品牌認知**。這會告訴我們，該品牌的「心占率」（第一時間被想起）相較於其他品牌狀況如何。由於該活動目標之一是提高認知度，因此這將是在活動之前和之後進行比較的重要測量指標。
- Crianlarich 和主要競爭對手的**提示品牌認知**。此測量指標與品牌知名度有關，並告訴我們市場上有多少人還沒有聽說過它。對於市場新品牌而言，這是一個建立品牌知名度的重要措施。對於已經建立的品牌，被提示的品牌知名度可能已經很高，因此不太可能在單一活動過程中發生巨大變化。
- **品牌形象感知**。這需要與活動的目標相關，以便我們可以測量廣告活動期間形象感知的任何變化。需要對 Crianlarich 和其他五種品牌進行測量，其中包括幾種較為昂貴的品牌。測量這麼多其他品牌的目的，則是為了能夠繪製市場地圖，並且確定消費者是否將 Crianlarich 和 Grand Prix——最接近的競爭對手——視為與領先品牌截然不同的行業。需考慮的方法是：
  ⊙ 在語義差異或李克特（同意─不同意）量表上進行品牌單一評級；
  ⊙ 品牌形象關聯。
  提出品牌形象關聯技術，是因為在這麼多品牌的情況下，使用這種方法更為節省時間。採用評級量表方法時，將允許每一位受訪者只對三個品牌進行評

級──Crianlarich 和兩個競爭對手。因此，競爭對手的品牌必須在受訪者之間輪換，並在減少的樣本大小上進行測量，這正是我們希望避免的。

- 形象的重要性。我們可以透過相關分析，得到形象維度對品牌選擇的重要性。但是，我們希望能夠對那些以價格作為影響因素的受訪者進行交叉分析，以確定他們對 Crianlarich 的態度和使用程度。因此，採用一種直接方法，在被提議的兩個維度之間的 11 個點之固定加總分配。

對已被提議的問題進一步考量，以及是否使用它們的決定，將在後續考量適合它們的議題時再來做出決定。

結合這些形成我們的關鍵問題，但還有其他我們需要知道的資訊：

- 為了分析目的，需要有關飲酒量的行為資料──允許現場飲用和不允許現場飲用──以及受訪者是否對品牌選擇有影響力。還需要購買哪一個或哪些品牌，以進行測量，查看其在廣告活動過程中是否發生改變，以及作為分析之用途。
- 需要從許多不同的層面來測量對 Crianlarich 廣告的認知，以確定受訪者是否看過或記住該廣告。廣告的品牌效果可能會透過展示 Crianlarich 和競爭對手的無品牌廣告作為基準來進行測量，但也會考慮替代方案。

在此階段，估計的完成時間為 15 分鐘，因此無需將問卷分成子樣本模組。

問題領域按以下順序顯示：

- 篩選性問題。
- 自發性品牌認知。
- 觀看廣告的自發性品牌回憶。
- 提示的品牌認知。

- 透過品牌名稱引發的廣告認知。
- 廣告來源和內容回憶（哪裡喝酒、購買或指定的情況下）。
- 行為資訊——飲酒量。
- 形象因素在品牌選擇中的重要性。
- 品牌形象關聯。
- 對無品牌廣告的認知，並附帶品牌問題。
- 分類資料。

　　不尋常的是，在問卷一開始就提出一個關鍵問題，這是自發性品牌認知。這部分是因為我們必須確保在提出這個問題之前不提及任何品牌名稱，但也因為我們在這裡試圖複製的是，在沒有考慮的情況下浮現在腦中的品牌，我們會盡可能地重現首次進入超市或小賣部時的情況。

　　行為問題先於品牌形象問題，以避免為符合形象感知而行為的任何傾向。展示廣告素材排在最後，以避免影響品牌形象問題的回應。

　　現在我們可以製作流程圖（圖 3.3）。行為問題在其路徑中是非常複雜的，因此已經創建了一個單獨的子路徑來詳細顯示此部分（圖 3.4）。

關鍵要點

- 撰寫詳細的問題措辭需要時間——在開始撰寫之前，確保您真的已準備好開始。
- 釐清核心目的和最終用途。
- 考慮心裡還有其他什麼需要來指導設計。
- 判斷這個主題本身的趣味性（即您必須付出多大的努力才能保持受訪者的參與度）。
- 內容的範圍：

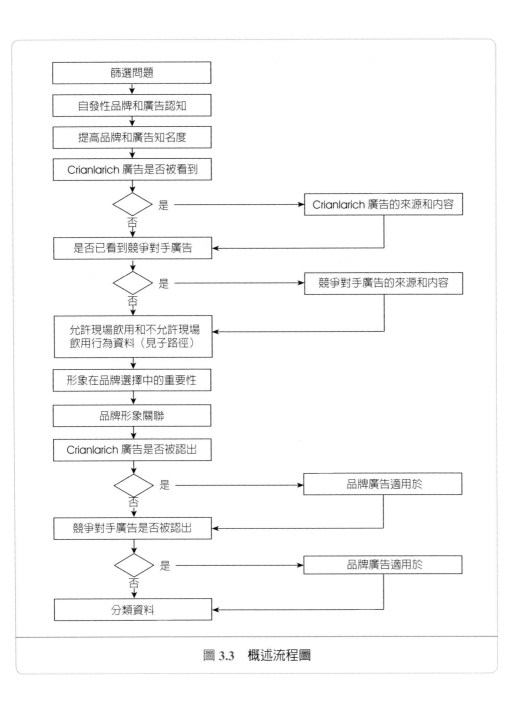

圖 3.3　概述流程圖

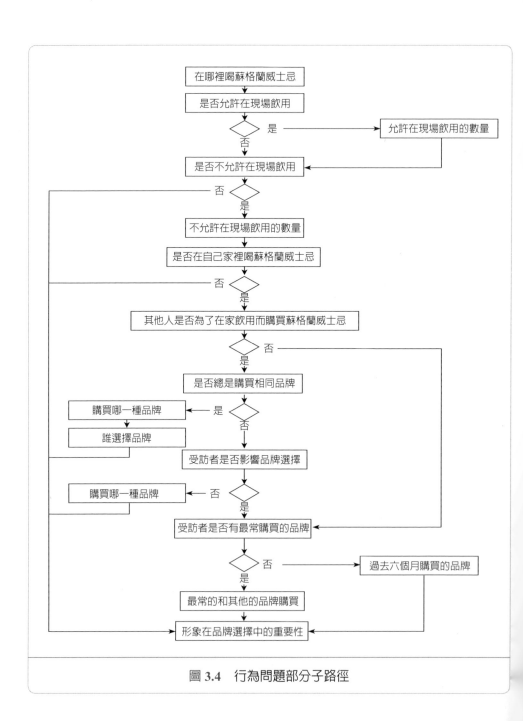

圖 3.4　行為問題部分子路徑

⊙ 在縮小範圍之前，給自己最後一次機會來廣泛思考該主題。

⊙ 此步驟的產出將是一個關鍵問題領域 —— 您已事先考慮了可能的結果和最終用途。

⊙ 透過有意識地決定要排除哪些內容，將更容易處理無可避免的最後一刻要求添加內容。

• 確定三到四個關鍵問題：

⊙ 有些問題總是比其他問題更重要。

⊙ 給它們最好的運作機會：將它們放在訪談中影響品質可能的最高位置，並首先撰寫它們，這樣您就有更多時間檢查它們，並獲得其他人的觀點。

• 創建一份問卷大綱：

⊙ 從各部分的整體結構和問題順序開始 —— 確定路徑和任何模組部分。

⊙ 初步思考應該集中在問題類型和實用變數上（例如：限制使用的品牌或陳述的數量）。

⊙ 根據目標繪製成大綱 —— 根據目標的優先順序檢查內容的平衡。

⊙ 估計問卷的長度 —— 如果問卷太長，考慮將優先順序較低的部分／問題模組化，以隨機分配。

• 獲得最終使用者利害關係人對這份大綱的批准，以減少最後一刻修改的要求。

Chapter

04

問題類型概述

簡介

在提出問題和記錄答案的不同方式背後有一些基本結構。問卷編寫者應該瞭解這些結構，因爲這將影響受訪者所需選擇的任務——以及產生的資料。這將影響分析的類型及最終處理所提出問題原因之資料的有用性。

問題類型

第一種分類是該問題是否爲：

- **開放或封閉的**：答案可以來自無限的，或者確定未知的回應範圍，或是僅來自一個封閉的或有限數量的可能性？

另外兩種分類（可能與上述分類重疊）是該問題是否爲：

- **提示的或自發的**：是否顯示可能的答案選項？
- **完全開放的或預先編碼的**：答案是逐字記錄的或是針對一份可能的答案列表？（一份預編碼列表只能用於自發問題，前提是該列表由訪員管理，並且對受訪者是隱藏的。）

開放和封閉的問題

開放式問題是問題中沒有建議可能的答案範圍，通常受訪者以他們自己預期的用詞來回答問題：

- 您今天早餐吃了什麼？
- 您是怎麼來到這裡的？
- 您喜歡這個產品的哪些方面？

　　開放式問題總是尋求自發的（即無提示的）回應。在談話中，試圖讓對方談論某個話題時會使用一個開放式問題。開放式問題可能會引出一個簡短的回答（例如：受訪者敘述他們早餐時已經食用的一或兩樣東西），或者可能引導受訪者用他們自己的詞句進行長時間的交談，以便他們充分表達答案（例如：回答「為什麼您早餐吃那個品牌的麥片比其他品牌多？」）。

　　回應格式可能是逐字記錄的完全開放式答案，或僅在訪員執行的調查中，可以向訪員提供可編碼的最常見回應列表。像這種開放的預先編碼問題需要訪員快速地將受訪者給出的回應與可用的代碼進行匹配。問卷編寫者必須確保代碼列表是清晰的、全面的、非模稜兩可的，而且易於訪員流覽。

　　另一方面，封閉式問題往往會使對話停止。這是因為受訪者可以給出一個可預測且通常是有限的答案。任何只需要回答「是」或「否」答案的問題，都是一個封閉式問題，而且對展開對話是沒有幫助的。兩位剛認識的人共度一個晚上，若彼此只詢問一些封閉式問題，確實是非常沉悶的。

　　在一項研究訪談中，封閉式問題還包括要求受訪者從多個替代答案中選擇的任何問題。因此，任何提示的問題都是一種封閉式問題。封閉式問題的範例包括：

- 您在過去的 24 小時內喝過啤酒嗎？
- 您的年齡在 25 歲以下嗎？
- 您最常購買這些品牌肉類罐頭中的哪一種？
- 這張卡片上的哪一句短語最能說明您購買此種產品的可能性？

　　前兩個範例只能回答「是」或「否」，而最後兩個範例中，受訪者正被要求從一系列可能性的列表中進行選擇。

　　因此，封閉式及預先編碼的問題在研究人員中很受歡迎，因為處理成本是低廉的。可以事先為每一個答案指定數字代碼，因此可以輕鬆轉換為分析所需的數

字格式。

　　一份測量行為的問卷可能主要由封閉式問題所組成（「這些品牌中的哪一個……？」、「您上一次是什麼時候……？」、「您買了多少？」），然而一份探索態度的問卷，可能有更高比例的開放性問題。從維持受訪者參與的觀點來看，訪談應包括兩種類型的問題混合在一起（見圖 4.1）。

開放問題可以完全開放性或以預先編碼的問題呈現		
【開放式問題】	【完全開放的】	您為什麼喜歡產品 A 勝於產品 B？ 請用自己的語詞寫下您的答案
	【預先編碼的】	您為什麼喜歡產品 A 勝於產品 B？ 【訪員或受訪者：根據提供的答案列表進行代碼回應或逐字輸入「其他答案」】
【封閉式問題】	【預先編碼的】	哪一個是您喜歡產品 A 勝於產品 B 的理由？ 請在下面的列表中標記盡可能多個理由

圖 4.1　問題類型範例

自發的問題

　　自發的問題是受訪者未被提供可能的答案列表選擇。所有完全開放式問題本質上都是自發的，但如前所述，並非所有自發的問題都需要是完全開放的。

　　當問卷編寫者有以下情況時，將使用自發的問題：

- 不知道回應範圍可能是什麼；或
- 想要蒐集受訪者自己用辭的回應；或者
- 希望受訪者在不提示的情況下自己獨立思考。

在訪員進行的問卷中，可以對自發的問題使用完全開放式或預先編碼的回應格式，這個決定取決於逐字記錄回應是否重要，以及是否知道全部——或至少是大多數的——可能回應範圍。

使用自發的問題之困難處，是它們通常需要受訪者付出更多的努力。他們仔細思考和充分回答的動機往往受到訪談形式的影響。使用自我完成問卷，相較於有訪員在場，它更容易使受訪者不參與。缺乏動力也取決於他們對主題的興趣程度，以及問卷本身的吸引力。

自發的問題常見用法

自發的開放式問題經常被用於市場研究，以測量認知、回憶和態度，例如：

- 品牌認知。
- 看過廣告的品牌認知。
- 回憶使用或購買的品牌或產品。
- 廣告內容回想。
- 對一種產品、活動或情況的態度。
- 對一種產品或概念的喜歡和不喜歡。

使用自發的問題時，我們試圖確定什麼是人們心中的主要訊息（即他們可以輕鬆接近的資訊）。我們將此解釋為品牌認知的顯著性，或是態度方面的重要性。然而，自發的回應不太可能反映受訪者的充分認知或態度。當調查行為時，自發的問題可能會告訴您哪些行為是受訪者首先考慮的，但通常使用這些更具實際性的測量之目的，是為獲得更完整和準確的回應，因此通常提示問題更受到青睞。

自發的品牌認知

這將是以下（或類似）提問所引起的結果：「您聽說過哪些品牌的早餐麥

片？」這裡的目標是獲得受訪者從記憶中可以想到的每一種品牌，因此詢問「還有什麼？」或「還有更多嗎？」將被廣泛地用於訪員進行的訪談。通常可能的品牌列表將作為問卷上的預編碼，以提供訪員記錄回應。通常，提及的第一個品牌將單獨記錄，以作為測量最先出現在受訪者心中或最重要的品牌。從自發的認知中解釋顯著性測量的一種挑戰是，品牌可能因為許多原因而成為人們關注的焦點——一些原因是積極的（例如：最有可能被考慮購買的品牌），一些原因是消極的（例如：一種具爭議的品牌，或最近宣傳不佳的品牌）。

如果問卷的其他地方已提到任何品牌，而受訪者能夠提前閱讀（例如：紙本自我完成格式），這將無法獲得自發的認知。使用線上自我完成，如果問卷編寫者要求加入控制措施以防止提前閱讀，則可以克服此限制。

有時我們希望確切地知道受訪者如何提及某種品牌，在這種情況下，回應將被逐字記錄。然後，研究人員可以確定被提到的是主要品牌、子品牌還是其他不同品牌，或者這些的組合。這特別常用於廣告研究中，能準確地瞭解正在傳達的品牌層次是非常重要的。

> 如果您正在詢問多種品牌的自發品牌認知，請在問題中說明您是否只是在尋找主要品牌名稱，或是包含各種不同品牌。

自發的廣告意識

在評估廣告活動的效果時，自發的廣告認知通常是一個關鍵的測量指標。然而，具體是如何測量，則因研究人員的不同而異。

一種方法是先詢問受訪者的自發品牌認知，接著詢問對看完的廣告品牌之自發認知，隨後對所聲稱已經看過的廣告內容進行回憶。所有問題都需要自發的回應；前兩種問題可能是品牌列表的預先編碼，而第三種問題將是完全開放式的：

- 您聽說過哪些品牌的早餐麥片？
- 您最近已經看過或聽說過哪些品牌的早餐麥片廣告？
- 廣告說了什麼，或者是關於什麼？（對所有已經看過的廣告品牌重複前述步驟）。

　　另一種方法不是先詢問品牌認知，而是要求受訪者自發地回憶該類別中任何品牌的廣告：

- 請描述您最近已經看過的任何一則早餐麥片廣告。它說了什麼？是關於什麼？是哪個品牌？（然後重複這個問題，直到受訪者無法回憶更多的廣告。）
- 請告訴我您已經看過的其他任何品牌的早餐麥片廣告。

　　第二種方法的支持者聲稱，這種對廣告的關注，意味著它較少受到大品牌主導記憶的共同效應之影響，無論這些大品牌是否一直在進行廣告。

自發的態度問題

　　典型的自發態度問題是：

- 您喜歡什麼，如果有的話……？
- 您不喜歡什麼，如果有的話……？
- 您覺得什麼……？
- 請向我描述您的感覺什麼……？

　　對這些問題的回應很可能以逐字記錄方式，作為完全開放式的答案。這樣可以獲取所有可能包括一些未被預期的答案範圍。這也使研究人員能夠看到受訪者用來描述其感受和態度的確切語言。

可能已經進行初步的質性研究調查，以確定所討論的問題具有各種態度。或者該研究可能是對先前一項探索態度的重複研究，因此現在可以對其進行定義。在這些情況下，主要態度的摘要可能預先編碼訪員進行的問卷，以節省在分析階段編碼回應所需的時間和費用。如果希望態度能完全地自發表達，則使用自我完成問卷預先編碼不是一種可能方法。

如果您不知道受訪者可能使用的術語，或者他們如何表達自己的觀點，請使用一種完全開放式的自發問題。

提示問題

大多數人發現很難清楚地表達他們對某一個主題的瞭解或感受，或者他們忘記了他們知道的一些事情，或者他們已經給予了一個答案，但不準備再進一步努力思考其他答案。透過提供一組選項進行提示，告訴研究人員人們知道或認識什麼，而非什麼是最重要的。提示還特別有助於人們回憶起可能被忽視的動作和行為。從研究者的角度來看，這意味著他們在研究人員想要的框架內表達他們的答案——它也可以減少由受訪者限制所引起的一些變動性。在一份提示列表中的項目順序，可能會對回應產生重大影響；這在第 11 章（寫有效的問題）中將進一步討論。

通常，會獲取自發的和提示的測量資料：提示測量的百分比不可避免地高於自發測量，但差異的大小提供了一個額外的視角，可以帶來洞察力（例如：理解為什麼一種品牌的自發得分遠低於另一種品牌，儘管兩者具有相似的提示水準）。

完全開放式問題

完全開放式問題是一種被逐字記錄的開放問題。一個完全開放的問題，幾乎

總是一個開放式問題（逐字記錄「是／否」答案是浪費的）。完全開放式問題（也稱爲「非結構的」或「自由回應」）用於以下情況：

- 我們眞的無法預測回應可能是什麼。
- 我們希望避免以任何方式做揣測（即透過假設我們知道答案的範圍可能是什麼）。
- 我們想知道人們使用的精確措辭或術語（例如：如果我們希望在溝通中理解和複製消費者的語言）。
- 我們想在報告或演講中引用某些逐字回應，以說明受訪者的感受強度等。在回應「您爲什麼不再使用那家公司？」這個問題時，一位受訪者可能會寫道：「他們很糟糕。他們耽誤我好幾個月，沒有回覆我的信件，而且即使回覆了，也永遠做不對。我再也不會使用它們了。」如果在問卷上給予了預先編碼，這可能只是被記錄爲「糟糕的服務」。逐字回應爲研究的最終使用者提供了更豐富的資訊。

完全開放式問題常見的主題包括：

- 對一種產品、概念、廣告等的喜歡和不喜歡。
- 產品形象的自發描述。
- 廣告內容的自發描述。
- 選擇產品／商店／服務提供者的原因。
- 採取或不採取某些特定行動的原因。
- 受訪者希望看到哪些改進或改變。

這些都是指導性問題，旨在對特定問題引發特定類型的回應。此外，可以詢問非指導性問題，例如：當受訪者看到一個新想法時，他會想到什麼——如果有

的話，受訪者對該主題是否還有其他想陳述的。

完全開放式問題有幾個缺點：

- 受訪者經常發現很難認知和表達他們的感受。對於負面情緒尤其如此，因此詢問有關人們不喜歡某些事物的完全開放式問題，往往會產生高比例的「無」或「不知道」回應。
- 如果沒有答案列表提供的線索，受訪者有時候會誤解問題或回答他們想要回答的問題，而不是問卷上的問題。
- 在訪員進行的調查中，訪員記錄答案的方式和細節可能存在錯誤。
- 分析回應可能是一個困難、耗時且相對昂貴的過程。

此外，一些評論者（Peterson, 2000）認為受訪者的贅語是完全開放式問題的一個問題。有人認為，如果一個受訪者只說他或她喜歡一件產品的事情，而另一個受訪者說了六件事情，那麼在分析中，後面受訪者的權重將是前者的 6 倍。為了平衡這一點，一個建議是只計算回答較冗長之受訪者的第一個回應。在實務上，通常會採取措施鼓勵所有受訪者透過提問來提供盡可能多的細節。

提問

使用大多數開放式問題，重要的是要從受訪者那裡獲取盡可能多的資訊，以實現更深入的理解（例如：他們購買一種品牌所給的第一個原因，也許對所有品牌是相同的，並且將無法區別）。對開放式問題的第一個回應通常是非常平淡的，並且需要進行非指導性的提問來嘗試填寫答案。

追問與提示有很大不同，兩者絕不應該被混淆。在提示中，受訪者會得到許多可能的答案並從中選擇，或者給予答案的線索（例如：使用具體的範例提示他們：「還有其他您喜歡的東西嗎？例如：外觀或味道？」），追問不會提出任何

建議。對一位訪員進行的問卷，一種典型追問是：

* 您還喜歡該產品的哪些方面？〔**暫停，然後追問。**〕
* 還有什麼？〔**繼續追問，直到沒有進一步的答案。**〕

　　這裡的目的是讓受訪者用自己的話來回答最初的問題，直到他們無法或不想再說。此過程中，不引導他們朝特定的任何方向發展。

　　不要使用諸如「還有什麼別的」之類的語詞作為一種提問。這種形式的提問允許甚至鼓勵受訪者說：「不，沒有其他別的。」如果追問是「還有什麼嗎？」這假設受訪者有更多想要說明和回答的，而若受訪者沒有更多要說的話，是他或她應該要負責的。這有助於研究人員獲得最完整的答案，而不是幫助受訪者盡可能地少說。使用自我完成問卷，也可以使用附加說明形式的追問，但可能不如由訪員進行時那麼有效。有趣的是，答案所允許的空間大小已被證明可以作為一種視覺提問，鼓勵受訪者保持更長時間的回答（Christian and Dillman, 2004）。

　　有時候可能會預測到無益的答案，並要求詳細闡述這些具體的答案。

> 「因為它很方便」通常被作為特定行為的理由，但是很少有助益。包括後續問題的說明，以便找出「方便」的含義。

編碼

　　若要分析回應，使用一種被稱為「編碼」的程序。這可以是手動完成，或透過專業軟體完成。手動編碼首先檢查一部分答案樣本，並將這些歸類為常見的主題，通常稱為一種「編碼框架」。如果編碼人員是研究人員以外的人，則需要與研究人員討論該主題列表，以查看其是否滿足後者的需求。編碼人員可能將有關低價和物超所值的答案組合在一起作為單一主題，但是對於研究人員來說，將這

些視爲單獨的不同議題可能是有用的。研究人員還可能希望查看在列舉的答案樣本中未出現的特定回應。對於研究人員來說，知道很少有人提到這一點可能是重要的，但要確保在這種情況下，該主題必須包含在編碼框架中。當主題列表已被確認，每一個主題都被分配到一個代碼，然後根據每一位受訪者答案中的主題檢查和編碼所有問卷。

手動編碼是一項緩慢和勞力密集的活動，特別是當抽樣規模很大且問卷包含許多開放式問題時。大多數研究機構在一項計畫報價中都有包括完全開放式問題數量的限制，因爲它是成本核算中的一個重要變數。

有許多電腦化編碼系統可供使用，並且研究公司越來越多地使用這些系統（Esuli and Sebastiani, 2010）。使用一系列關鍵字搜索或文本識別、文本挖掘和情感分析的單詞識別軟體，也有助於自動化此過程。這些方法減少了但不能消除所需的人力投入。對完全開放式問題的回應可以輸入到文字雲軟體中，從而生成最常用詞語的一種視覺摘要。

預先編碼問題

預先編碼的開放式問題

這種類型的問題只在有訪員的情況下才會出現。受訪者看不到可能的回應列表（這些純粹是訪員和研究人員的輔助），所以用他們自己的語詞回答。預先編碼可能只是一種品牌列表，或者也可以用來對更複雜的回應進行分類（參見圖4.2）。

這種類型的問題需要問卷編寫者對回應的範圍進行預先猜測。這樣做通常是爲了節省開放式逐字回應的編碼時間與成本。此方法可能被用於透過將開放回應強迫轉換爲有限數量的選項來提供一些回應的一致性。爲訪員提供一個空間，讓他們寫下未被預先編碼所涵蓋的答案是重要的。問卷編寫者不太可能想到將會收到的每一個可能的回應，而且非常高比率的回應將被寫成「其他答案」並非罕見。然而，仍然存在訪員試圖將答案強行放入所給的代碼之中，而不是填寫一個接近但不完全符合的預先編碼中之回應。

```
Q：您為什麼購買那個特定品牌的沙拉醬？
    （不要提示）

                    這是我經常購買的那一種    1

                        唯一可獲得的    2

                            最便宜的    3

                            特價優惠    4

                        我想要的味道    5

                    我想要的包裝大小    6

                    其他答案（寫下）    7
```

圖 4.2　用於對開放式問題回應進行分類的預先編碼

　　透過提供預先編碼，逐字回應的豐富性和說明力會流失，即回應之間的任何細微區別也會流失，但是處理的時間和成本將可減少。與其他調查的一致性也可能會提高。

　　雖然之前已經說過了，一份完全開放的問卷之預先編碼答案格式只是訪員進行問卷的一種選擇，對線上模式是有所差異。一旦獲得自發的回應，就會顯示一系列預先確定的代碼列表，並且要求受訪者選擇他們認為與其逐字回答最接近的答案。這樣可以對主要主題進行一項快速的量化分析，同時仍然保留逐字回答的深度。

預先編碼的封閉式問題

　　封閉式問題往往會被預先編碼。要麼使用可能答案的一份提示列表，要麼可以給予已知且有限數量的回應。有三種主要類型的預先編碼封閉式問題：

- 二分法。
- 單一回應。
- 多項回應。

二分法問題

最簡單的封閉式問題是二分法問題，它只有兩個可能的答案：

- 您在過去的 24 小時內，有喝過任何啤酒嗎？
  —是的
  —沒有

諸如此類的二分法問題可以很快提問，回答應該也很容易，這使它們在篩選問題中具有潛在的用途。

單一回應問題

通常，問題將提供許多可能的預先編碼回應，但是只會尋求一個答案；這是一種多項選擇單一回應問題。範例如下：

- 您最近購買哪一種品牌？
- 在這些日子裡，您最常進行哪一種類型的運動？
- 您上次參觀博物館是什麼時候？
- 滿分 10 分，您會如何評價這個產品？

有些回答可能只是一系列選項（例如：品牌列表或運動類型），或者這些回答可能形成一種類型量表（例如：具各種選項的一種時間量表，或一種評級量表）。

多項回應問題

具有超過一個可能答案的封閉式問題，被稱為多項回應（或多個的——二分法）問題。這樣的問題可能是：

- 上個月中，您喝過哪一種品牌的啤酒？
- 這些日子裡，您做過這些類型運動的哪一種？

　　顯然地，答案的數量是有限的、可能的答案範圍是可預測的，且這個問題並不需要受訪者「用他們自己的話語」說任何事情。定義感興趣的品牌，使其成為一種封閉式問題。

　　使用單一和多項回應問題，您可能希望包括一個「其他答案」回應選項，並具有該答案逐字記錄的能力。例如：如果您認為品牌列表可能不夠全面，或者當您詢問有關行為或態度時，其中您無法預測所有可能性情況。然而這看起來就像您已經創建一種開放式問題，受訪者可以用自己的話語進行回答，但是提供一個可能的回應列表將不可避免地意味著大多數人會試圖將他們的答案放入所提供的答案之一，從而有效地使其成為封閉式問題。另見第 9 章中所涵蓋的滿意度議題。

「不知道」回應

　　問卷編寫者通常不確定是否應該在預先編碼的問題中包括「不知道」回應選項。對於許多問題，當受訪者確實不知道答案時，這可能是一個合理的回應，因此必須包含「不知道」編碼。例如：

- 您的夥伴訂閱了哪種行動電話服務？
- 您的房子上一次重新粉刷是什麼時候？
- 這罐咖啡是從哪一家商店購買的？

　　對於其他問題，情況並非總是那麼清楚。這些往往是意見問題，旨在尋求採取行動的可能性；或者是關於最近的行為問題──受訪者被期望記得：

- 您最有可能在家裡的哪一個地方使用這種空氣清新劑？
- 您今天使用什麼交通方式到達這裡？
- 您最近購買了哪一種品牌的番茄湯？

　　包含「不知道」編碼的一種考量是，它可能會鼓勵受訪者減少思考的努力，如果有任何不確定性——或缺乏動機——就回答「不知道」。有人認為，對於訪員進行的問卷，包含「不知道」可使其作為一種回應的合理化。如果問卷上沒有「不知道」，訪員將更有可能在寫下受訪者無法或不願意回答問題之前，先探究預先編碼列表中的答案。因此，謹慎的做法可能是將「不知道」類別的使用限制在研究人員認為它是一種真實回答的問題時使用。

　　然而，對於任何範本化的調查（例如：線上、CAPI 或 CATI），軟體可能需要先輸入一個答案，然後才能進入下一個問題。在這裡提供「不知道」的答案可以避免道德困難，即受訪者將被迫給予他們認為不合適的答案。

　　從學習的角度來看，「不知道」回應的程度設定可以提供有關受訪者的知識以及他們回答問題能力的重要資訊。當邏輯上應該被期望是知道答案時，出現個別的「不知道」回應，可能會識別出根據期望的選擇標準被錯誤招募的受訪者。這種類型的廣泛回應可能指出所詢問的資訊超出了本研究領域的範圍（例如：向員工詢問其雇主業務的獲利能力），或者問題措辭不當及許多受訪者不能理解。這通常是值得瞭解的訊息，而且應該鼓勵在問卷中包含「不知道」編碼。

⌖ 案例研究：威士忌的使用與態度

問題類型

　　由於我們的使用與態度研究（U&A）將採線上自我完成調查，因此我們可用的問題類型範圍是有限的。

　　完全開放式問題：我們主要關心的是，是否使用完全開放式問題，還是預先編碼的問題。完全開放式問題對受訪者增加額外的工作，並且分析成本更高，因

此我們希望將其保持在最低限度。

我們應該考慮一個關於自發品牌認知的完全開放式問題。我們客戶的品牌Crianlarich，並不是一種主要品牌，而且我們需要瞭解飲酒者在沒有任何提示的情況下，如何從他們的記憶中想起這個名字。作爲一個相對年輕的品牌，將努力投入大量的廣告，將其從一個被認知的品牌轉變爲一個最受關注的品牌。因此，自發的品牌認知是一個關鍵指標。

受訪者必須輸入品牌名稱，因此我們還能夠看到拼寫錯誤的頻率，這可以告知我們使用線上搜索該品牌的潛在困難：

• 請輸入您能想到的盡可能多的威士忌品牌名稱。

我們將蒐集輸入品牌的順序，希望看到 Crianlarich 隨著時間的推移，在順序中出現較前面的位置。

如果廣告的表現已經是本研究的主要焦點，我們會考慮包含第二個完全開放式問題，要求受訪者描述他們所看到或聽到的任何 Crianlarich 廣告，以便評估印象的程度。但由於這不是我們的主要焦點，我們將滿足於一個完全開放式問題。

開放式問題：會有許多問題可能是開放式問題，因爲它們不需要從一份有限的列表中給予答案。這些可能包括：

• 您看過哪些品牌的廣告？
• 您在什麼場合喝威士忌？

這些可以使用一種完全開放式回應格式來記錄。由於我們可以預測大多數可能的回應，因此一個完全開放式問題，會對受訪者帶來額外的負擔，也帶給我們額外的成本，這是不划算的。相反地，對於這兩種問題，我們將提供一份回應列表。

雖然會有一個「其他，自行填寫」的回應選項，但受訪者會被螢幕上的內容所提示。這將使這些答案更加突顯，從而引導受訪者選擇其中之一。這意味著寫在「其他」之下的答案，無法在次數分布中與那些已經被提示的答案進行比較。因此，對於廣告認知問題，我們偏好將列表限制在主要的十幾種品牌中，或不提供「其他」選項，因為我們不會使用該資訊。這也有助於我們隨著時間的推移，保持這個問題的競爭組合不變（將提供「都沒有」選項）。那麼，問題就變成了：

• 您看過這些品牌廣告的哪一個？

對於「場合」問題，我們無法假設知道人們可能喝威士忌的完整場合，但是我們可能只對基於地點的廣泛分類感興趣，而不是精確的細節。在這裡，我們將列出我們認為是主要場合的一份列表，但保留「其他，自行填寫」的回答選項。雖然從技術上而言，這仍然是一個完全開放式問題，我們可能從中瞭解到其他正在飲酒的新興地點，但我們必須接受受訪者傾向於從我們所提供的列表中選擇答案。那些缺乏動機的人不太可能花時間描述「其他」情況。因此，此問題變成了：

• 上週您在住家之外的哪裡喝過蘇格蘭威士忌？
　─與朋友在一家酒館／酒吧
　─在我自己的酒館／酒吧
　─在一家餐廳
　─在一家俱樂部
　─其他。請描述：＿＿＿＿＿

封閉式問題：大多數問題將是封閉式的，有許多答案選項供受訪者選擇。例如：

- 是在家喝威士忌、外出喝，還是兩者兼而有之？
- 受訪者是否購買特定的品牌？

  這兩個問題都有一組特定的可能回應。

關鍵要點

- 問題編寫者在決定一個問題的基本結構時，面臨幾種選擇：
  ⊙ 是否需要一個開放或封閉的問題？
  ⊙ 回應是自發的，還是透過提示被引出的？
  ⊙ 回應是使用一種完全開放式（逐字）格式，還是使用一種預先編碼的列表？
- 自發的和提示的問題都有一些主要優點和缺點：
  「自發的」：
  ⊙ 以受訪者爲主導、先行思考。
  ⊙ 不限制答案。
  ⊙ 有利於探索受訪者的想法／行爲。
  ⊙ 獲取他們使用的確切語言。
  然而：
  ⊙ 回答通常需要受訪者付出更多的努力，並會放慢訪談進度。
  ⊙ 答案的品質會受到動機和參與度的特別影響。
  ⊙ 當答案被逐字記錄時，需要額外的分析過程（編碼）。
  ⊙ 只有在訪員進行（對受訪者隱藏）的情況下，才能根據預先編碼的列表進行記錄。
  「提示的」：
  ⊙ 可以減少受訪者記憶和充分回答動機的影響。

⊙答案列表有助於澄清問題。

⊙通常受訪者的努力更少。

⊙更輕鬆、更快速地轉換為綜合分析。

然而：

⊙問題編寫者需要更多的知識（例如：發展一份適當和全面的列表）。

⊙問題編寫者的建議和假設產生更多潛在的偏見。

⊙實施過程中的實務挑戰（例如：選項引起的注意不均等、需要閱讀冗長列表等）。

- 大多數量化問卷主要由封閉式、提示的問題所組成，使用預先編碼的答案列表，開放的自發性問題數量通常是受到限制的，以減少受訪者的疲勞並進行更有效的分析。

Chapter

05

確認問題所產生的資料
類型

簡介

由一個問題蒐集的資料，可以分為名目、順序、區間或比率。問卷編寫者需要認知到正在蒐集哪一種類型的資料，因為這將決定可以對該問題進行的分析。

名目資料

名目資料是指定分配給一種分離類別與命名的資料（例如：男性、女性；紐約、芝加哥、洛杉磯；披薩的購買者、披薩的非購買者）。通常會對每一種類別指定一個代碼編號，用於記錄回應和進行分析。然而，這個數字純粹是任意的，並意味著無法為回應類別賦予任何價值；這些數字僅用於識別目的。因此，如果一個抽樣點被描述為「城市」，並被賦予代碼 1，而「農村」被賦予代碼 2，則這兩種類別之間沒有隱含的相對價值（圖 5.1 顯示進一步的範例）。一些線上資料獲得系統透過名稱重新編碼變數來避免這種誤解。然而，對於某些分析套裝軟體如 SPSS，它們需要被轉換為數值才能操作某些特定功能。受訪者被分為一類或另一類。

Q：依您的看法，這些超市中的哪一家銷售的新鮮蔬菜品質最佳？

Asda	1
Morrisons	2
Safeway	3
Sainsbury's	4
Somerfield	5
Tsco	6

圖 5.1　指定代碼編號以進行資料記錄之目的

　　這些類別應該是周延的（即每個人都應該適合在某個類別），並且是互斥的（即它們之間不應有重疊）。能夠被多項編碼的問題——例如：購買的品牌，受訪者可能擁有多個品牌——也會創建名目資料。實際上，對於每一個品牌，受訪者被歸為買家或不是買家，從而滿足無重疊標準。

　　名目資料的分析僅限於針對每一種類別的頻率計數。計算回應之間的平均值或基於指定給該類別的代碼值進行任何其他計算是沒有意義的。

順序資料

　　順序資料最普遍的問題是要求受訪者根據問題中包含的標準，對名目類別進行排序（例如：涉及「排名」或「比較」量表的問題）所創建的。這通常是喜好的順序，如圖 5.2 所示。

　　其他問題可能包括依以下順序排列：

- 產品特性：如甜度、一致性和濃度。
- 使用頻率：如最常使用、普遍使用和最不常使用。
- 使用時程：如最後一次使用和倒數第二次使用。
- 感知價格：如從最貴的到最便宜的。
- 易於理解程度：如最容易理解到最難理解。

　　排序是將名目資料依適當的順序排列，但不會告訴研究人員點與點之間的距離之訊息。在下面的例子中，草莓優格可能幾乎和黑櫻桃一樣受歡迎，兩者都明顯地比黑醋栗更受歡迎。然而，研究人員無法從資料中推斷出這一點。研究人員也無法確定最後的選擇（覆盆子）是否為非常地不喜歡，並且永遠不會被該受訪者所選擇，或者它確實是受訪者喜歡的首選口味之一。甚至有可能是受訪者實際上不喜歡這 5 種口味，並且排序是基於哪一種口味是最不喜歡的。

Q：請依照您喜歡的優格，將下列口味做排序，從 1 為最喜歡開始，直到 5 為您最不喜歡。

黑醋栗	3
黑櫻桃	1
桃子	4
覆盆子	5
草莓	2

圖 5.2　按名目類別排序

排序有助於強制區別品牌、產品或服務之間的差異，但在評級量表中並不明顯。這在 Alwin 和 Krosnick（1985）的實驗中得到證實，他們使用排序和評級來評估孩童的 13 種屬性之期望性。當依照重要性對屬性進行評級時，24% 至 40% 的受訪者將 13 種屬性中的 12 種評為「非常重要」，僅有 17 個百分點的差距，導致它們之間的區別度不佳。當排序從第一重要到第三重要時，相同屬性的差距為 3% 到 41%，提供了更大的區別，但失去了即使是最不重要的事情，但對四分之一的人而言卻是極重要的訊息。

有大量項目時，排序任務會變得困難。當然，需要一個具有交互性元素的問題工具（即允許受訪者在處理排序時將項目插入順序中，而不是在第一次就創建它們的正確順序）。拖放工具（圖 5.3）在線上調查很常見——或如果是面對面的情況，每一個項目使用實體卡片。使用電話調查（即不可能有視覺刺激的情況），排序通常需要限制在 5 個或更少項目。然而，即使使用問題工具，對大量項目進行排序仍會構成重大的認知挑戰，而且對許多人而言也缺乏實際性：可能有一些是他們喜歡的和某些是他們不喜歡的，但是也有一些在這兩者間，他們是沒有任何感覺。僅僅因為存在問題工具而確保在調查中完成它，並不能保證產生有意義的資料。

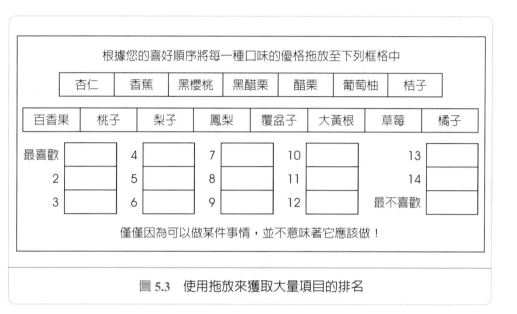

根據您的喜好順序將每一種口味的優格拖放至下列框格中

| 杏仁 | 香蕉 | 黑櫻桃 | 黑醋栗 | 醋栗 | 葡萄柚 | 桔子 |

| 百香果 | 桃子 | 梨子 | 鳳梨 | 覆盆子 | 大黃根 | 草莓 | 橘子 |

僅僅因為可以做某件事情，並不意味著它應該做！

圖 5.3　使用拖放來獲取大量項目的排名

　　對於大量項目，排序中間項目的確切排名位置，可能不如排列在任何兩端來得可靠。因此，簡化受訪者任務——並且潛在地創建更穩定之資料的一種選擇——是只要求受訪者指出他們的前三名（或其他特定的數量）和他們的最後三名；但不需要去排序中間的那些項目（圖 5.4）。

　　對於那些沒有被排在前三名或最後三名的項目，我們可給予一個等於中點的名義上排名，以便計算出相當於平均位置的一個名義平均分數。這並非是不切實際的——因為受訪者通常會知道他們喜歡什麼和不喜歡什麼——並且對於一些他們沒有強烈看法的項目，他們會有一個中間的群體。

　　可以看到許多簡化方法（例如：首先將項目分類為「會考慮」與「不會考慮」等類別，然後僅對「考慮」組進行排名）。

您最喜歡和最不喜歡這些優格口味中的哪一種？			
	最喜歡	第二喜歡	第三喜歡	三種最不喜歡
杏仁	○	○	○	○
香蕉	○	○	○	○
黑櫻桃	○	○	○	○
黑醋栗	○	○	○	○
醋栗	○	○	○	○
葡萄柚	○	○	○	○
桔子	○	○	○	○
百香果	○	○	○	○
桃子	○	○	○	○
梨子	○	○	○	○
鳳梨	○	○	○	○
覆盆子	○	○	○	○
大黃根	○	○	○	○
草莓	○	○	○	○
橘子	○	○	○	○

圖 5.4　詢問前三名與最後三名

區間資料

　　區間資料提供每一個項目在每一點之間，具有數值相等距離的評比，並且存在任意的零點（區間尺度）。5 種優格口味可以被單獨地按照 1 到 10 的尺度來評級每一種優格的喜歡程度，並且可以透過比較各種口味的分數來得出相對關係的強度。這是相對的，因為儘管每一個點之間存在相等的間隔，但是一種口味獲得 8 分並不一定意味著是口味得分 4 分的 2 倍。

區間量表相對於順序量表的優勢在於，研究人員可以根據其評級判斷一個項目是喜歡的還是不喜歡的（或被認為是太甜的或不是，等等）。但是，如果兩個項目獲得相同的評級，則無法指出排名順序（如圖 5.5 所示）。第一位受訪者對每一種口味都給予不同的分數，因此我們不僅可以對個人的偏好進行排序，而且還可以判斷此人喜歡黑櫻桃和草莓勝過黑醋栗，而桃子和覆盆子則是不喜歡的。對於這位受訪者，我們有評級和排序分數。然而，第二位受訪者喜歡所有的 5 種口味，因此很難從區間量表的回應中推斷出有意義的偏好排名順序。

請根據您對每一種口味喜歡的程度，在 1 到 10 分之間評分。				
	受訪者 1		受訪者 2	
	評分 1 到 10	推論順序	評分 1 到 10	推論順序
黑醋栗	5	3	9	1＝
黑櫻桃	9	1	8	3＝
桃子	2	4	9	1＝
覆盆子	1	5	8	3＝
草莓	8	2	8	3＝

圖 5.5　在一個區間尺度上評分

在實務中，研究人員很少處理個人層面的資料，而是處理整體樣本的匯總資料。區間量表允許在樣本中計算平均分數和標準差。通常可以從這些資料推斷出項目的總體排名順序。但是，平均分數可能仍然太接近而無法推斷出正確排名。

應該檢驗資料在整個量表上的分布，因為相同的平均分數可能由非常不同的分布產生。標準差將表明樣本內意見兩極分化的程度。

在解釋區間量表時必須小心，作為一個區間量表，為了分析的目的，必須假設每一個點之間的概念距離是固定的（例如：當採用 10 點量表時，受訪者在 7

分和 8 分之間分配的區別程度與 2 分和 3 分之間分配的區別程度相同）。事實證明並非總是如此，這將會在第 6 章提及。

許多用於測量態度、品牌認知、顧客滿意度等的量表，都是語義而非數字的，例如：李克特量表。它們通常被視爲是區間量表，但是在解釋分析時需要謹慎些，因爲很難毫無疑問地證明點之間的概念距離是固定的。

比率尺度

比率尺度是一種特殊類型的區間尺度。零點具有實質的意義，因此任何兩個分數之間的比率也具有意義。年齡是一種比率尺度，一位 50 歲的人是 25 歲的人之 2 倍。收入也算是一種比率尺度。

這種類型的尺度也用於提問以下問題：

- 在您最後購買的 10 罐烤豆中，有多少是 Heinz 品牌？
- 您的家庭收入中，有多少比例用於房租或抵押貸款？
- 您多久以前買過汽車？

我們可以選擇直接記錄回應，或選擇在類別中記錄回應（如圖 5.6 所示）。

請注意，回應類別的長度不一定需要相等。這些類別之選擇取決於研究人員的目的或反映資料的預期分布，用於租金或抵押貸款的收入比例可以直接記錄爲百分比，並在分析階段進行分類。將其放入不同區間的原因，是大多數受訪者不會知道確切的百分比答案。受訪者購買汽車的時間長度，可以重新被編碼爲天、月或年。然而，很少有人能計算出天數，只有最近的購車者才能輕鬆地給出時間。在這裡，研究人員對最近買車者之間的差異特別感興趣，因此能夠區分最近的購車者（最近三個月）和較早期購車者是最重要的。考慮如何使用資料，並使回應類別盡可能廣泛且與該用法保持一致。隨著更少和更廣泛的類別，猜測和不回應的程度將會降低，而且資料的可靠性將會提高。

您最後購買這 10 罐烤豆中，有多少是 Heinz 品牌？

0 ☐
1 ☐
2 ☐
3 ☐
4 ☐
5 ☐
6 ☐
7 ☐
8 ☐
9 ☐
10 ☐

您的家庭收入中，有多少比例用於租金或抵押貸款？

0% 到 5% ☐
6% 到 10% ☐
11% 到 15% ☐
16% 到 20% ☐
21% 到 25% ☐
26% 到 30% ☐
31% 到 40% ☐
41% 到 50% ☐
51% 到 60% ☐
61% 到 80% ☐
81% 或更多 ☐

您多久以前購買過汽車？

過去一個月以內 ☐
過去一個月至三個月之間 ☐
過去三個月至六個月之間 ☐
過去六個月至一年之間 ☐
過去一年至二年之間 ☐
過去二年至三年之間 ☐
過去三年至五年之間 ☐
過去五年至十年之間 ☐
超過十年 ☐

圖 5.6　在比率尺度上記錄

　　然而，請注意改變尺度也會改變人們的回應方式。Dillman（2000）引用了一個基於時間的比率量表，其中當一個回應類別是量表中最低的選項時，它被 69% 的人選擇，但是當相同類別使用最高的選項來建構此量表時，該比例下降到 23%。這強調了將量表調整為預期答案分布的重要性。

　　資料記錄被分類並不會影響回應之間存在關係的基本特性，而且研究人員可以辨識出一位購買 2 倍亨氏（Heinz）烤豆罐頭，或在租金或抵押貸款上花費 2 倍的受訪者，或購車時間相較於另一購車時間早 2 倍的受訪者。此計算的準確性僅受限於蒐集資料的類別大小。

　　對每一個點分配適當的分數，或為每一個範圍分配平均值，我們現在可以計算樣本的平均值和標準差，並且進行統計檢驗。

> 如果您可以對資料進行有意義的計算，而不使結果成為一種抽象結構，您就可以判斷它是否為一種比率尺度。

表 5.1 每一種資料類型被產生和使用的統計

提供	名目	順序	區間	比率
次數分配	×	×	×	×
眾數	×	×	×	×
中位數		×	×	×
平均數		×	×	×
排名或順序		×	×	×
知道數值之間距離			×	×
數值能被加或減			×	×
數值能被乘或除				×
相對於其他點具有意義				×

取自作者的市場研究方法：www.mymarketresearchmethods.com/types-of-data-nominal-ordinal-interval-ratio/。

個案研究：威士忌的使用與態度

數據類型

　　在設計威士忌使用與態度（U&A）研究的每一個問題時，需要考慮其產生的資料類型是否適合我們的分析需求。

名目資料：許多問題將產生名目資料。此類問題可能包括：

- 提示品牌認知：您聽說過這些品牌的哪一種？
- 飲用的品牌：您現在喝這些品牌中的哪一種？
- 星期幾消費：您在哪一天或哪幾天飲用威士忌？

　　此名目資料可用於創建分析類別，包括「知道 Crianlarich／不知道 Crianlarich」；「Crianlarich 的飲酒者／非飲酒者」；「只在週末喝威士忌／整個星期喝威士忌」。我們可以使用選擇每一個回應的比例產生描述性統計資料，例如：一週內的認知層次或消費模式。

順序資料：詢問受訪者喝哪一種品牌可能無法給我們足夠的知識，特別是如果他們有很多的選取列表。然後，我們將考慮引入下列問題：

- 根據您飲用的頻率對這些品牌進行排序。從您最常飲用的開始，到您最少飲用的結束。

　　我們現在創建了一個順序量表，此可以更多地說明他們的行為。我們可以使用這些資料來產生平均數和頻率層次結構，雖然，我們無法知道最常消費的品牌和次常消費的品牌之間的消費頻率差異。這些訊息可用於瞭解第一品牌是否在產品中占有主導地位。

比率資料：為了進一步理解這一點，我們可以使用比率尺度：

- 您多久喝一次【品牌】？
- 您一週中喝多少杯【品牌】？

　　現在，我們可以透過樣本說明一個品牌的飲用頻率是另一個品牌的 2 倍，或者一個品牌的飲用量只是市場領先品牌的三分之一。我們可以在品牌之間創建排名順序，並創建平均數、眾數和中位數，以進一步深入瞭解行為。

區間尺度：為幫助瞭解他們選擇每一種品牌的感受強度——以及這是否與他們的行為相連結一致——我們可以要求受訪者對他們飲用的品牌進行評分：

- 依據您對每個品牌的喜愛程度為它們打分數（滿分 10 分）。

　　然後，我們可以生成每一種品牌受歡迎程度的分布，並且提供平均數來比較定位，而標準差則顯示在整個樣本中持有這種觀點的一致性如何。

　　我們也可以使用區間尺度來評估品牌認知度：

- 請評估您對【品牌】與下列特徵相關聯的程度：
  ——強烈的階級
  ——傳統的
  ——古板的
  ——良好品質
  從「非常同意」到「非常不同意」（5 分）。

　　透過將其稱為區間尺度，我們推斷每一個點之間的概念距離是相等的，並且將得分 1 到 5 歸因於該尺度是有效的。雖然不是每個人都會同意此點，但如果我們做出這個假設，我們可以使用評分來進行多變量技術，例如：因素分析（factor analysis）和群集分析（cluster analysis）。這可以透過品牌感知和品牌地圖創建區隔，以直觀地總結相互關係。

關鍵要點

對一個問題的回應進行分析，取決於所產生的數值資料類型：

名目：

- 通常在將數字代碼指定給答案時生成，僅作為識別回應的一種方式（例如：男性 1、女性 2）。
- 分析是針對這些數字代碼進行頻率計數（即每一種答案類別的計數）。
- 對數字代碼本身進行數學分析是沒有意義的。
- 這通常是一份問卷調查中最常見的資料類型。

順序：

- 一個數字排序是透過將名目類別放入有意義的順序中產生的（例如：要求受訪者按偏好對品牌進行排序）。
- 必須注意不要讓受訪者對太多的項目進行排序，因而造成過度負荷。
- 排序有助於強制區別，但不提供任何排序之間的距離訊息。

區間：

- 是透過點與點之間已知且相等距離的評分量表所創建的。
- 通常用於瞭解各品牌之間的優勢和劣勢，但與順序排序量表不同，個別受訪者可能會給兩個項目相同的評分。
- 整合樣本層級的分析是透過平均數和標準差來瞭解整體樣本的分布，有時可以由此推斷出一個排名。

比率：

- 透過零點和點與點之間的距離具有實質意義（例如：頻率）的量表而創建的。

Chapter

06

創建適當的評級量表

簡介

評級量表是調查一位受訪者意見或態度的常用研究工具。有時，一個簡單的二分法問題可能就足夠了。（「您喜歡還是不喜歡這個？」、「您同意還是不同意那個？」、「這對您而言，是重要的還是不重要的？」）然而，這種方法常常過於簡單化了。由於態度和意見可能是複雜的，通常可能存在一定程度的感受差異。評級量表，其尺度點旨在反映這些感受的差異，可以更敏感性捕捉受訪者之間或被評估項目之間的差異。評級量表被問卷編寫者廣泛地使用，它們提供了一種直接方式來蒐集態度的訊息，它易於分析且用途廣泛，並且提供了不同時間的比較性。但是，有許多不同類型的評級量表，有選擇適合特定任務之量表的需要技巧。在本章中，我們將討論量表的類型及其應用。在第 8 章將更廣泛地討論態度的測量。

項目評級量表

最常用的方法是項目評級量表。研究人員首先開發一些構面（例如：態度陳述、產品或服務屬性、形象構面等）。然後，受訪者被要求使用一種已定義的評級尺度來定位他們對每個問題的感受，通常是一個具有均勻分布點之範圍的區間尺度（見第 5 章）。

圖 6.1 顯示兩個典型範例：每個尺度上的措辭都是針對問題量身訂製，並且都有五個點代表一個從正面到負面的等級。它們在一個中性的中點附近保持平衡，有相同數量的正面和負面陳述供受訪者選擇。

作為區間資料，可以將分數分配給每一個回應以協助分析回應。分配的分數最有可能是從 1 到 5，從最低到最高；或從 −2 到 +2，從最負的到最正的，零為中性點。

在不久的將來，您有多大可能搭乘火車去旅行嗎？

- 非常有可能 ○
- 有可能 ○
- 既非可能也非不可能 ○
- 不可能 ○
- 非常不可能 ○
- 不知道 ○

在這個組織中管理效率如何？

- 非常有效的 ○
- 有效的 ○
- 既非有效的也非無效的 ○
- 不是非常有效的 ○
- 根本沒有效的 ○

圖 6.1　項目評級量表的一些範例

事先考慮是否需要與來自其他地方的資料進行比較。一致性通常是評級量表決策中最重要的因素。

平衡量表

通常會透過包括相同數量之正面（積極）和負面（消極）的態度來平衡尺度。當要求受訪者描述一種產品的味道時，請考慮這種平衡的尺度：

非常好
好
普通

差
非常差

使用兩個正面和兩個負面的陳述，受訪者不會被引導到任何一個方向。然而，如果尺度如下所述，三個正面構面往往會導致更高的正面回應：

超級好
非常好
好
普通
差

在大多數情況下，平衡尺度以避免這種偏差是重要的。但是，某些情況下可證明不平衡的尺度也是合理的。如果已知回應將壓倒性地朝著一個方向傾斜時，則可以在該方向上給予更多類別，以實現更好的區別。

在客戶滿意度研究中衡量服務各個方面的重要性時，通常會出現這種情況。很少有客戶會說哪些方面是不重要的——客戶會尋找他們所能得到的最好服務——而我們詢問的構面無論如何是我們認為重要的構面。目標主要是區分服務中最重要的方面和不太重要的方面。因此，可能會使用一種不平衡的尺度，它只提供一個不重要的選項，但有幾個不同程度的重要性：

極為重要
非常重要
重要
既不是重要也非不重要
不重要

在這裡，問卷編寫者試圖在重要性的水平之間獲得一定程度的區分。視覺中點是「重要的」，並且尺度隱含著假設這將是最多回應所在的地方。該尺度可以有七個點，從「非常不重要」到「非常重要」以保持平衡，但如果我們有信心它們不太可能被使用，這些平衡點只會增加視覺混亂。當量表變得冗長時，它們也可能引發避免極端的傾向，從而抵消我們試圖在尺度頂端實現的更高敏感性。

不平衡的尺度應該只在有充分的理由，以及研究人員知道可能的影響是什麼時使用。

尺度上點的數目

在圖 6.1 中的範例顯示五點尺度，這可能是最常使用的。五點尺度爲大多數目的提供足夠的辨別度，並且很容易被受訪者所理解。如果要嘗試更大的辨別度，尺度的大小可以擴大到七個點。那麼，尺度上的點可以編寫如下：

極爲可能

非常可能

稍微可能

既不是可能也不是不可能

稍微不可能

非常不可能

極爲不可能

或是：

超級好

非常好

好

既不是好也不是不好

差

非常差

超級差

　　關於一個尺度上的最佳點數，幾乎沒有一致看法。唯一的共識是在 5 到 10（或 11）之間。許多研究人員認為 7 是針對特定項目量表的最佳數字（Krosnick & Fabrigar, 1997），但在此問題上存在一系列意見，以及將點數擴展到 10 或更多是否會增加資料的有效性。與項目量表相比，數字替代方案提供了更多的靈活性，因為不需要為每一個點創建適當的標籤。Coelho 和 Esteves（2007）已經證明十點的尺度比五點的尺度更好，因為它傳遞更多的可用訊息，而且不會鼓勵回應錯誤——這是 Cox（1980）用於評估最佳點數的特徵。他們假說，除其他事項外，如今消費者可能更習慣給某事物評分（滿分 10 分），並且能夠比 20 年前更妥善處理。然而，Revilla、Saris 和 Krosnick（2014）得出結論，五點是完全標記同意─不同意量表的最適當選擇。

　　問卷編寫者對尺度上點數的決定，必須考慮所尋求的區別程度、為這些點創建有意義之不同標籤的可行性，以及受訪者在此方面進行細節區分的能力。在電話訪問中，超過五個項目的尺度對於受訪者而言是很難記住的，因此數字替代方案通常是被青睞的。對於多國調查，以不同語言創建等距項目量表的可行性，也傾向於更多地使用數字量表（如本章後面所討論）。

不知道及中點

　　在圖 6.1 中，每個量表都圍繞著一個中性的中點以保持平衡；這包括為了讓那些對任何事都沒有強烈看法的人做出回應。然而，這一點也經常被想要給予「不知道」事回應的受訪者所使用，但是若未提供「不知道」作為回應類別時，他們就不會想回應，或因無法回答而留下空白。

　　受訪者不願意在他們真正無法給予量表一個答案的地方留下空白，這一直是自我完成訪談的一個問題。從 TNS BMRB 未發表的研究顯示，多達四分之三選擇中點的人可能會將其作爲「不知道」的替代回應，儘管這會隨著所詢問的屬性或態度而異。然而，通常不提供「不知道」的代碼或框格，因爲問卷編寫者擔心這會促使這種回應——取而代之，希望鼓勵受訪者盡可能的努力做出回應，但這可能反映了意識層面不被認可的態度。在預期大多數人都會有例如關於犯罪之觀點的研究中，即使他們不承認自己有這種觀點，也可以說他們持有此觀點。因此，有人爭辯說，迫使對一個方向或另一個方向做出回應是合法的。然而，當主題是早餐麥片時，必須認知到很多人可能眞的對這方面沒有任何意見。對一個沒有中點之尺度的回應可能如下所示：

極爲可能
非常可能
很可能
很不可能
非常不可能
極爲不可能

或是：

極好的
非常好的
好的
差勁
非常差勁
極爲差勁

在一項訪員管理的研究中，有可能接受由受訪者自發提供的中性回應。然而，研究顯示與自發接受中性回應相比，包含一個中性尺度位置會顯著增加了中性回應的數量（Kalton et al., 1980; Presser and Schuman, 1980）。這顯示消除中性的中點，確實會增加受訪者對正面（積極）或負面（消極）的承諾。Coelho 和 Esteves（2007）支持這一點，他們發現中點被試圖減少努力的受訪者使用，因此誇大了真正的中點分數，而 Saris 和 Gallhofer（2007）則表示不提供中點，可以提高資料的可靠性和有效性。

對爭議的進一步複雜性是在一量表的綜合測驗中，對一個尺度不進行回應可能引發使用特定資料分析技術時如何處理資料的問題。而且一個實務的考慮是，除非提供某些類別的答案，否則數位範本軟體通常不允許受訪者直接跳到下一個問題——此強調如果沒有提供中點，則需要「不知道」編碼的必要性。

圖 6.2 顯示將中間尺度的中性元素放在選項末尾，是與典型量表次序相異的一種替代方法。在這種情況下，問卷編寫者因為問題的主題而做出這個決定，即廣告的問題。是一種否認正受到廣告影響的傾向。透過將承認廣告影響的四項陳述作為一個整體一同呈現，視覺上的影響將使受訪者更願意考慮到他們可能確實受到影響。問卷編寫者試圖以另一種偏見來抵消一種偏見。雖然這可能存在一種

根據這個廣告，您將來會購買此產品的可能性有多大？
請選擇一項。

非常有可能購買它 ○

稍微有可能購買它 ○

有點不太可能購買它 ○

非常不可能購買它 ○

廣告對我購買的可能性沒有影響 ○

圖 6.2　回應的一種替代順序

風險，但在這種情況下，問題編寫者認為根據他們先前的經驗，這樣做是有充分理由的。

總之，由於使用評級量表（如簡單的二分法「非此即彼」的替代方法）的目的通常是為了更敏感地獲取差異，因此有些人認為它與提供一個可能被用作一種選擇退出的答案不符。然而，中間點持續被廣泛地使用，問卷編寫者必須決定是否在特定問題和主題中包含中間點是適當的。但與其他資料的比較性往往更重要。

錨定強度

使用所有語義量表，錨定陳述的措辭對於可能實現的資料分布是至關重要的。一種從「極為滿意」到「極為不滿意」的五點雙極量表可能會阻礙受訪者使用端點，使分布集中在中間三個點上。如果端點是「非常滿意」和「非常不滿意」，它們將被更多的受訪者使用，並且資料將更廣泛地分布在整個尺度上。這可以使資料在項目之間更具區別性。猶如一般規則，錨定語句越強，在尺度上需要越多的點來獲得區別。

李克特量表

一種專門用於測量態度而開發的項目評級量表是李克特量表（通常稱為「同意 / 不同意」量表），這是心理學家 Rensis Likert 於 1932 年首次發表的。該技術對受訪者呈現一系列態度構面（一種「態度綜合測驗」），利用五點尺度上的一系列位置，詢問受訪者是否（及多麼強烈）同意或不同意（參見圖 6.3）。越來越常見的是任何類型的態度評級量表——不管點數多少——均被稱為李克特量表。許多 DIY 線上調查提供者傾向於這樣做——可能是為了簡單明瞭。然而，從技術上說，它僅意指這個特定的量表。

該技術易於線上管理。它可以有多種方式呈現，包括單選按鈕、滑動尺度、星形或使用一系列其他圖形技術。

關於購物的這些態度，您同意或不同意？

	非常 不同意	不同意	既非同意也 非不同意	同意	非常 同意
作為一個聰明的購物者是值 得花費額外時間的	☐	☐	☐	☐	☐
購買哪些品牌對我來說沒什 麼差別	☐	☐	☐	☐	☐
我獲得特別優惠	☐	☐	☐	☐	☐
我喜歡嘗試新品牌	☐	☐	☐	☐	☐
我喜歡到處購物及觀看展示	☐	☐	☐	☐	☐

圖 6.3　李克特量表的使用

　　使用面對面訪員進行量表綜合測驗時，回應可能會顯示在一張卡片上，同時訪員會依次讀出每一個陳述。在電話訪談中，受訪者有時可能被要求記住回應的類別是什麼，但最好是被要求把它們寫下來。

　　使用李克特量表的回應能為每一個陳述打分數，通常從 1 到 5、從負的到正的，或 –2 到 +2。由於這是區間資料，因此可以計算每一個陳述的平均數和標準差。

　　李克特量表的完整應用是將每一個受訪者的得分相加總，以提供每個個體的整體態度得分。李克特的意圖為這些陳述將代表相同態度的不同方面，然而，在商業研究中很少計算總體得分（Albaum, 1997），因為這些陳述通常涵蓋一系列態度。對個別陳述的回應更感興趣的是，確定驅動市場行為和選擇的態度之具體方面，或對小項目群進行總結。這些資料將傾向被用於主成分或因素分析，以確定具有相似回應形式，並且可以代表潛在的態度構面。因素分析可用於創建每位受訪者在每一個基本態度構面上的一個因素分數，從而將數據減少到少量的個人

分數。

問卷編寫者在使用李克特量表時，必須注意的四種相互關聯的問題：

1. 順序效應。
2. 默認。
3. 集中趨勢。
4. 模仿回應。

順序效應由呈現回應代碼的順序所產生。它已被證實（Artingstall, 1978）在水平呈現的自我完成量表中存在向左的偏差。（順序效應將在第 9 章討論。）

默認是受訪者對問題說「是」或同意，而非不同意陳述的傾向（Kalton and Schuman, 1982）。在圖 6.3 中，將尺度負面的一端放在左邊將被優先讀取。若「同意」的回應在左側，順序效應和默認將相互增強。若「不同意」的回應在左側，偏差有可能以某種方式相互抵消。重要的是，它已被證實個別受訪者默認偏差趨於一致。如果可以找到評估每一個受訪者偏差的方法，則可以進行修正。雖然，這可能是一項複雜且耗時的工作（Weijters et al., 2010）。

集中趨勢或極端回應偏差是指受訪者不願使用極端立場。Greenleaf（1992）說明，猶如默認偏差一樣，極端回應偏差在受訪者的回應中是一致的。他還表示這與年齡、收入和教育有關，但與性別無關。這已證實（Albaum, 1997）一個兩階段的問題會引起更高比例的極端回應。本次調查使用以下問題：

對於下面列出的每一個陳述，首先說明您的同意程度，其次說明您對同意程度的感覺有多強烈。

• 一個產品的價格通常會反映其品質水準。
　同意—既不同意也非不同意—不同意
• 您對自己的回應感覺有多強烈？

非常強烈—不是非常強烈

當然，問題在於兩階段方法是否能更好的測量態度，或者它是否會造成自己對極端點的偏見。Albaum 等人（2007）透過將報告的態度與慈善捐贈實際行為的相互關聯來探索這個問題。結果並不是確定性的，但說明兩階段方法提供更真實的態度反映。

由於需要評估大量的構面，這對於大多數研究來說可能過於耗時，但是問卷編寫者應該瞭解這種方法以及它可能給予的不同回應形式。這種方法特別適用於無法顯示完整量表的電話訪問。

當受訪者陷入以某一種形式勾選框格的例行程序時，就會發生**模仿回應**，可能是沿著直線往下或由對角線穿過頁面進行的。它通常是一種疲勞或無聊的徵兆。一些線上供應商會查看完成此一頁面所需的時間。迅速完成被視為模仿回應的證據，避免它的最好方法是保持訪談的趣味性，並減少項目的數量。一些人主張同時使用正面和負面的陳述，如此受訪者必須仔細閱讀或聆聽它們，以瞭解對立陳述並給予一致的答案。然而，可能需要進行額外的分析來確定相互矛盾的答案，並且需要就如何處理該受訪者做出決定。也並非總是可以確保答案確實相互矛盾，所以，其他人則偏好保持一致的對立，並且接受一些模仿回應的風險，而不是主觀判斷受訪者是否可能注意到反轉。

Saris 等人（2005）認為同意／不同意量表存在缺陷，不僅僅是因為這些問題，還因為相對於直接詢問有關特定議題的簡單問題，受訪者所涉及的認知過程是更加的複雜和繁瑣的。此類特定構面的問題（圖 6.4），也被認為較少受到默認和順序偏差的影響。這已獲得 TNS BMRB 未發表的研究所支持，該研究發現一些可以用特定建構的量表代替同意／不同意量表。這裡發現，當受訪者之間輪換時，在同意／不同意量表上對端點回應之間存在顯著差異，表示有順序偏差；而特定建構的量表顯示更多的一致性，表示偏差較小。

您是否認為這款橘子果汁：

非常甜　○
有點甜　○
差不多剛好　○
不太甜　○
幾乎不甜　○

圖 6-4　標示特殊建構的量表

應該注意的是，歐洲社會調查不再使用李克特量表來解決新問題。儘管如此，由於其簡單易用，它仍然被廣泛地使用。

語義差異量表

語義差異量表是一種雙極評級量表。它與李克特量表不同之處在於，構面的對立陳述被放置在尺度的兩端，並且要求受訪者透過在尺度上放置標示來指出哪一個是他們最認同的。這樣做的優點是不需要對單獨的刻度點進行標示。避免因為必須考慮尺度的兩端，而傾向於同意陳述的任何偏見。Osgood 最初開發的這種量表（Osgood et al., 1957）建議在回應尺度上使用七點，這個數字仍然是研究人員喜好的數字（McDaniel and Gates, 1993），儘管五點及三點尺度也適用於特定目的（Oppenheim, 1992）。

使用語義差異量表時，由於受訪者需要充分地閱讀和理解尺度的兩端陳述，因此陳述應盡可能簡短而精確。態度可能很難精確扼要地表達，而且有時候很難找到相對的對立面，以確保尺度代表從一端到另一端的線性進展。由於這些原因，語義差異量表通常更適合敘述性構面。

必須注意確保這兩個陳述決定了研究人員所需的構面。例如：「現代的」反義詞可能是「老式的」，也可能是「傳統的」；「甜的」反義詞可能是「鹹

的」、「酸的」或「苦的」。這迫使問卷編寫者必須準確地考慮要測量的構面是什麼，這也使得語義差異量表相較於李克特量表具有優勢。在李克特量表中，不同意「該品牌是現代的」，可能意味著該品牌被視為老式的或傳統的，而研究人員無法確定是哪一種。

圖 6.5 來自一項廣告研究，取自面對面問卷，訪員會讀出大部分文本給受訪者聽。在網路上，這會簡單得多（如圖 6.6 所示）。該格式對受訪者來說非常簡單和熟悉，因此可能不需要解釋或標記尺度的點。請注意問卷編寫者在第一對陳述中實現完全相反的情況時遇到了困難。該廣告可能值得記住，因為它包含有用的訊息，但這並不一定意味著它不容易被遺忘。問卷編寫者原本可以將兩個成對

下面是成對語句。每一對語句可能或不可能適用於您剛剛看過的廣告。請閱讀每一對語句，並為每對語句勾選一個方格，以表示您同意的哪些語句適用於廣告。

範例：如果您強烈地同意這個廣告是「乏味的」，那麼您將勾選最接近該語句的方格，但如果您只是稍微的同意，則應該勾選一個遠離該語句的方格。
例如：

| 迷人的 | □ | □ | □ | □ | □ | ☑ | □ | 乏味的 |

請依您對廣告的感受，完成剩下的項目：

無聊的	□	□	□	□	□	□	□	有趣的
重要的	□	□	□	□	□	□	□	不重要的
相關的	□	□	□	□	□	□	□	不相關的
興奮的	□	□	□	□	□	□	□	不興奮的
不動人的	□	□	□	□	□	□	□	動人的
熱衷的	□	□	□	□	□	□	□	不熱衷的
無所獲益	□	□	□	□	□	□	□	獲益良多

量表項目取自 Zaichkowsky（1999）。

圖 6.5　一份語義差異量表（訪員進行）範例

您對這則廣告有何感受？
對於每一對語詞，點擊最接近且最能描述您的感受的語詞。

值得記住	◯	◯	◯	◯	◯	◯	容易忘記
很難產生共鳴	◯	◯	◯	◯	◯	◯	容易產生共鳴
活潑、令人興奮或有趣	◯	◯	◯	◯	◯	◯	沉悶
普通或無聊	◯	◯	◯	◯	◯	◯	聰明或富有想像力
有助於使品牌與其他品牌做區別	◯	◯	◯	◯	◯	◯	不會使該品牌有異於其他品牌
讓我減少對該品牌的興趣	◯	◯	◯	◯	◯	◯	讓我對該品牌更感興趣

請注意，問卷編寫者在陳述之間交替使用量表的正負兩端，以協助發現對所有陳述都給予相同回應的受訪者。但是，構面三和四包含潛在的模糊不清之處。

圖 6.6　一份語義差異量表（在線上自我完成）範例

語詞包括在內：「值得記住—不值得記住」和「容易忘記—難以忘記」，但選擇在兩個並非極為相反的語詞間強迫做出決定，以避免不必要地增加所詢問的配對數量。

數字量表

一種簡單的測量形式是要求受訪者打分數（例如：「滿分 5 分給幾分」、「滿分 10 分給幾分」或甚至「滿分 100 分給幾分」）。尺度的端點應在語義上有錨定，以避免誤解。它應該對最低點為 0 還是 1，做出明確（圖 6.7）指示。

• 請為我們今天的表現評分，滿分 10 分──10 分是好的，而 1 分是差的。

在實務中，十分制尺度是以 0 還是以 1 作為起點，對回應的分布幾乎沒有影響。通常偏好將 0 作為尺度上的最低點，以避免對尺度的方向有任何模糊性，因為這樣可以提供更明確的中點（5）。廣泛使用的淨推薦值（Net Promoter Score, NPS）所推薦之尺度是 0 到 10（Reicheld, 2003）。

數字量表（圖 6.7）相對於需要考慮每一個刻度點使用確切語言的項目量表更容易設計，因此，它們對於多國研究是有吸引力的，以避免在一致翻譯方面遇到困難。當電話訪員提出問題時，受訪者可以容易地理解尺度，不需要記住或寫下尺度點的選項。它們占用的空間很小，這對於空間有限的模式（例如：在手機螢幕上）是非常重要的。

給以下金格麵包店打分數（滿分為 100 分）：
100 分表示「完美」，0 分表示「糟糕」。

裝潢 ☐
員工樂於助人 ☐
商店具吸引力 ☐

圖 6.7　一種數字量表問題

　　然而，解釋並非總是直截了當的（例如：在確定人們對絕對數字的感受時，滿分 10 分中獲得 7 分是有多好？），但在與之前的分數或基準進行比較時，它運作得很好。研究人員還必須記住，這是一種區間尺度而不是比率尺度。滿分 10 分中的 8 分，並不意味著某件事的好或重要性是 4 分的 2 倍。數字量表不適用於說明兩個品牌之間的選擇，因為較高分數中隱含著更積極正向的關聯，此將對該選項產生偏誤的回應。最後，一份問卷使用大量數字量表會讓人感覺非常的冷漠或抽象，而具有使受訪者變得不想參與的風險。

	項目評級量表	語義差異	數字
何時使用	當需要絕對知識時。	在項目之間進行比較時。	與資料庫比較時或隨時間推移時。
優點	對於受訪者和分析師來說，回應精確。	瞭解終點。 無需為量表找到意義的等級。	管理簡單。 理解簡單。
缺點	尺度點的措辭通常因項目不同而異，需要單獨提出問題（李克特量表除外）。	需要精確地找到對立面。 我們無法知道尺度上的點，實際上代表是什麼。	受訪者的解釋缺乏一致性。

圖 6.8　主要類型的優點與缺點

史德培量表

　　以 Jan Stapel 命名，在史德培（Stapel）量表中，構面或描述句被放置在範圍從 –5 到 +5 的尺度中心。受訪者透過選擇尺度上的一個點來說明他們是否正向或負向的同意該陳述，以及其同意的程度（見圖 6.9）。因此，它是一種具有正數和負數的數字量表形式。

　　與語義差異量表相較，這種類型量表和其他數字量表的優點，是不需要找到每一個構面的準確對立面以確保雙極性。然而，資料可以與語義差異相同的方式

請您指出以下每一個單詞和句子如何準確地描述您對金格麵包店的感受。您認為句子準確地描述該商店就選擇正的數字；若它更準確地描述該商店，您就應該選擇正數越大。如果您認為沒有準確地描述就選擇一個負數，您認為句子描述商店的準確度越低，就應該選擇負數越大。

金格麵包店

+5	+5	+5
+4	+4	+4
+3	+3	+3
+2	+2	+2
+1	+1	+1
裝潢很好	員工樂於助人	是吸引人的
−1	−1	−1
−2	−2	−2
−3	−3	−3
−4	−4	−4
−5	−5	−5

圖 6.9　一種史德培量表

進行分析，並且使用十點的尺度比五點的尺度可潛在提供更大的區別性。由於沒有中心點，這些量表還可避免尺度上是否應該有奇數點或偶數點的問題。

在線上，這相對上較易管理（圖 6.10）。一種滑動量表取代了編號的點及語義標籤指示了兩端點。它的使用非常直觀，而且大量的文字都被簡化了。

然而，在面對面或電話訪談中，它們並沒有被廣泛地使用，因為它們被認為會令受訪者感到困惑。

圖 6.10　一種在線上的史德培量表

圖形量表

　　圖形量表以視覺方式呈現給受訪者，以便他們可以在量表上選擇最能代表其期望回應的位置。在其最基本的形式中，它看起來像一個滑動雙極量表，有固定語詞被錨定在兩端。在圖 6.11 中，它被用於替換語義差異量表中的單選按鈕。

圖 6.11　語義差異滑動量表

從受訪者標示端點的距離，提供每一個態度構面的分數。本質上，這是一種連續評級的語義差異量表，它提供了更高的精確度，並可避免尺度上使用點數的問題。這是一種測量態度和形象感知的簡單方法，但通常只適合在線上使用。

儘管蒐集的數據是連續的，但測量值將被分配到類別中，並且被視為區間數據以進行分析。可能有大量非常小的區間。一些線上 DIY 調查提供者，可以選擇是否將其視為 0 到 5、0 到 10、0 到 100 或您希望的任何長度範圍。如果需要，可以向受訪者顯示這些點，然後將其轉換為數字。研究人員必須決定數據的表面準確性在什麼程度上變得虛假。這將取決於所使用的線條長度、受訪者能夠標示游標的準確性，以及受訪者願意試圖去標示游標的精確度。

使用某些軟體，可以在螢幕上的同一尺度上放置幾個游標或品牌標籤（參見第 11 章），以便受訪者可以相對地互相定位它們。

我們已經看到將滑動尺度在使用中作為 Stapel 量表（圖 6.10）。在一項特定應用中，它可用於新產品開發，以評級產品的特定結構或屬性（圖 6.12）。此處添加了一致的中心點描述詞句，然後將從 –50 到 +50 予以評分。

圖 6.12　有中點的語義滑動尺度

　　將此與圖 6.4 所示的相同問題進行比較，雖然滑動量表相對於數字量表，更能讓產品開發人員看到他們需要調整多少產品才能滿足預期。但在圖 6.4 中，點的標記可以更佳地指出分數實際上的含義。

> 針對關鍵問題使用完全標記的特定構面量表（因為這種類型的量表更容易解釋），並使用滑動量表（僅有端點標記）以快速閱讀較低優先級的度量。

　　視覺模擬量表（Visual Analogue Scales, VAS）要求受訪者在連接兩個端點的線上放置一個標記或指標。因此，它們看起來類似滑動量表，但是相較於滑動量表在線上調查中更不常見。線上 DIY 調查提供者很少提供它們，儘管事實上視覺模擬量表只需要受訪者較少的操作（確定目標和點擊，而不是按住、移動和釋放），因此應該可以減少受訪者的負擔，特別是在需要回答多個量表的情況下。

　　該文章（Thomas et al., 2007）已說明在線上調查中，受訪者發現視覺模擬量表與使用以單選按鈕表示的固定點量表一樣容易完成，並且他們認為視覺模擬量表相較於使用數字框格輸入，可更準確地傳達他們的回應，Cape（2009）在滑動量表也支持這種觀點。Cape 還說明受訪者發現滑動量表方法相較於單選按鈕更有趣，這個發現也被其他人所支持（Roster, Luciano and Albaum, 2015）。

　　滑動量表因其簡單性而在線上調查中很受歡迎，但需要注意一些問題。有關軟體的相容性可能存在問題，這意味著它們並非總是適當地顯示。有證據顯示（Funke, 2016）它們在手機上不太容易處理，並對完成率產生負面影響。

圖案量表

　　在許多情況下，最好避免使用語義量表而選擇以圖案呈現：

- 目標母體是無法將其回答與語言描述相連結的兒童時。
- 目標母體的子群體之間存在文化差異，意味著他們對描述句的解釋不同時。

- 使用多國研究中描述詞句的翻譯，可能會改變含義的細微差別時。
- 目標母體中的識字水準低時。

　　一種常見的解決方法是使用笑臉或微笑臉量表。使用一系列的微笑和向下彎的嘴角圖案，用於表示受訪者同意（或高興）該陳述或不同意（或是不高興）該陳述（見圖 6.13）。

圖 6.13　微笑臉量表

比較評量技術

配對比較

　　使用配對比較，受訪者被要求根據適當的標準在兩個項目之間進行選擇（例如：某個項目相較於其他項目更重要，或更受偏好）。這可以從一組項目中選擇若干配對重複進行，以便將每一個項目與其他項目進行比較（參見圖 6.14）。對所做的選擇進行加總，可對所有項目的重要性或偏好進行評估。對於受訪者來說，這項任務通常相較於要求對一系列項目進行排序更容易和更快速，因為要做出個別判斷是更簡單的。透過對配對進行謹慎的轉動，可以避免顯示列表時固有的順序偏差。

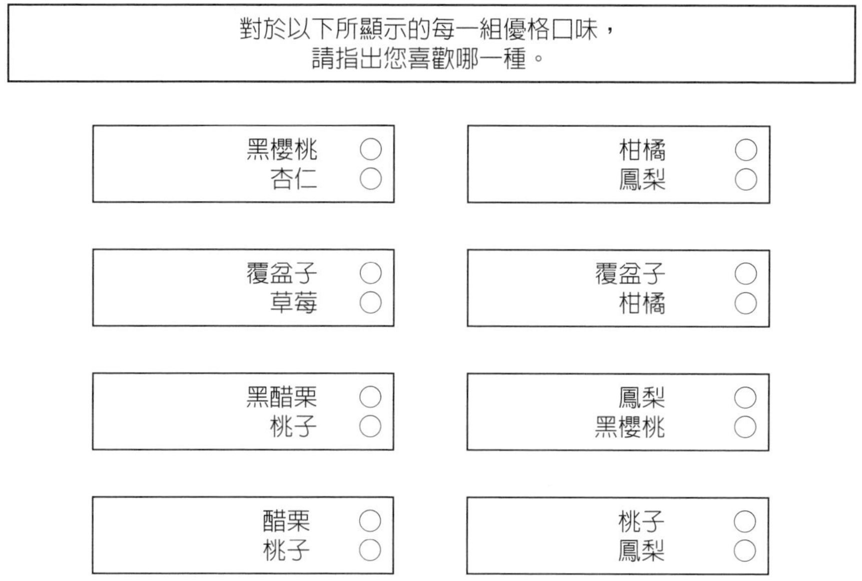

對於以下所顯示的每一組優格口味，
請指出您喜歡哪一種。

黑櫻桃 ○ 杏仁 ○		柑橘 ○ 鳳梨 ○	
覆盆子 ○ 草莓 ○		覆盆子 ○ 柑橘 ○	
黑醋栗 ○ 桃子 ○		鳳梨 ○ 黑櫻桃 ○	
醋栗 ○ 桃子 ○		桃子 ○ 鳳梨 ○	

圖 6.14　配對比較

　　這種技術的缺點是它僅限於相對較少的項目數量。對於只有 6 個項目，如果要對每一個項目與其他項目進行相互評估就需要 15 對，並且所需的配對數量呈現幾何級數增加。在 20 個項目的列表中，就有 190 個可能的配對，顯然無法向受訪者顯示所有這些配對。對受訪者顯示的配對進行平衡設計，可以為推斷每一個項目的排名順序提供足夠的訊息。

固定總和

　　使用固定總和技術時，受訪者被要求在一組選項之間分配一個固定數量的點，以表示相對重要性或相對偏好。每一個選項的得分反映了重要性的大小，從中我們也可以推斷出每一個受訪者選項的排名順序（見圖 6.15）。一些受訪者

以下是您選擇一部新車時，可能對您重要或不重要的項目列表。請依據您在選擇一部新車時的重要程度，將 100 分分配到下列五個項目中。

引擎大小 ☐

顏色 ☐

手動或自動排檔 ☐

收音機 / CD 播放機品質 ☐

製造國家 ☐ ____

100

圖 6.15 固定總和技術

可能會對固定總和問題感到困擾，因為對他們而言需要付出一些努力和思維靈活，既要同時思考所有項目，又要進行心算。

它在線上更容易進行，分配的分數可以被自動地相加，而且受訪者未正確地分配 100 分之前，不允許繼續前進。但是，仍然需要在多個不同項目之間同時進行比較。隨著項目數量的增加，思考並在腦海中保持總計分數變得更加困難，因此在可以顯示運算總分的情況下效果最好。

詢問這個問題的另一種方法是使用一種結合成對比較的固定總和方法。在另一個範例中，受訪者的任務已被簡化為在 10 對項目之間進行比較。對受訪者來說，處理配對通常比較容易進行。受訪者被要求在每一對之間分配 11 分。因此，選擇一個奇數數目以便任何配對中的兩個項目不能給予相同的分數；這迫使它們之間進行區分。如果受訪者被要求為每一對分配 10 分，這將允許每一對中的項目被賦予每一個 5 分的相同權重。這種技術同樣地被用於比較產品的偏好，當強制進行即使是微小的區別，對研究人員而言也是重要的。

項目排序

當對象的數量很大時，如超過 30 個，則先前的排序方法能有助於排序任務易於管理。在線上，受訪者被要求將項目分類到多個類別中。這些類別可能依照重要性，從「非常重要」到「根本不重要」進行分級。這可以使用拖放技術來完成。下列螢幕顯示的這些項目已被放入某一個類別，並要求受訪者對它們進行排序。每一個類別都要重複進行操作。在面對面訪談中，每一個項目都會遵循類似的過程，並呈現在卡片上。

透過這種方式，結合評級和排序可以產生一個項目評分系統，對許多大量項目提供良好的區別度。

Q 排序

針對大量屬性（例如：100 種）所設計的一種類似方法是 Q 排序。

受訪者將這些物件分為多個類別，通常為 11 或 12 個類別，代表在量表上的程度，例如：吸引力或購買興趣。受訪者會被指示將特定數量的物件放置在尺度的每一個點上，以便它們能大致依據常態分配分布。他們被要求將一些物件放在尺度的兩個端點，隨著數量的增加而接近尺度的中間。然後，受訪者可以對放置在兩個極端位置的物件進行排序，以增加區別度。

Chrzan 和 Golovashkina（2006）僅使用 5 個尺度點和 10 個屬性，顯示 Q 排序技術在區別度和預測方面產生的結果優於其他幾種技術，且執行速度也比大多數技術更快。這種技術主要適用於面對面訪談。

個案研究：威士忌的使用與態度

評級量表

在 Q23，當考慮購買哪一種品牌時，我們需要詢問威士忌屬性的相對重要性。我們擁有的屬性是：

- 顏色的深度。
- 口感順滑。
- 對品牌的熟悉程度。
- 與其他品牌的獨特性。
- 與品牌相關的傳統。

我們可以考慮多種方式詢問這個問題：

- 評級屬性的重要性。然而，這可能會導致差勁的區別度，因為大多數事情都會被評級為重要的。
- 屬性排序。這將告訴我們每一個相對於另一個的重要性，但不會告訴我們具體的相對重要程度。我們將知道重要性的順序，但不知道它們之間的距離。
- 項目排序或 Q 排序不適用，因為屬性數量相對地較少。

我們決定使用屬性的配對比較，輪換屬性以覆蓋所有配對組合。有 5 個屬性，則有 10 個配對組合。透過獲得分配給每一組合的分數，屬性所獲得的總分將指出它對受訪者的整體重要性。

下一個決定是如何進行比較。我們可以詢問受訪者：

- 在每一對之間分配分數，例如：「請在兩個屬性之間分配 11 分」。這需要受訪者付出大量的認知努力。
- 使用雙極滑動尺度來標示兩個屬性中，每一個屬性的相對重要性。這對受訪者而言是簡單的，而且可以被轉換為一種分數分配。

我們決定使用雙極量表。有 10 對組合是可應對的。顯示配對的順序是隨機的（圖 6.16）。

在選擇購買威士忌時，以下內容對您有多重要？
對於每一對語句，移動游標以指出一個語句相較於另一個語句的重要程度。

顏色深度	↓	口感滑順
口感滑順	↓	不同於其他品牌
您對它的熟悉程度	↓	有許多傳統
不同於其他品牌	↓	您對它的熟悉程度
有許多傳統	↓	顏色深度
顏色深度	↓	您對它的熟悉程度
不同於其他品牌	↓	顏色深度
有許多傳統	↓	口感滑順
口感滑順	↓	您對它的熟悉程度
有許多傳統	↓	不同於其他品牌

圖 6.16　Q23. 相對重要性評級

關鍵要點

- 評級量表可以表達情緒的程度，因此在測量意見或態度時，相對於簡單的或非此即彼的問題，提供更大的敏感性。
- 問題設計者必須做出一些決定：
  ⊙ 使用文字量表？數字？圖片？混合使用？

⊙需要多少尺度點？

⊙是否需要中間點？

⊙是否需要「不知道」的回應？

⊙尺度是否可以是不平衡的，還是應該有相等的正的及負的點？

- 在做出這些決定時，幾乎沒有明確的「規則」，因為最適當的選擇可能取決於許多因素，包括主題、目標、資料蒐集形式以及我們正在訪談的確切對象。

- 最務實的建議是讓問卷編寫者提前考慮如何解釋結果。有一個比較基準點，對於將結果置於上下文中通常是重要的。因此，與其他地方使用的量表保持一致性，通常可以成為超越決定的驅動因素，該決定將更具體地根據情況制定量表。

Chapter

07

詢問有關行為

簡介

我們詢問有關行為的許多問題，仰賴於受訪者準確地回憶所發生事情的能力和意願，通常發生在一段時間之前。然而，有關過去行為的記憶是眾所周知地不可靠的。受訪者使用日記或類似的技術，更準確的記錄他們當下發生的行為。然而，這種方法的成本或可行性通常會被排除在外，並且大多數研究中蒐集的行為資料是透過記憶記錄的行為。

除了這些記憶挑戰之外，有關行為的問題也容易受到默認偏見的影響。如果詢問直接的問題（例如：「您在過去六個月內買過手機嗎？」），他們傾向於同意他們已經做過或擁有某些東西。其他壓力也可能引起作用（例如：害怕因沒有擁有該物品而顯得缺乏社會地位）。

詢問回憶的行為

回憶的準確性取決於許多因素，包括問題中行為的新近程度和對個人的重要性。大多數人將能夠說出他們往來銀行的名稱，但對於他們最後購買哪一種品牌的金槍魚罐頭可能就不大可靠。他們可能會詳細描述幾個月前購買一部汽車的過程，但卻很難告訴您，他們是如何決定在最後一次購買哪一種特定品牌的金槍魚。通常報告的內容是對行為的印象，是受訪者對他們所做事情的信念，而不是準確地記錄他們已經在做的事情。Tourangeau 等人（2000）列舉了受訪者在調查中記憶失誤的以下原因：

• 受訪者可能一開始就沒有掌握關鍵訊息。
• 他們也許不願意去完成想起它的工作。
• 即使他們試圖去做，也許只想起有關該事件的部分訊息，因此無法描述它。
• 他們可能回憶起有關該事件的錯誤訊息，包括他們已將事件納入其存儲記憶

中的錯誤推論。

• 他們也許無法回憶起事件本身，而只能回憶起有關該類型事件的一般訊息。

研究人員通常意識到回憶訊息可能是不可靠的。然而，有時被忽視的乃是上述列舉的記憶失誤最終來源在回應中產生偏見。當受訪者對事件的類型進行概括時，他們傾向於報告的不僅是他們認為自己做了什麼，還有他們認為自己大部分時間都在做的事情。即使他們所說的是正確的，少數行為往往被低估。

> 當撰寫回憶問題時，問問自己能準確地回憶起一件類似事件或購買的時間有多遠，並將您的時間範圍保持在這個範圍內。不要為了獲得更多的資料而試圖回憶更久遠的事件；這只會增加資料的不可靠性。

有關時間區間記憶不正確（伸縮）

特別眾所周知的是有關時間記憶的準確性。受訪者傾向於報告事件發生的時間比實際發生的時間更近，研究人員和心理學家很早就意識到這種現象。關於時間壓縮的第一個重要理論是由 Sudman 和 Bradburn（1973）所提出，他們寫道：

> 「有兩種記憶失誤，有時以相反的方向運作。首先是完全忘記一系列事件。第二種失誤是壓縮（伸縮），其中事件被記憶為發生的時間比它實際發生更近程。」

因此，當被要求回憶過去三個月內發生的事件時，受訪者傾向於包括在感覺上像是過去三個月（通常是更長的時間）內發生的事件。因此，額外的事件被「導入」到那個時期並被錯誤地報告（向前伸縮）。相對地，其他事件被遺忘或被認為比實際發生的時間更久遠（向後伸縮），因此沒有被報告。伸縮發生的程

度將取決於事件對受訪者的重要性和詢問的時間範圍。

一種可以提供幫助的技術是「界定（bounding）」，乃提供受訪者明確的界標，使他們更容易將時間區段連接起來。國定假日和生日通常提供這樣的界標。一項關於前六個月行為的年中調查，可能會詢問受訪者「在過去六個月內（即自聖誕節以來）」做了什麼。受訪者發現相較於是否是在過去六個月內，他們更容易鎖定在聖誕節之前或之後已經做過某事的日期。不幸地是，對於問卷編寫者來說，很少有適用於所有人的界標日期，但如果能找到這種日期，將可提高所蒐集資料的準確性。

另一個適用於訪員管理調查的建議（Tourangeau et al., 2000），是將問題中詞句數量擴大到超出絕對必要的範圍，以便給予受訪者在感到有義務提供答案之前，能有更多時間思考。這可能對電話訪談特別有幫助，在這種情況下，沉默可能會很尷尬，並且受訪者可能會在他們完全考慮之前回答來避免沉默。

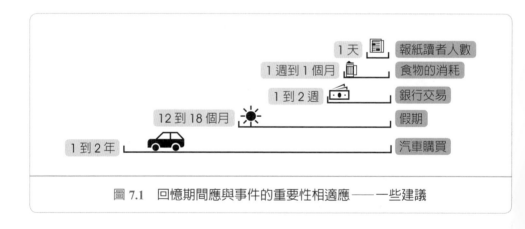

圖 7.1　回憶期間應與事件的重要性相適應 —— 一些建議

上週或典型的一週

當要求受訪者回憶行為時，問卷編寫者必須決定是詢問上週（或相關時間區段）做了什麼，還是在問典型的一週內做了什麼。

　　回答典型的一週在認知上更為複雜，因為受訪者必須確定什麼是典型的一週，是否存在這樣的情況，如果不存在，如何透過考慮較長時間的行為來構建典型的情況（Chang and Krosnick, 2003）。因此，典型的一週之回應，可能會涉及比一週更長的時間區段，我們知道這可能是不準確的。在 Chang 和 Krosnick（2003）的研究中，實際上發現「典型的一週」資料之預測有效性高於「上週」資料，但得出的結論是，這可能是因為他們詢問的是有關媒體使用情況，這往往是有規律的。在具有多變行為模式的類別中，上週可能是更準確的。

　　兩種測量標準的另一個差異是，典型的一週往往會低估少數群體的行為。因此，如果您每週大部分在超市 A 購物多次，但是上週在超市 B 購物，您的「典型的一週」回應將是超市 A。總而言之，如果所有商店的使用時間大致相同，您可能會得到正確的印象。但是，如果樣本中的大多數人只是偶爾使用超市 B，那麼這個問題就會低估該商店的使用。如果您的目標是確定不同品牌的使用水準，那麼詢問上週的行為可能比詢問典型的一週可提供更準確的資料。然而，如果您的目標是使用此資料進行分析，以確定品牌忠誠度或品牌認知度，您可能想要知道受訪者的大多數行為，此時典型的一週的問題可提供此訊息。

　　一種獲得個人品牌行為水準的更詳細方法，是詢問該類別中最後 10 次購買的品牌或產品，這告訴我們受訪者的主要和次要行為。但是，必須小心以確保合理地期望受訪者能夠記住最近 10 次購買的場合。如果僅每兩週進行一次購買，例如：汽車燃料的購買，那麼最後 10 次可能會追溯到近六個月，並且無法被準確地回想。相反地，在行為頻繁發生的情況下，最後 10 次可能不足以充分代表所有次要行為，特別是如果此次要行為占不到 10%。問卷編寫者必須考慮這些因素，並針對相關市場／產品得出最佳問題。當此方法適用時，這種方法已被證明可以提供反映品牌份額的準確資料。

回憶與記錄數值

當要求受訪者回憶他們已做過多少次／購買某物品所支付的價格時，所要求的詳細程度需要盡可能精確，以滿足研究目標，而不要要求比受訪者所能準確提供的更多細節。有時可以記錄精確的數值（例如：受訪者在過去一星期內造訪的酒店或酒吧的次數），但是我們通常不希望記錄那種詳細的訊息，也不能期望受訪者經歷認知努力來回想起它。在這種情況下，答案將被記錄在數值範圍（value bands）中。

建構範圍

如果合理地期望受訪者能夠回憶起確切的數值，那麼它應該被記錄為一個絕對數字，因為這樣可以提供更高的精確度，並且還可以靈活地進行分析。但是，當期望受訪者記住準確的數值是不切實際時，我們可以向受訪者提供他們可能做出回應的數值範圍。

在圖 7.2 中，於回答有關假期費用的問題中，問卷編寫者已確定 200 英鎊的範圍是足以正確滿足研究的要求。50 英鎊的範圍可以讓研究人員在計算假期的

Q：您的假期費用中，每人的花費是多少？

200 英鎊以下	◯
201 英鎊至 400 英鎊	◯
401 英鎊至 600 英鎊	◯
601 英鎊至 800 英鎊	◯
801 英鎊至 1,000 英鎊	◯
1,001 英鎊或更多	◯

圖 7.2　決定詳細程度

平均費用和在子群組之間進行比較時更加準確，但受訪者可能難以準確地回憶；這可能導致「不知道」回應比例增加。

如果要讓受訪者能夠回答，並讓研究人員能夠解釋，則預編碼的回應類別必須對受訪者和研究人員都是有意義的。

當建構範圍時，須確保它們是互斥的且不重疊（如圖 7.3 所示），這是一種常見的錯誤。

Q：平均而言，您為這些本文的每條簡訊支付多少費用？

免費的	○
1-5 便士	○
5-10 便士	○
11-15 便士	○
16-20 便士	○
21-25 便士	○
26-30 便士	○
31-35 便士	○
36-40 便士	○
41-45 便士	○
46-50 便士	○
50-75 便士	○
75 便士至 1 英鎊	○
超過 1 英鎊	○
不知道	○

在本範例，於問卷被使用前，5、50 和 75 便士的重複都被該機構檢查程序所發現。由於這種類型的錯誤很容易犯，而讓大多數機構有嚴格的檢查程序來發現。

圖 7.3　數值中的重複

在您的數據需求範圍內，盡可能保持廣泛的範圍。小的範圍將導致更多「不知道」的回應、更多的猜測和更不可靠的數據。

通常建構範圍時，使最受歡迎的數值出現在範圍的中間。例如：如果問題是「您目前正在閱讀的平裝小說定價多少元？」我們知道，如果準確地給出回應，大多數答案將是£x.99 英鎊。但是，對於這個問題可能會提出以下範圍並不罕見：

低於 4.99 英鎊

5 至 5.99 英鎊

6 至 6.99 英鎊

7 至 7.99 英鎊

8 至 8.99 英鎊

9 英鎊或超過 9 英鎊

這可能會導致準確性的下降。一本售價 6.99 英鎊的書，一些受訪者將會記錄其準確價格。其他受訪者會將其四捨五入到 7 英鎊，此回應將被記錄在其應屬於的類別中。其他受訪者可能會說「大約 7 英鎊」，讓訪員無法確定它應該被編碼在哪裡。同樣重要的是在分析這些數據時，我們可能希望產生一個平均支付價格。在蒐集這些範圍內的數據後，我們通常會分配每一個範圍的中點值來計算平均數。然而，如果幾乎所有實際價格都在每一個範圍的頂端，則計算得到的平均支付價格將比應有的價格低約 50 便士。

價格往往集中在價格點附近的其他市場，例如：電視機價格往往在 299 英鎊、399 英鎊等左右，可能會受到這種影響。如果使用了錯誤的界定（banding），平均價格可能會比其應有的價格低 50 英鎊左右。

不知道

在行為問題的背景下，如果受訪者不記得或不確定時，「不知道」通常是一個合理的答案。有時，如果受訪者不記得某一個數量或某一段時間，可以鼓勵他們提供一個近似的答案，這對於研究人員來說已達到目的。如上所述，顯示範圍意味著受訪者不一定要精確，並且回憶近似範圍比準確的數量更省力，如此可減少「不知道」回應的可能性。

提供「不知道」選項可能會有所爭議，並且被認為是為懶惰的受訪者和追求速度者提供了一個簡單的選項，這個問題將在第 10 章提及。相對於態度問題，行為問題檢索答案可能需要的認知努力較少，因此不太可能選擇「不知道」的答案，以避免不得不做出這種努力。如果沒有「不知道」選項，則存有迫使受訪者選擇無法準確地反映其行為的答案之風險，這可能會導致分析的不一致和困難。

問題順序

使用任何問卷，問題被詢問的順序有可能會影響人們如何回應。如果行為模式早在問卷之前已被建立，那麼後續對態度問題所給予的答案可能被用來證明行為的合理性。因此，如果經常購買某一個特定品牌，那麼在隨後的問題中，受訪者可能會說該品牌是高品質的或物有所值的，以證明他們對該品牌的忠誠度。然而，另一種選擇是先詢問態度問題，其結果是行為可能被誤報以證明所陳述的態度是正確的。然後，受訪者可能會聲稱購買某品牌的次數比他們實際購買的次數要多，因為在態度問題中他們已說過該品牌有多好。最終，需要問卷編寫者的判斷來平衡調查的優先目標。

行為篩選問題

如果樣本資格與行為或所有權有關，則行為問題需要在問卷開頭時出現。剛開始的問題應該讓受訪者易於回答，並讓他們輕鬆進入主題。如果基於任何原因

而使問題不再簡單，導致受訪者費力提供答案，這將增加提前終止訪談的可能性，因此應盡力使問題盡可能簡單。但是我們必須小心掩飾我們的興趣，以避免在該問題中出現默許偏見和在後續的問題中出現偏見，只因我們已經透露了自己真正感興趣的內容。

偽裝問題

相對於直接提問的問題（例如：「您在過去六個月裡買過寬螢幕電視嗎？」），一個不那麼有偏見的問題版本在圖 7.4 中提出，其中包含了一些偽裝我們興趣的盲目回應選項。

如果有的話，您在過去六個月中購買了下列哪一個物品？
不論是為了自己，或是為了別人購買。

電話
電視
數位收音機
DVD 播放器
微波爐
以上皆非

（如果在過去的六個月購買過電視，請繼續下一個問題。）

您買過的電視是……？

電漿螢幕
高畫質
平面螢幕
寬螢幕
環繞音響
杜比音響
以上皆非

圖 7.4　盲目回應的問題

我們不感興趣的盲目回應問題，應該設計成讓大多數人有機會提供積極的答案。如果真正的興趣是辨別擁有少數或小眾產品的人，應該包括更受歡迎的產品，以便讓盡可能多的人給予確實的答案，並消除他們過度聲稱購買或擁有少數產品的壓力。

漏斗問題

圖 7.4 中的問題，提供了一種簡單的漏斗形式。更多複雜的訊息通常可以被分解為一系列偽裝的選擇問題，以便引導受訪者獲取所需的精確訊息。

如果我們想要找出有多少人在過去七天裡購買過四盒裝的櫻桃口味優格，那麼直接問：「您在過去七天裡購買過任何四盒裝的櫻桃口味優格嗎？」可能會有問題。

受訪者承擔的認知任務太大了，因為他們需要處理四則訊息：

1. 產品類型。
2. 包裝類型。
3. 口味。
4. 時間區段。

許多受訪者面對問題可能根本就不想費心的去回答，而在其他人，則默認偏見的風險很高。由此產生的樣本不太可能是所需研究母體的精確反應。這應該分解為一系列較小的任務，並在每一個階段隱藏研究人員感興趣的部分，如圖 7.5 所示。在面對面訪談中，每一個回答選項將被顯示在展示卡上；線上訪談時，它們將出現在螢幕上。

受訪者的認知過程被分解為簡單的步驟，而不必在一個問題中處理多個訊息片段。照著這種方法還會獲得額外訊息，當透過一個簡單的問題提問時，我們只能確定所定義群體的滲透率。透過分解問題，我們還可以確定過去七天優格購買

在過去七天內，您購買過下列產品的哪一項（如果有的話）？

鮮奶油
原味優酪乳
調味優酪乳
酸奶油
軟起司
以上皆非

（如果有購買過調味優格乳）
調味優酪乳是什麼類型的包裝？

個別一瓶
四瓶裝──相同口味四瓶裝、混合口味四瓶裝
六瓶裝──相同口味六瓶裝、混合口味六瓶裝
其他

（如果是相同口味四瓶裝）
它們是什麼口味？

香蕉
櫻桃
巧克力
芒果
桃子
覆盆子
大黃根
草莓
草莓和覆盆子
花園水果
水果（其他／未指定的）
其他
不知道／忘記了

圖 7.5　漏斗問題

者的滲透率。這是可以與其他來源進行核對，以建立樣本訊息的準確性，或者它可能是新的訊息。

個案研究：威士忌的使用與態度

行為問題

僞裝的問題：我們需要利用一些僞裝的問題，包括盲目的回應，以確保我們獲得想要的樣本。

　　第一個僞裝的問題旨在排除從事飲料行業的人，或者他們的直系親屬中有從事這種工作的人。他們不會是典型的消費者，對品牌的認知程度也不同，而且對購買威士忌可能有不同的管道。這些人會扭曲樣本。基於相似原因，我們也希望排除從事廣告或行銷工作的人。我們不希望提醒受訪者我們的興趣，不希望有人說他們在飲料行業工作，因爲他們認爲這是被預期的回答。因此，我們向他們提供了一系列選項，其中大部分是隱藏眞實特性的，但允許他們給予答案：

* 您或您的家人是否從事於下列行業？
  - 會計
  - 廣告
  - 資訊技術
  - 行銷
  - 酒精飲料的生產或零售
  - 軟性或碳酸飲料的生產或零售
  - 銀行或保險
  - 雜貨零售
  - 以上皆非

　　在這些問題中的第二題，爲確認蘇格蘭威士忌的飲用者，我們再次列出了不感興趣的項目，以隱藏那些我們所感興趣的項目：

* 您在過去三個月中喝過以下哪一種？

　　—麥芽啤酒

　　—拉格啤酒

　　—司陶特啤酒

　　—琴酒

　　—伏特加

　　—蘇格蘭威士忌

　　—愛爾蘭威士忌

　　—白葡萄酒

　　—紅葡萄酒

　　—以上皆非

漏斗問題：我們需要一個簡短的漏斗序列來確認我們的研究樣本，即至少每三個月喝一次威士忌的人。上面的問題確認了在過去三個月內喝過蘇格蘭威士忌的人，但我們需要排除那些沒有每三個月至少喝一次的人（註：單一的經驗視爲特例，須排除）。那麼，我們的漏斗包含上述問題和第二個問題：

• 您多久喝一次蘇格蘭威士忌？

　　—幾乎每天

　　—至少每週一次

　　—至少每月一次

　　—至少每三個月一次

　　—至少每六個月一次

　　—少於每六個月一次

　　然後，我們可以排除那些通常沒有每三個月至少喝一次蘇格蘭威士忌的人。

行爲回憶：上述的篩選和漏斗問題是印象的，因爲我們不能期望所有受訪者都準確地知道他們最後一次喝威士忌的時間或喝威士忌的頻率，特別是如果他們不常喝威士忌者。然而，當我們詢問有關行爲的詳細問題時，需要將時間範圍縮小到更容易和更準確的回憶範圍。現在我們調整時間，這個較短的時間範圍，應該排

除最糟糕的伸縮或記憶流失問題。請注意，這將排除許多在上週沒有喝過威士忌之非頻繁（較輕者）飲用者，因此我們的樣本量將會減少。然而，我們知道威士忌飲用者的特徵偏向於較重的飲酒者（即較輕度的飲酒者是少數），如此透過這種改變提升資料品質，將超過較小樣本規模所造成的損失。（如果我們想將樣本的特徵返回到所有每三個月一次的威士忌飲用者的問題，我們還必須透過飲用頻率對數據進行加權。不過，我們再次判斷回憶的改進，將超過加權造成的準確性損失。）

我們還需要決定是否要詢問典型的一週或上週的行為問題。為此我們需要考慮在實地考察期間是否存在任何可能會扭曲與「上週」相關的資料之異常情況，例如：聖誕節、新年或重大的電視轉播體育賽事。

有關最近消費會有幾個問題，例如：

• 在過去的七天裡，您在家中喝了多少杯威士忌？
這可能在您自己的家中或其他人的家裡。
一個玻璃杯是相當於一個準標的飲用。

我們已經使用「在家」一詞，而不是「販賣未開封酒精飲料商店（off-licence）」，這可能是技術上正確的術語，但並非那麼容易地被所有受訪者所理解。請注意，我們需要解釋有關「家」以及「一杯」的含義。當我們詢問有關「提供現場飲用酒精飲料商店（on-licence）」消費時，需要對我們的意思進行類似的澄清。

關鍵要點

- 關於行為回憶的問題，必須根據受訪者實際記住的內容做判斷並進行編寫：
  - ⊙ 在什麼時間範圍。
  - ⊙ 詳細程度如何。
- 即使使用適當的時間範圍／詳細程度，也仍存在進一步的挑戰：
  - ⊙ 默認偏見：通常會出現如果受訪者被直接問及關於他們是否做過或擁有某些事物問題的這種情況。透過在列表中包含其他項目（盲目的）來掩飾您的興趣──尤其在早期篩選問題時。
  - ⊙ 回憶反映了受訪者認為他們做了什麼──某些事物的重要性或興趣程度會影響他們的記憶。
- 在構建有關行為的問題時，減少所涉及的認知參與：
  - ⊙ 透過將問題分解為更簡單的步驟並進行漏斗式引導。
  - ⊙ 透過聚焦在特定場合（例如：最後一次）。
  - ⊙ 使用回應界定（response bands）來回憶數值（numeric values）（例如：多少次或花費多少金額）。

衡量滿意度、形象及態度

簡介

對於許多主題，調查將是他們第一次表達其感受的場合，無論是關於他們在火車上接受的服務、對番茄醬品牌的感知印象，還是對國家的海外援助政策之態度。受訪者可能從未考慮或表達過我們希望捕捉的感知和情感，這使得他們相較於行為資料更難以測量。

顧客滿意度

在當今的顧客服務氛圍中，您可能在購買一項商品、入住酒店或進行其他活動後，被要求填寫客戶滿意度調查。這些調查形式可能會有所不同，從讓客戶填寫簡短的單面卡片，到之後在線上或透過電話進行的深入研究。大多數調查使用評級量表。

評級量表

量表提供了一種有用的工具，因為它們為顧客提供了一種相對簡單的方法來評估不同項目的服務。對分析結果的研究人員來說，資料的區間性質可以產生有助於不同項目比較的平均數。透過使用其他資料（例如：針對行為測量）的相關或迴歸分析，來進行進一步的分析。

不幸的是，它們的應用有很多糟糕的範例。圖 8.1 顯示留在一家飯店房間的一份調查卡的第一部分。該份問卷總共以 53 個屬性和 12 個其他問題持續進行評分。除了定義尺度的分數外，它沒有包含任何說明。這個例子很可能導致較低的回應率——甚至在完成此範例的人之中，參與度也很低。

1 = 極好的　2 = 非常好　3 = 好　4 = 普通　5 = 差					
進入您的客房時的清潔度	1	2	3	4	5
您入住期間客房的清潔和服務	1	2	3	4	5
浴室的整體清潔	1	2	3	4	5
浴缸和瓷磚的清潔	1	2	3	4	5
寢具狀況	1	2	3	4	5
整體客房品質	1	2	3	4	5
整體維護和保養	1	2	3	4	5
地面狀況	1	2	3	4	5
大廳區域狀況	1	2	3	4	5
休息室和餐廳的狀況	1	2	3	4	5
客房功能性	1	2	3	4	5

圖 8.1　一家飯店顧客滿意度問卷的部分

使用 10 點或 11 點數字量表是非常常見的，特別是在衡量未來推薦服務或產品的可能性時。淨推薦值（Net Promoter Score, NPS）（Reicheld, 2003）在許多市場中被廣泛地使用。

典型的 NPS 問題

在一個 0 到 10 的尺度上，您向一位朋友或同事推薦「組織、產品或服務」的可能性有多大？

該尺度範圍從 0（完全不可能）到 10（極有可能）。

• **推薦者**被定義為評分為 9 或 10 的顧客。通常，他們將是忠誠且滿意的客戶。

- **被動者**被定義為評分 7 或 8 分的客戶。他們可能對服務滿意，但沒有足夠的熱情，不能被視為推薦者。
- **批評者**為 0 到 6 之間的低分。這些客戶對服務不滿意，不太可能再次購買／使用。他們甚至可能會積極勸阻他人。

淨推薦值通常透過從推薦者百分比減去批評者的百分比計算而得。

例如：如果 10% 的受訪者是批評者，30% 是被動者，60% 是推薦者，則 NPS 分數將為 60 – 10 = 50。然後，可以將這個分數與研究人員任何可用的基準進行比較。

　　績效評級允許我們追蹤隨著時間推移的任何變化，但是報告的績效與預期有何關係？對於一家二星級飯店來說，一個「非常好」的評級可能是一個好消息，但是對於一家每一件事物都被預期「優秀」的五星級飯店來說，這是一個糟糕的分數。當顧客完成滿意度問卷時，是否會將這一點銘記在心？相同的服務水準在二星級飯店被評為「優秀」，而在五星級飯店被評為「差」，是否是因為期望不同？也不能假設這些因素會隨著時間的推移仍維持不變。儘管服務水準維持不變，但是評級可能會開始下降，因為一位新的競爭者已經進入市場，提供一種已經改變客戶期望的改進服務。

　　因此，問卷編寫者還需要考慮其他量表。一個量表也許被設計用來監測相對於預期的相關績效。這樣的量表可能是：

- 比預期的好很多。
- 比預期的要好。
- 如預期的。
- 比預期的要差。
- 比預期的差很多。

在這個量表上獲得高分不僅說明顧客對服務水準感到滿意（這是他們沒有料想到的），也有可能存在過度提供的情況，需進行調整。

在某些情況下，滿足顧客的需求而不是他們的期望也許是更合適的。例如：

• 服務水準是：
　—比我需要的多很多
　—比我需要的多一點
　—正是所需要的
　—比我需要的少一點
　—比我需要的少很多

飯店服務的提供——例如：游泳池、熨褲機或各種餐廳——可能已非常出色，而且也可能符合五星級飯店的期望，但是可能超出客戶的實際需求，他們下次會去其他地方，以一個更低的價格獲得他們需要的服務。

在圖 8.2 的範例中，問卷編寫者已選擇評估網路銀行網站的績效，但在第一區塊的第二種屬性中，已包含一個與顧客需求相關的屬性，而不是特定的網站績效。請注意，這是使用一種同意—不同意的量表來評估前三種屬性，並使用從優良到差的量表來評估接下來的四種屬性。因為這些都是五點量表，研究人員試圖在兩種屬性區塊之間進行直接比較。然而，假設「非常同意」、「網站的設計是清晰且吸引人」，等同於網站的設計和清晰性是非常好。情況並非總是如此，在編寫問卷時須考慮如何解釋資料。

正如我們在第 5 章中看到的，使用一個與項目特定相關的問題取代同意—不同意量表，可能會提高資料的可靠性。這樣的一個問題可能是：

• 您今天如何找到這項服務？
　—非常容易。

第一伯明罕銀行網路銀行 —— 顧客回饋調查

| 0% | 25% | 50% | 75% | 100% |

根據今天的經驗，您對以下的陳述有多大程度上的同意或不同意？

	非常同意	稍微同意	既非同意也非不同意	稍微不同意	非常不同意	不知道
我發現該服務容易使用	○	○	○	○	○	○
第一伯明罕網路銀行網站完全滿足了我的所有需求	○	○	○	○	○	○
該網站設計清晰且吸引人	○	○	○	○	○	○

您如何以下列陳述評價第一伯明罕網路銀行的網站？

	超棒的	非常好	好	普通	差勁	不知道
資訊易於理解	○	○	○	○	○	○
易於查找資訊	○	○	○	○	○	○
服務的可用性	○	○	○	○	○	○
帳戶報表	○	○	○	○	○	○

回前頁　　繼續

圖 8.2　評估一家網路銀行網站的絕對績效

—容易

—既非容易也非困難

—困難

—非常困難

　　然而，顯然地，將每一個項目替換為單獨問題，將占用更多的空間，在這種情況下會占用更多螢幕，並且如果個別回應量表沒有仔細安排，則可能會產生有關對項目回應的比較性問題。這是問卷編寫者必須考慮並找到適當平衡的問題。

　　問卷編寫者的另一項任務是確定被評估的項目數量和詳細程度。在顧客滿意度研究中，這些項目通常被操作因素所定義，例如：一間房間的清潔程度、呼叫中心操作員回答問題的能力，或網站使用的清晰度。這些項目應該是：

- 期望受訪者能夠回答的詳細程度是切實可行的；
- 簡潔、簡單、明確地表達。
- 限制在合理的數量，以保持受訪者積極性。

　　在前面所示的飯店範例中（圖 8.1），需要評級的項目並非總是清楚的。「客房功能」究竟真正的意思是什麼？不同的受訪者可能會有不同的解釋。這顯然是某些參與飯店營運的人員沒有參考研究人員意見所編製的一系列項目清單。

品牌形象

　　品牌和傳播研究的一個共同目標是衡量人們對主要品牌的認知，它們之間的比較以及它們如何在客戶心目中占有不同位置的方式，無論是具有功能差異還是情感定位差異。

評級量表

　　使用一種標量（scalar）方法，每一種品牌都在多個已被定義的構面上被評估，如區分品牌之間的關鍵構面。每一種品牌在這些構面上都是單獨地被評估，因此針對每一種品牌重複進行問題集，且品牌的順序是輪換或隨機的。這對於平衡一種品牌的評級，如何影響受訪者對後續品牌的評級方式是非常重要

的。他們如何評價第一個品牌，如「品質」，為所有後續品牌樹立了一種基準。即使受訪者認為第一個品牌品質可能是普通水準，對於後續被認為品質更好的品牌，需要給予越正面的評價。受訪者只被要求評估他們在前面或之前提示的品牌意識問題中知道的品牌。

圖 8.3 是典型的使用同意—不同意量表評估品牌形象的自我完成問題。請注意，這在技術上不是李克特量表。由於我們衡量的不是態度而是認知，每一個構面不需要有正面或負面的定位，只有不同的品牌定位。個別受訪者的得分不能被相加，以提供整體態度分數。

您對以下幾點 Fluffy Chick 商店的描述有何看法？	非常 不同意	不同意	既非同意 也非不同意	同意	非常 同意
是高品質	○	○	○	○	○
有優質的服務	○	○	○	○	○
是一家現代化的商店	○	○	○	○	○
良好的庫存範圍	○	○	○	○	○
具有競爭力的價格	○	○	○	○	○

圖 8.3　品牌形象評估

圖 8.3 中的問題同樣可以作為一種雙極語義差異量表被提出。然後，必須謹慎定義這些語句的配對，以確保它們具有真正相反的含義。例如：「傳統的」是否為「現代的」相對詞——或者應該是「老式的」？

衡量品牌形象的量表方法提供強大的區間數據，包括平均數和標準差的計算以及相關、迴歸和因子分析等分析技術。但是，它們確實存在兩個缺點。首先，因為它們是單獨完成的，所以受訪者很難將不同品牌相互參照。如前所

述，受訪者可能會根據某品牌的特定屬性進行評分，只是發現他們沒有為後續品牌在量表上留下足夠的空間來正確表達其所感知的差異。

第二個缺點是受訪者可能需要冗長時間才能完成。就六個品牌的每個品牌之20個屬性列表，如果受訪者在瞭解所有六個品牌的情況下就需完成120個尺度。對於第一個品牌的每一個屬性估計需要15秒，後續品牌可能只需要10秒，這可能需要超過20分鐘才能完成。這會增加受訪者潛在的疲勞和厭煩；鼓勵直線或模仿回答，而且增加了訪談的時間和研究的成本。

屬性關聯

另一種方法（圖8.4）是品牌屬性關聯框格〔也稱「任意選擇」（pick-any）或「檢查全部」（check-all）技術〕。在這裡，受訪者會看到一系列品牌，並要

我現在將讀出一些用來描述不同品牌威士忌的單字和語詞。對於每一語詞我希望您能告訴我，您認為這張卡（展示卡片）上的哪一種品牌（如果有的話）是適用的。每一個語詞都可以應用於任意數量的品牌、所有品牌，也或者任何品牌都不適用。

讀出

	品牌 A	品牌 B	品牌 C	品牌 D	品牌 E	任何品牌都不適用
高品質	1	1	1	1	1	1
傳統的	2	2	2	2	2	2
適合年輕人	3	3	3	3	3	3
適合老年人	4	4	4	4	4	4
一種有趣的品牌	5	5	5	5	5	5
一種現代的品牌	6	6	6	6	6	6
被認真地對待	7	7	7	7	7	7

圖 8.4　品牌屬性關聯框格

求他們說出與一系列形象屬性相關聯的一種或多個品牌。這是比較快的方法，因為受訪者只需瀏覽一次屬性列表。他們也不需對每一個品牌在每一種屬性上的表現進行如此複雜的決定，只需判斷適用或不適用。

受訪者不知道的品牌，通常不會被提及具有任何特徵。一些受訪者可能會提到他們先前已表示不知道的品牌具有某些特徵（特別是對於諸如「不為人知」之類的屬性），但這些情況可以在分析階段加以識別。如果受訪者對於他們第一次聽到的品牌形象確實做出反應，這可以告訴研究人員很多關於該名稱之形象屬性的訊息。另一個優點是受訪者可以一起評估全套品牌。這使他們更容易在品牌之間進行比較，並確定某個屬性是否與某個品牌而不是另一個品牌相關聯。

問卷編寫者的一項任務是要確定被衡量的屬性。產品屬性通常非常具體且易於被識別（例如：現代的、物有所值、有效的）。品牌定位或形象屬性可能不太具體，但通常在品牌定位聲明中有明確的定義。

缺點

使用這種技術的一個可能問題是，受訪者相對容易快速地瀏覽問題，而沒有仔細考慮所呈現的每一個品牌。研究表明（Smyth et al., 2006; Stern et al., 2012）相較於一個被迫選擇的問題，受訪者必須為每一種屬性說出他或她是否將每一個品牌與之相關聯，這在電話訪談中是必須的，這種技術對每一種品牌的正面聯想較少。

以這種方式對形象陳述進行歸因的另一個缺點，是失去了使用此量表已獲得的辨別程度。例如：可能會發現大多數受訪者認為所有品牌都具有某些屬性，而使用標量方法會顯示每一個品牌被視為擁有這些屬性的強度不同。

改進區別度

透過包含一個屬性的相反表達能提高區別程度。可以詢問「高品質」和「低品質」；「適合年輕人」和「不適合年輕人」。請注意「適合老年人」不一定與「適合年輕人」相反，因為該品牌可能被視為兩者兼而有之。這使需要被包含的

屬性語句之數量加倍。它有效地創建了一個三點量表，每一個品牌要麼被提出為尺度兩端的一點，要麼根本不被提及，這可以作為尺度的中點。有時兩個端點之間的關聯關係被稱為「品牌形象的品質」，品牌與該構面的關聯程度則被稱為「品牌形象的強度」。

增加區別度的另一種方法是詢問受訪者，如果他們正在尋找具有某種屬性的品牌時，會選擇哪一個（或多個品牌）。然後，受訪者傾向於只提出與他們腦海中該屬性密切相關的品牌。這減少了與每一種屬性相關的品牌數量，並更清楚地展示了對屬性的「所有權」。

參考組

被記錄的關聯程度不是絕對的，而是相對於所詢問的品牌數量、實際的品牌組合和使用的屬性。組合中包含的品牌，作為評判每一個品牌的參考組。因此，選擇包含哪一種品牌以及包含多少品牌是一個重要的決定。在重複研究或追蹤研究中，如果品牌數量或選擇組隨時間改變，將有流失比較性的風險。例如：一項研究可能要求受訪者將品牌與五家航空公司聯繫起來。如果後續的研究中將航空公司的數量增加到六家，則我們應該預期到所有品牌的關聯程度都會下降。這是因為與每一個屬性相關聯的品牌平均數量趨於保持合理不變，因此隨著品牌的增加，每一種品牌的平均數量會減少。

如果其中一個屬性是「創新」，並且引入的新品牌是維珍大西洋航空（Virgin Atlantic）——一個以創新而聞名的品牌——那麼可以預期在這個屬性上對其他品牌的關聯將發生重大變化。在這個屬性的參考框架將會發生改變。如果維珍大西洋航空公司被替換為該系列中的另一個品牌，使總數保持不變，那麼預期該屬性也會發生類似的變化。

如果品牌組合中不包含與該屬性具有最強關聯的品牌，則不應在沒有充分理由的情況下包含該種屬性。容易得出的錯誤結論為，一個品牌在該屬性上表現強勢，是因為它只在表現較差的品牌背景下才如此。

一些研究人員試圖透過僅包括他們知道的品牌來減少受訪者的認知負擔；或者可能只出現在他們考慮範圍內的品牌；或僅使用對受訪者而言是重要的屬性。使用「自適應組合（adaptive sets）」需要仔細分析，因為參考組實際上已經改變。

二元衡量

雖然品牌－屬性關聯或「任意選擇」技術仍然是商業研究中評估品牌形象最流行和最常見的方法，但人們對數據的穩定性已產生質疑。商業研究的經驗顯示，隨著時間的推移，總體數據在追蹤研究中足夠穩定以供使用，但實驗工作已顯示，個別受訪者會在訪談之間改變他們的反應，並且很少有複製（Rungie et al., 2005）。Dolnicar 等人（2012）顯示，在一項調查中，只有不到一半的品牌－屬性關聯在四週後的第二次調查中被相同的受訪者重複。這可能將對這些發現與個別受訪者特性（如人口統計或產品使用數據）聯繫起來的任何分析之準確性產生懷疑。

透過使用二元技術可以發現更大的穩定性，即要求受訪者對每一種品牌說明它是否被認為具有該屬性。

已有研究顯示（Dolnicar et al., 2011）二元問題可以代替多類別量表，並且：

- 回答速度更快；
- 被視為不那麼繁重；
- 提供同等的可靠性；
- 得出相同的結論。

一些中間意見的微妙差異不可避免地會流失，但這些在分析中經常被忽略。其他研究（Anderson et al., 2011）已顯示，在使用有圖片提示的街頭訪談中，二元問題的回答時間相較於 0 到 10 的量表多一秒鐘。明顯地，訪談的背景和替代方案的性質兩者都需要被考慮，除非分析特別需要細微的意見差異，否則

應考慮將二元問題作爲多類別量表的替代方案。

屬性

衡量態度最常見的方法可能是使用評級量表，無論是對產品、社會問題或生活方式的態度衡量。制定用於衡量態度的屬性或陳述相對於提出衡量績效或品牌形象的構面，可能是一項更爲困難的工作，態度可能更加抽象的。

受訪者也可能從未考慮過他們被詢問的問題。因此，他們可能更容易受到問題措辭或從陳述中得出的推論所影響。

達成平衡

態度問題的平衡通常是透過呈現該構面的所有方面均爲同等可接受。這是很重要的，因爲人們傾向於同意向他們提出的任何命題。

這個問題可能有兩個面向：「您認爲大選中的投票應該強制，還是不該強制進行？」或者可能有兩個以上面向：「您認爲女性比男性更適合撫養孩子，還是男性比女性更適合，或者兩者都同樣適合？」這些問題的不平衡版本可能是：「您認爲在大選中投票應該是強制性的嗎？（是／否）」和「您認爲女性比男性更適合撫養孩子嗎？（是／否）」。

相對於從平衡問題選項所做的選擇，這些不平衡版本可能會導致樣本中同意的比例更高。默許的證據是強有力的。Schuman 和 Presser（1981）透過在四個獨立的調查中，就男性和女性在政治中的角色提出相同問題的平衡和不平衡版本來證明這一點。在四項調查中，不平衡版本的同意率在 44% 至 48% 之間。在使用平衡問題的情況下，相同的命題被 33% 到 39% 的人所選擇——使用不平衡形式增加了 10 個百分點。

在其他主題中沒有發現如此大的差異，因此默認情況似乎隨著主題之間以及可能在一個主題中的個別項目之間有所不同。問卷編寫者很少有機會能夠檢視每一個主題和項目，以確定它是否容易受到默許影響。因此，一種良好的做法是把所有問題都當作是默認情況，並以一種平衡的格式編寫問題。然而，Schaeffer

等人（2005）將完全平衡問題與最小平衡問題進行比較，將替代方案的完整描述替換爲「不是」：

完全平衡

• 當進行反恐戰爭時，您認爲美國政府在保護美國公民的權利做得是足夠的，或者您認爲美國政府在保護美國公民的權利做得是不足夠的？

最小平衡

• 當進行反恐戰爭時，您認爲美國政府在保護美國公民的權利做得是否足夠？

　　兩種問題都發現相同的結果，建議只要提供否定選項，就不需要以否定形式重複命題。

表達您的立場

　　無論問題是否平衡，態度的表達方式都不得將受訪者引導到一個特定的觀點。此類問題的一個假設範例是：

• 我們城市中的無家可歸者是一個重要問題，並使人們不願來到這裡。您認爲該州是否應該援助無家可歸者？

　　問題編寫者的立場很明確。僅強調無家可歸問題的一個方面，這可能會引導受訪者偏向於特定的答案。這些問題可以很容易地被認爲：

• 有些人不是因爲自己的過錯而無家可歸，然後發現很難重新投入工作職場。您認爲州是否應該援助無家可歸者？

　　實際的問題是相同的，但在「幫助」受訪者回答時提供的訊息偏向相反的傾向，則可能導致與第一個版本相反的回應。

在考慮「不知道」選項時，問問自己是否每一個人都應該有一種觀點或態度，即使是潛意識地，您想擺脫他們，或者他們是否真的不知道。

對於諸如此類的複雜主題，問題編寫者可以盡可能公平和平等地選擇呈現所有相關問題，或者要求受訪者根據他們對該主題的瞭解來做出回答：

• 根據您對無家可歸問題的瞭解，您是贊成或反對州援助無家可歸者？

為了改變回應，措辭變化的程度不需要像本範例中那樣的極端。Schuman 和 Presser（1981）表明，僅添加相對少量的幾個字詞就可以改變反應。1974 年，他們詢問一個問題：

• 如果像越南這樣的局勢在世界的另一個地方發展，您認為美國應該或不應該派遣軍隊？

對於這個問題，18% 的人回答說美國應該派遣軍隊。當問題中加入「阻止共產主義接管」八個字時，這個比例增加到了 36%。在 1976 年和 1978 年重複該實驗時，也出現類似的增加。

額外的字詞顯然導致很大比例的受訪者對自己的立場做出不同的評估，因為這些字詞強調所詢問問題的一個特定面向。大多數市場調查問卷不太可能探討此類情感議題，但是該範例清楚地表明問題的微小補充可以如何改變回應，以及在擬定問題時必須小心。僅僅幾句話就可以改變問題的基調，或者使以前只是模糊地持有的態度具體化。問題編寫者應該不斷地詢問自己，是否包含特定的單詞或短語有助於協助受訪者，或者實際上改變了基本問題。

英國蘇格蘭下議院事務委員會報告了默認偏見的證據。他們報告了阿什克羅夫特勳爵（Lord Hshcroft）在 2014 年蘇格蘭獨立公投之前進行的一項民意調查

實驗。這考慮了圖 8.5 所示可能問題的三個版本，以及測試調查的結果。

QA. 您是否同意蘇格蘭應該是一個獨立國家？

	是	41%
	否	59%

QB. 蘇格蘭應該是一個獨立國家嗎？

	是	39%
	否	61%

QC. 蘇格蘭應該：

成為一個獨立國家，或	33%
維持是英國的一部分	67%

資料來源：蘇格蘭下議院事務委員會；有關蘇格蘭獨立公投：您同意這是一個有偏見的問題嗎？2010 年 12 月第八次會議報告。2012 年 4 月 26 日。

圖 8.5　可能的蘇格蘭獨立公投問題測驗

這個實驗展示了兩種效果：

• 加入「您是否同意」這個字詞，產生了一個小而顯著的支持該議題。
• 展示該議題的兩面向，導致在第一版和第二版中單獨提出的議題有重大轉變。

由此得到的結論是，僅顯示問題的一方面會導致默認偏差，在沒有替代方案的情況下，有顯著比例的人同意它。因此，應該始終提供替代方案。

QA 是 2014 年蘇格蘭獨立公投中使用的問題。而 2016 年英國應該留在或是離開歐盟的公投中，則使用了 QC 格式的問題。

預試問卷（見第 15 章）的範例是明確的，當態度問題有任何不確定時，應允許檢查和測試態度問題的替代版本。附加詞句或微小改變措辭對回應的改變程度可能取決於在提出問題之前，該意見是否已經在受訪者的腦海中形成，以及該意見被持有的堅定程度。

構面

決定屬性測量

　　無論使用哪一種量尺，確保正確的關鍵因素是對態度衡量的項目措辭至關重要的。猶如使用所有問卷研究一樣，如果該項目沒有被衡量，它就不能被分析；如果重要的屬性沒有被包括在內，那麼分析可能會被完全誤導。

　　如果沒有現存的一套態度或屬性構面已被證實可代表所考慮市場中的問題，那麼就需要進行開發。理想情況下，構面應該透過一項質性研究的初步階段來開發，專門設計用於確定存在且與研究及其目標相關的情緒、態度和認知的範圍。這個階段也可以用來對市場中可能存在的態度部分提出一些初步假設，這些假設可以由量化調查進行檢驗。

　　如果無法進行初步階段，則必須從其他地方整理構面。先前在同一領域的研究是最好的起點，即使它們不是精確地符合相同的目標而設計的。然而，有時候，它歸結於利益相關者的經驗和討論。這種方法有幾種風險：

- 尚未被確定的新態度可能受忽略，從而導致對市場之現有認知的持續存在，而不是提供新的見解。
- 一些重要的事物可能被完全忽略。
- 使用的措辭可能與受訪者不同。
- 在缺乏有關什麼是重要和不重要的任何訊息情況下，將傾向於產生過多的構面以試圖確保所有內容都被涵蓋。

　　為了反駁最後一點，進行一項主要集中於最初產生的大量態度構面之初步調查並不罕見。大多數其他問題被這份問卷所省略，以使受訪者易於管理。然而，必須注意不要透過省略前面的問題（例如：關於受訪者與主題相關的行為問

題）來改變態度問題的背景。然後，使用諸如主成分或因子分析之類的技術，將一項大量的態度構面綜合測驗減少爲可以被包含在問卷中之更小、更易於管理的組合。然而，這裡存在一種風險，即態度構面的微小差異——那些因爲它們是重要的而特別地被介紹——因爲因子分析的目的是產生更廣泛的潛在態度構面而被排除在外。因此，對這些構面進一步審查是明智的，以恢復那些特別重要的或顯示特殊細微差別的構面。

有些來源如《行銷量表手冊》（*Handbook of Marketing Scales*）（Bearden & Netermeyer, 1999）提供了已發表研究中使用的一系列不同態度主題領域的構面列表。對於編輯一項態度綜合測驗的人來說，它們是一個有用的起點，或者可以在尋找標準化措辭或檢查編譯器是否忽略重要構面時被使用。

屬性數量

一系列語句的大小是研究人員應該仔細考慮的事情。顯然地，必須有足夠數量的語句來充分說明所有考慮的態度。如果可能的話，每一個態度構面都應該有幾個語句，以使研究人員能夠交叉檢查受訪者之間的回應一致性。在疲勞感出現之前的語句數量，將隨著受訪者對該主題的興趣程度而有所不同——無論主題如何，對於任何人來說，超過 30 句都可能太多了。

儘管盡一切努力減少語句的數量，仍無法在不製造龐大的一系列語句情況下，涵蓋所需的態度構面，有時候可以將語句分成兩個一系列語句組，分別位於問卷的不同點。語句應該被分開，如此兩個一系列語句組涵蓋不同的基本態度構面，而且這應該在問題介紹中做解釋。如果沒有這樣的解釋，當呈現第二系列語句組時，受訪者可能會認爲他們正再次被詢問到同樣的問題，並且不會給予足夠的關注。然而，不管一系列語句的規模如何，一些受訪者會開始疲憊是不可避免的。在一系列語句開始的語句，相較於接近結尾的語句，將得到更仔細地考慮（這個問題將在第 9 章中進一步討論）。

如果有很多語句時，請考慮按主題對它們進行分組。隨機化展示分組的順序。如果使用一系列語句，透過每一頁顯示一組，這可以減少螢幕上的視覺影響。但是，避免超過四頁，因為這樣會變得重複而且受訪者會感到厭煩。

間接技術

人們難以識別——更不用說準確地表達——他們對品牌的情感和感受，會導致許多間接解決此問題的技術。例如：不是要求受訪者將形象構面與品牌關聯起來，而是建立將品牌與圖片刺激相關聯的技術，而圖片刺激又被確立為具有一定的情感關聯。然後可以評估受訪者對品牌的感受，即使他們沒有有意識地認知到這些感受。正如 Penn（2016）所說：

事實上，直接問題衡量的是它們可以衡量到的事物，而忽略了他們無法衡量的事物。我們經常衡量人們能告訴我們和會告訴我們的事物，而不是衡量它們不能和不會告訴我們的事物。我們獲得的往往是經過深思熟慮的或刻意的，而我們錯過的是情感和隱含的事物。

然而，大多數這種類型的技術都是專有的，並且有一組特定的問題，因此超出了本書的範圍。

繪圖技巧

許多間接技術使用繪畫刺激來要求受訪者將需求或品牌相連結，以傳達個性類型或情感，或是幫助受訪者表達他們難以口頭方式呈現的感受。必須非常小心地使用此類技巧，以免受訪者將圖畫中的某些內容與問卷編寫者未曾考慮的內容做連結。如果使用人物的描述，可能會與年齡、性別或其他個人特質產生意外地關聯，而與原意不符。

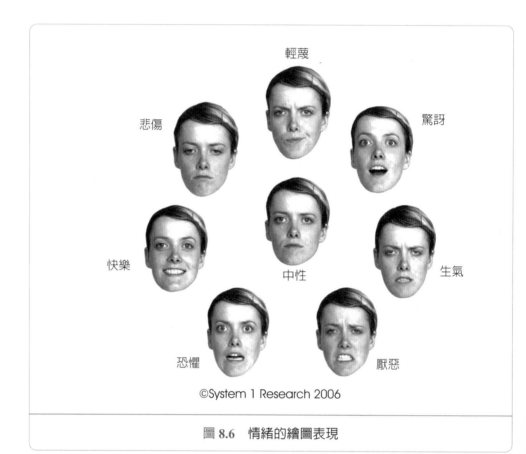

圖 8.6　情緒的繪圖表現

　　由於人們在識別、承認和表達情緒方面存在困難，因此繪圖技巧被開發來評估人們對廣告的情緒反應。對受訪者展示情緒的描述，並詢問了一系列問題，例如：哪一個最能代表他們觀看廣告時的感受。這種類型的方法依賴包含全方位的情緒理論框架，並定義了要被描繪的情緒。

　　這些技術中最成功的一項是系統 1 研究（System1 Research）專有的臉部痕跡（FaceTrace）（Wood, 2007），它使用一張臉部照片呈現七種關鍵情緒，以及一張中性臉孔。這種方法使用單一的、故意雌雄同體的臉孔來避免引起上述強

調的回應效應問題。爲了成功實現這些描述，適當的問題及其解釋需要進行大量的工作和驗證。在編寫一份單一問卷的情況下很難做到這一點，應該尋求專家的建議。

隱性關聯檢驗

多年來，研究人員一直在求助於神經科學，以提供間接技術來衡量情緒和非語言交流等問題（Zaltman, 1997）。這包括使用眼睛掃描技術、fMRI 掃描和腦電圖（EEG）掃描（Hubert & Kenning, 2008）。一些如眼動追蹤，現在已應用於研究，雖然人們相信它們通常比傳統研究方法更穩健，但往往受到小樣本規模的限制（Plassman et al., 2015）。這些技術不包括調查研究人員所理解的問卷調查，因此對它們的進一步討論超出了本書的範圍。

然而，有一種技術被認爲是有用的，而且可以在傳統調查的背景下使用——即隱性關聯檢驗。這是一種捕捉對一組預定刺激組的反應時間之技術，它可以被轉化爲隱性的態度。

它採用一種任務的形式，要求受訪者盡快且準確地將項目做分類。這些類別以兩種配置被呈現，並且兩種配置之間的回應時間差異顯示了關聯形式。這反過來反映了隱性的態度（Gregg et al., 2013）。它被描述爲一種有價值且有效的隱性消費者認知衡量，而且應該與其他訊息一起作爲行爲、選擇或判斷的解釋性因素（Brunel et al., 2004）。它可以被納入一份問卷中，且可以於線上或使用 CAPI 進行管理。

現在許多市場研究公司將隱性關聯檢驗納入其技術組合的一部分，將其用於包裝概念和執行、產品概念測試、廣告與溝通，以及品牌認知等方面。

按 E 表示正面或 Crianlarich，按 I 表示負面或 Grand Prix
盡可能快速操作，同時仍須保持準確性。

高品質

按 E 表示正面或 Crianlarich，按 I 表示負面或 Grand Prix
盡可能快速操作，同時仍須保持準確性。

圖 8.7　從一項典型隱性關聯檢驗螢幕的範例

個案研究：威士忌的使用與態度

態度與形象

在問卷中，我們希望衡量兩個態度領域：

1. Q23. 在品牌選擇中因素的重要性（我們在第 6 章中確定）。

2. Q24. 品牌形象認知。

對於 Q24，我們希望能夠評估 Crianlarich 和我們認為是競爭對手的其他五個品牌在八個構面上之認知品牌形象。這些構面已由質性研究所產生，該研究產生一系列在市場上具有區別度的構面，透過隨後的預試工作，以縮減這些品牌之間

最大區別度的列表。它們反映了 Q23 所詢問的屬性，如此我們可以將某一個構面認知與品牌選擇的重要性聯繫起來。我們的選擇是：

- 使用評級量尺對每一個構面上的每一個品牌進行單獨評級。
- 使用一種「任意選擇」品牌—屬性關聯框格。

在每一個構面對每一種品牌進行獨立評級需要 40 個評估，即五種品牌和八個構面。由於此任務在問卷中相對較晚出現，我們評估這可能是一項太冗長的任務，可能降低受訪者的參與。我們可以透過不詢問受訪者沒有聽過的品牌來縮小任務的規模，但在這個市場上品牌知名度很高。我們也可以透過不詢問受訪者不考慮購買的品牌來縮小任務規模，但這可能會消除更多的負面評價，提高每一種

對於這些陳述，您將其與哪個品牌或哪些品牌聯想在一起？	Bells	Crianlarich	Famous Grouse	Grand Prix	Teachers	Whyte & Mackay	以上皆非
具有深厚的傳統	○	○	○	○	○	○	○
是傳統的	○	○	○	○	○	○	○
是老式的	○	○	○	○	○	○	○
是與其他人不同的	○	○	○	○	○	○	○
是一種較便宜的品牌	○	○	○	○	○	○	○
是一種較貴的品牌	○	○	○	○	○	○	○
蘇格蘭人的最愛	○	○	○	○	○	○	○
我喜歡的品牌	○	○	○	○	○	○	○

圖 8.8　**Q24. 品牌—屬性關聯**

品牌的整體評分並減少區別度；這也意味著我們無法理解為什麼品牌會被排除在考慮組合之外。

因此，我們偏好的選項是使用一種「任意選擇」的品牌—屬性關聯框格，其中包括所有六種品牌。它還將包括一個「以上皆非」的回應選項。如果沒有這個選項，一些受訪者可能會選擇一種品牌，因為他們認為每一行應該至少有一個回應，而他們寧願說該屬性不適用於所展示的任何品牌。

為確保受訪者考慮的是我們希望他們關注的品牌，我們可能會考慮使用包裝照片來識別品牌。這將是一種錯誤。包裝中包含有關所需品牌定位的線索，這會影響回應。這將成為包裝傳播的一部分，而不是品牌認知度的衡量。

關鍵要點

- 捕捉這些領域的感受和情緒的核心挑戰是，受訪者可能從未想過或表達過這些方面的感受。
- 這些通常是多面向的主題，很難分解成幾個構面。
- 評級量表提供衡量所有三個領域的關鍵工具，但是在創建被評級的構面時必須特別小心：
  ⊙ 確保語言明確，且以受訪者為中心；
  ⊙ 保持詳細程度，以期望受訪者能做到考慮。
  ⊙ 限制構面的數量以避免疲勞。
- 當衡量品牌形象時，通常會選擇關聯而不是評級方法，因為它更有效率且對受訪者的負擔較小。然而，結果與包含的品牌和構面是相關的，因此問卷編寫者需要仔細地選擇這些。
- 當衡量態度的一種特殊挑戰是確保構面的平衡，提供問題的所有面向，以避免引導受訪者或透過一種傾向來鼓勵默認偏見。

編寫有效的問題

簡介

前幾章已經考慮了問題類型的選擇，並且強調影響人們如何回答問題的議題和限制。在本章中，將聚焦作者如何創建問題以及影響問題如何被執行的一些實務選擇，包括：

- 語言、單詞和短語；
- 決定回應選項；
- 回應選項的順序和可能的偏見；
- 使用繪圖提示；
- 前面問題的影響。

不過，首先，以下框格列出了一些問題編寫的指導要點，而這些要點將在本章和後續章節中進行討論。

編寫問題的關鍵注意事項

- 避免歧義。每個人都應該以同樣的方式理解它，並按照您的意思來理解它。
- 不要同時提問兩個問題。（例如：「服務員是友善和有效率的嗎？」）
- 避免雙重否定。（例如：「您同意還是不同意○○不是物超所值。」）
- 使用簡單的日常用語。（例如：用「您多久做……一次？」，而不是「您從事……的頻率是？」）
- 不要使用行話或技術專有名詞。（例如：用「您認為這個想法如何？」，而不是「您如何解讀這個概念呢？」）
- 將所有的術語解釋分別呈現，以便問題保持清晰。
- 為所有可能的回答提供選項──像是「其他」，以獲取少數群體的回應。
- 確保回應選項不重疊，且相似的選項之間的差異很明顯。

- 是只需要選一個答案？還是受訪者可以選擇好幾個答案？要讓題目與選項的指示清楚。
- 避免選項因為與眾不同而比其他的更能吸引眼球（例如：語句過長或太短）。
- 作答須在一定時間內，以便受訪者容易回憶起自身經歷。
- 將題目與選項做細節上的層次安排，要讓受訪者認為答題是合理且相關的內容。
- 避免列出答案會「視情況而定」的問題。
- 讓答題的思考盡可能簡單——不用用到數學！
- 不要讓受訪者感到無知。
- 不要讓受訪者覺得自己與其他人不同。
- 不要問暗示有正確答案的引導性問題——要讓問題的各個方面保持平衡。
- 考慮一下您是否過早地透露了您最感興趣的東西（例如：回應的選項更關注一個問題而不是其他問題）。
- 考慮前面問題設定的參考框架。
- 非必要的情況下，不改變術語——保持問題之間的一致性，並強調任何刻意的焦點變化。

語言使用

我們先前已經說過，問卷的作用是大規模管理研究人員和受訪者之間的對話。然而，在一個正常的對話中，參與的兩方在選擇用詞來傳達他們想要的意思時，會利用彼此的知識，這被稱為「觀眾設計」。例如：您向祖母表述問題的方式，可能與您對朋友表述問題的方式不同。他們給出的答案也可能會經過調整，以反映他們對您提出問題的動機的瞭解。然而，在一份問卷中，問題不能針

對個別受訪者提出。

在正常的對話中，也有機會檢視每一群體是否理解對方所說的話，即是否已達成共識。這種情境可以來自簡單的認可（例如：「嗯」或「好的」）；也來自進一步解釋的請求；或來自提問者清楚受訪者不甚瞭解，而自願澄清。對於自我完成的問卷，這種互動情境是不可能的。有訪員參與的地方，某種程度的進入情境可能是可行的，但是，為避免引入偏見，訪員被刻意地限制他們可以提供的澄清類型。通常，所有訪員所能做的就是重複問題或給予問題所針對的詳細程度之一般指示。他們被訓練避免對個別單詞進行詳細說明。除了可能引入偏見外，訪員本身可能無法確實理解其含義，並將他們的誤解傳遞給受訪者。

編寫問卷旨在幫助受訪者提供他們所能提供的最佳訊息。問題應該是清晰且明確的，如此所有人都能以共同的方式理解。它們應該用受訪者可以理解的日常語言來表達，並以反映他們正常思維過程的方式進行表達，如此他們給出的答案是切實可行的。因為技術專有名詞通常是研究專員的日常用語，所以他們並非總是理解他們所在行業或專業之外的其他人可能不理解這些術語，或可能對它們有不同的理解。有時候，技術術語用於描述某事，或區分對象或服務，其含義遠比非專業人士所能理解的要微妙得多。對於大多數駕駛者來說，汽油泵浦就是汽油泵浦，他們不會區分「高線快速流」和「分組軟管離合器」之間的差別。研究人員必須問自己，受訪者是否有必要在訪談中區分它們。如果有必要，則必須盡可能清楚地解釋這些差異；如果可能，避免使用技術術語。

受訪者應該對問題的語氣感到放鬆，而且不要因所使用的單詞和詞句而感到被挑戰或惱怒。受訪者若感到疏遠或疲憊，可能將決定停止訪談，或幾乎會毫不費力地做出正確地回應。

少數民族語言版本

顯然地，如果一份問卷是被使用於多個國家，則需要將其翻譯成不同的語言。第 17 章將更詳細探討為多國專案進行設計的問題，但如果樣本可能包括使

用除主要語言以外的其他語言者，即使在一個國家內也可能需要翻譯；或者他們對該語言的掌握不太能足以完成訪談。透過拒絕部分調查人群參與研究的機會，問卷編寫者實際上剝奪了他們影響調查結果的權利。

這最可能是在公共部門委託的研究中所關注的問題。在英國，許多政府研究要求提供威爾士語（Welsh）、烏爾都語（Wrdu）和印地語（Hindi）等多種語言的問卷版本，而在美國，通常也需要提供西班牙語版本。

講少數民族語言的人對研究的相關性，自然會隨著研究主題和數據所需的準確程度而異。例如：一項住房條件的研究，代表最近入住移民社區的樣本可能是重要的。

對於大多數商業研究而言，少數非主要語言的消費者從研究中得出的關鍵結論可能很小，特別是與抽樣誤差、不回覆率，甚至是與訪員錯誤所造成的差異相比。

避免模糊性

模糊性對於問卷編寫者在選擇正確的單詞和詞句使用時，是一個主要的挑戰。

雖然一些受訪者可能會注意到模糊性並決定以哪一種方式回答，但其他人可能沒有察覺到它，並以非預期的方式理解它。無論哪一種方式，使用資料的研究人員都不知道受訪者回答的依據是什麼。

模稜兩可並非總是容易被覺察。並非總是能夠預測每一位受訪者的情況，對大多數受訪者來說，不模稜兩可的問題，可能因為某些人的特殊情況而變得模糊。例如：「您的房子中有幾間臥室？」對於大多數人來說，這可能是一個簡單的問題。但臥室是什麼意思？如果某些人有一間書房，偶爾可以兼作備用臥室，那應該包括在內嗎？

在大多數情況下，這種模糊程度將不會成為主要問題。如果將蒐集臥室數量

作為分類數據，以提供透過房屋的大致大小進行交叉分析，那麼研究人員可能會接受這種模糊性。如果該訊息對蒐集的資訊至關重要，例如：在一項住房條件研究中，必須解決模糊性問題（例如：可能將問題擴大到詢問當前被作為臥室使用的房間數量、偶爾使用作為臥室的數量，以及可作為臥室的數量）。

線上自我完成或訪員調查

在一項線上調查中，首要任務是保持閱讀任務盡可能簡潔以保持受訪者的動機。進行預試的研究人員很快意識到，受訪者通常只簡單瀏覽問題本身——然後注意力就轉移到答案選項上。因此，實用的指南包括：

- 盡可能縮短問題的措辭——如果可以的話，最多 10-12 個單詞。
- 將關鍵字放在問題開頭。
- 使用回應代碼作為問題的一部分（例如：「您聽說過……【回應列表】？」）。
- 刪除填充詞（例如：「以下哪一項……」）。
- 謹慎地使用客套話。

使用訪員進行的調查，主要區別是使用的措辭可幫助訪員與受訪者建立融洽互信之關係。問題不應該過於冗長，但如果過於簡潔，訪談就會開始變得像是在審訊。因此，可以稍微多一些問題序言和更多的寒暄語。

決定回應選項

一種量化問卷將主要依賴於包含預編碼之回應選項的問題，而不是逐字的／完全開放的輸入。因此，這些預編碼決定蒐集哪些資料，如果它們的準確性不足或不完整，那麼可能對回答目標是重要的資料將會流失。在許多情況下，所需的

回應選項是顯而易見的（例如：簡單的「是／否」預編碼），但在其他情況下，必須注意確保它們是：

- 盡可能精確。
- 有意義的——對受訪者有意義的，而且對研究人員有用的。
- 相互排斥的且與眾不同，如此對選擇哪一個不會有模稜兩可。
- 完整——提供「其他」以記錄少數人的回應。

　　如果有很多人填寫「其他」答案，這個問題最好以完全開放式被記錄。

未能準確地或完整地記錄回應

　　對「您喜歡吃披薩嗎？」這個問題的回應聽起來應該是一個簡單的「是」或「否」，但是受訪者可能希望根據披薩是自製還是商店購買，飯後點心或特殊場合來限定答案。飯後的點心如果他們無法這樣做，可能會記錄為「不知道」的回答。無論記錄了什麼，一切都不是完整的回應。

　　在給定可能答案的情況下，通常會看到一個建立行為模式的問題：

- 每週一次以上。
- 每週一次。
- 每月一次。
- 每三個月一次。
- 少於每三個月一次。

　　這個問題可能是：「您多久去一次電影院？」某些人在過去一週內去電影院兩次，而在此之前的三個月裡根本沒有去過電影院的人會如何回答？他們必須判斷哪一個是最不準確的回應。

考慮到所有可能的回答情況下，替代方案可能會變得複雜，無論是理解還是分析。需要判斷這種情況是否可能發生在大多數人身上；在這種情況下，需要找到替代方法，或者針對極少數人尋找替代方法；在這種情況下，可能需要接受不準確性作為一種妥協。

順序偏差

如果問題涉及提示回應的選項，無論是在螢幕上顯示還是由訪員讀出，它們的呈現順序可能對記錄的回應產生顯著影響。這種偏差可能發生在：

- 數量回應（例如：評級量表或次數量表）；
- 從中選擇回應的任何列表；
- 態度或形象構面的綜合測驗。

問卷編寫者必須考慮如何最小化上述每一個的順序偏差。

數量回應

首要和新近效應

Artingstall（1978）的研究顯示，在面對面訪談中給予受訪者一種量尺（例如：評級或次數量表）時，他們明顯地選擇「第一個回應」的可能性高於「最後一個回應」。這被稱為「首要效應」。因此，如果總是先呈現一量尺的正向端點，相對於總是先呈現一量尺的負向端點會發現更有利的結果。此發現適用於任何長度量尺（在正向回應會增加約 8%），並且獨立於受訪者的人口統計資料。

這研究和其他類似研究顯示，呈現的順序是有影響的。它並沒有說明哪一種順序能最佳的代表真實情況。但是，它強調如果要在研究之間進行比較，則需要在量尺呈現的順序上保持一致。處理偏差的一種方法是將樣本分為兩半並輪換呈

現順序。這並不能消除偏差，但至少具有對其進行平均的效果。

在新產品開發研究中，在對概念或產品進行評級的量尺上總是先呈現負面回應的情況並不少見。然而，這會得到最不利的回應模式，從而對新產品進行更嚴格的測試，並確保對產品理念的任何正向反應並不是過分的。

當使用視覺提示時，受訪者會按照出現的順序注意和處理可能的回應（Artingstall, 1978）。在讀出提示的情況下（如在電話訪談中），新近效應更明顯，因為受訪者更容易記住他們得到的最後一個選項或最後幾個選項。Schwarz 等人（1991）已證明了這種效應。因此，在電話訪談中，除非受訪者被要求在回答問題之前寫下量尺作為參考，否則應該可預期會出現新近效應。

回應清單

如圖 9.1 中所示，顯示替代回應列表是提示受訪者從一組固定選項中進行選擇的一種常見形式。

想想您剛剛看過的廣告，您會選擇下列哪一個來描述它？
您可自行決定要選單個或多個。

A	它很難理解
B	它讓我對參訪商店更感興趣
C	我發現它很煩人
D	它不適合這種類型的產品
E	我很快就厭倦它了
F	我不喜歡廣告中的人物
G	它所說某些東西與我有關
H	我會記住它
I	它改善了我對商店的看法
J	它告訴我一些關於商店的新東西
K	它是針對我的
L	我很喜歡看它
M	以上皆非

圖 9.1　替代回應清單

受訪者應仔細閱讀所有選項，並選擇適用的選項。在這個問題中，受訪者可以選擇他們認爲合適的盡可能多的陳述，使其成爲一個多選回應問題。在其他問題中，他們可能被要求選擇一個選項，使其成爲一個單選回應問題。慣例是單選問題的答案係透過螢幕上的單選按鈕所蒐集，而多選問題的答案則透過方框蒐集，如圖 9.2 所示。

單選回應 您最有可能購買哪一種口味的優格？		多選回應 您最有可能購買哪些口味的優格？	
杏仁	○	杏仁	☐
黑櫻桃	○	黑櫻桃	☐
黑醋栗	○	黑醋栗	☐
醋栗	○	醋栗	☐
桃子	○	桃子	☐
鳳梨	○	鳳梨	☐
覆盆子	○	覆盆子	☐
草莓	○	草莓	☐
以上皆非	○	以上皆非	☐

圖 9.2　單一或多個回應

首要與新近效應

與量表一樣，回應列表也應具有首要效應。Schwarz 等人（1991）已經證明了這種效果，即使可能的回應數量很少，也可以減少到三個甚至兩個，如果它們足夠複雜，足以阻止被受訪者充分處理可能的答案。在一個包含 13 個選項的較長列表中，Krosnick 和 Alwin（1987）證明了對列表中前三個項目的更多選擇。

Duffy（2003）證實首要效應的存在，並補充說有顯著的少數人從底部開始閱讀列表。這說明和電話調查一樣，新近效應也是可以預期的。

事實上，Ring（1975）已經證明首要效應和新近效應。他表明在包含 18 個選項的列表中，存在傾向於選擇前 6 個和後 4 個的回應偏差。這意味著列表中間的選項要麼受訪者根本沒有閱讀，要麼沒有在相同程度上作為可能回應進行處理。

在一個列表是這樣大小的地方，那麼顛倒順序並將一半的樣本呈現一種順序，另一半呈現相反的順序，並不會充分解決問題。Ring 的實驗顯示，使用一個有 18 個選項的列表，前 14 個應該被顛倒，最後 4 個也應該被顛倒。這種不對稱的拆分相對於簡單地顛倒，更能平衡項目之間的偏差。

然而，在實務中，通常採用一種更簡單的方法，即隨機化受訪者之間的陳述順序。這並不能消除偏見，而是將其更均勻地分布在陳述中。

滿意化

有些人在購買一臺洗衣機或一輛汽車等物品時，會花費大量時間研究哪些可用型號最能滿足他們的需求和要求。其他人則購買能夠令人滿意且滿足其最低需求和要求的產品，並且沒有興趣投入時間研究所有可用的型號，以確定哪一種是稍微好一點。後面一種方法被稱為「滿意化」。

當提供一份陳述列表從中選擇一個回應時，滿意者在回答問卷時會表現出這種行為。他們將閱讀列表，直到找到一個他們認為合理地反映其觀點的充分答案，而不是閱讀或聆聽所有陳述以找到一個最能反映他們觀點的答案。這是順序偏差的另一個來源，往往會強化首要效應。

當受訪者不再盡最大努力回答問題時，滿意化可能會隨著訪談疲勞而增加。使用線上調查小組的研究人員還應該意識到，Toepoel 等人（2008）發現，有經驗的受訪者——猶如在訪問線上調查小組那樣——往往比沒有經驗的受訪者更容易滿意化，這可能是盡快完成調查策略的一部分。

使用電話訪談相較於面對面訪談，滿意化可能是更普遍的（Holbrook et al., 2003）。

陳述綜合測驗

疲憊效應

如果有大量的形象或態度陳述，每一個都需要根據一個量尺來回答，那麼就存在受訪者疲勞的真實風險。這可能發生在使用自我完成的一系列語句和訪員將它們讀出的情況。受訪者疲勞可能出現的確切時間點，將隨著每一位受訪者對主題的興趣程度而異。然而，應該預料到當超過 10-15 個語句時，後面的語句可能會因為注意力不集中而受到影響，出現模式化回應。為了減輕這種偏見，語句應在受訪者之間被輪流的呈現。在線上或使用 CAPI，語句通常可以隨機地順序呈現，或者以多種不同的順序進行輪換。

猶如第 8 章所強調的，可以將語句分成幾個主題組，每一個螢幕只顯示一組。然而，一旦受訪者進入第五個這樣的螢幕時，他們可能會認為它變得重複。在減少螢幕上過多單詞的影響和將螢幕數量減少到不超過四個之間取得適當平衡是重要的。

陳述闡明

有時可以使用向受訪者陳述的順序來闡明其含義。如果陳述中存在一定程度的模稜兩可，需要進行複雜的解釋，則一個涉及替代含義的先前語句可以澄清問卷編寫者所尋求的內容。例如：

• 您會如何評價車站的設施？

就其本身而言，受訪者可能不清楚停車場是否應視為車站的設施之一。但是，如果此聲明之前有一個關於停車場的語句：

- 您會如何評價車站的……
  —停車場設施
  —在車站的其他設施和服務

　　受訪者可以放心地假設這些設施並不包括已經被詢問過的停車場。

　　在使用隨機陳述的情況下，必須注意確保這樣的解釋性陳述總是在一起，並且以相同的順序出現。

提示類型

　　提示可以是量尺點數、態度短語、形象構面、品牌、收入範圍或問卷編寫者想要用來引導受訪者或獲得反應的任何內容。它們可以純粹是語言的，也可以使用圖片、插圖或標誌。然而，重要的是要清楚瞭解語言和圖片刺激的作用不同。

圖片提示

　　圖片可以多種不同的方式作為提示使用。如果要使用圖片，問卷編寫者必須小心確保他們正確地知道圖片所扮演的角色。

品牌意識

　　圖片提示的一種用途是顯示品牌商標或圖標（以替代品牌名稱列表），來測量提示的品牌知名度。這通常在網路上可以很簡單的完成；是一些 DIY 調查提供商提供的選項之一；並且經常被包括在內以使受訪者對訪談更感興趣。然而，問卷編寫者應該意識到他們可能會改變問題的形式。例如：提示意識是一個認知問題。如果使用名稱列表，則受訪者會被詢問他們認識哪些名稱。如果顯示品牌商標，問題就變成他們認識哪些商標。研究人員透過受訪者對商標的識別來推斷品牌知名度。這可能相對於簡單的名稱識別度更高，因為商標提供了更多線索。

　　對於市場中較小的品牌而言，明顯的品牌知名度之提高可能會更明顯。碳酸

飲料消費者對可口可樂的認知度很高，不需要使用視覺提示。視覺提示幾乎很難提供改進的機會。但對於較小的品牌，視覺提示提供的改進機會要大得多。每一位受訪者識別的商標總平均數通常可能大於簡單列表中品牌名稱的平均數。這兩種方法都不一定是錯誤的，但每一種方法都可能產生不同程度的回應。

購買可能性

當詢問購買的可能性時，如果使用圖片刺激，則受訪者將獲得更多訊息。相較於顯示一種品牌和價格列表，可以展示一個模擬的貨架，如圖 9.3 所示。包裝照片提供的線索和訊息意味著受訪者在做出決定時，不必依賴品牌的記憶和回憶。價格訊息可以根據需要輕鬆地被排除、包含或更改。

圖 9.3　一種品牌所期望之定位的模擬貨架

品牌形象

　　顯示商標還可以改變對品牌形象問題的回答。在詢問有關特定品牌形象問題之前，先建立提示的品牌認知度是正常的。如果使用名稱列表來建立提示的品牌認知度，則受訪者在進入形象問題時，心中所持有的印象是品牌在受訪者心中獨立存在時的形象。此形象純粹是品牌名稱所代表的以及與其相關的形象，然而，在使用商標或包裝照片提示後，受訪者將獲得有關品牌試圖代表什麼的線索和提醒。商標或包裝的設計，旨在反映所期望的品牌定位，並可能在訪談中充分地向受訪者傳達這些價值的某些內容，或者至少作為這些價值的提醒。因此，至少可透過部分提醒來提示形象問題。

　　再次強調，這不是一種方法正確而另外一種方法不正確的問題。使用品牌列表可以被描述為對形象「更純粹的」測量。可以說，這是一種潛在購買者在離開家去購物之前，腦海中的一個形象，並且將根據他們購買品牌的意圖而採取行動。但同樣可以說，大多數品牌很少在沒有商標的情況下被看到，且在購買時品牌在消費者心中的形象是很重要的。

　　問卷編寫者應考慮哪一種方法是更適合相關的市場，並相對地決定使用哪一種方法。

廣告認知

　　建立對廣告的認知仰賴顯示圖片提示。這些通常包括一系列取自相關廣告的定格畫面。它也可能會或可能不會刪除對品牌的所有參考，這取決於是否能說出正確的品牌名稱。於線上（或使用 CAPI）可以選擇顯示靜態畫面和以影片形式呈現的實際廣告。這兩種方法通常會產生不同的回應，而觀看影片的受訪者之認知度通常較高。

在使用圖片或圖形之前，請仔細考慮：

- 它如何改變您正在測量的內容；
- 受訪者會從圖形中看出什麼；
- 受訪者之間結論的一致性如何。

一般來說，避免使用人物圖片──包括卡通──除非您確切地知道每張圖片傳達了什麼訊息。

前面的問題影響

第 3 章涵蓋了廣泛排序問題的指導方針，包括：

- 在相同主題的自發性問題之前，不要提示任何資訊。
- 關鍵問題應盡早出現在問卷中。
- 訪談通常應該從與主題相關的更一般性問題開始，然後逐步進入更具體或更詳細的主題。
- 在相同主題上，行為問題應該在態度問題之前詢問。

這些問題在編製問卷時就應該已考慮到，但是在編寫詳細的問卷時，仍然需要被考慮。特別是，問題編寫者需要考慮到受訪者在回答每一個問題時的參考框架可能是什麼。例如：在員工研究中，如果有一系列關於團隊的問題，然後焦點轉移到個人身上，那麼此種改變應該明顯地被強調。否則，受訪者可能不會注意到，並且在錯誤的基礎上回答。語言和術語的一致使用是很重要的──不要且不必要改變它們，因為有些人會認為這是他們應該考慮其他事情的訊號。

在一份調查網站交易反應的問卷中，專有名詞不斷變化：

Q1.「線上設施」
Q2.「網站」
Q3.「網址」
Q4.「網際網路設施」
Q5.「網際網路網址」

有很高機率讓一些受訪者對他們在每個問題上該考慮什麼感到困惑。

　　一旦編寫完成所有問題後，明智的做法是檢視整份問卷中的語言流暢性。是否讓人感覺像是一個人所寫的？風格和語氣是否始終一致？當問題是從其他人編寫的調查複製過來時，這一點特別重要。一份不斷改變語氣或風格的問卷，可能會令受訪者感到不悅，因為他們覺得在問卷製作中不夠用心──因此，他們為什麼要繼續投入努力呢？

漏斗式

　　漏斗式問題序列用於將受訪者從關於一個主題的一般性問題帶到更具體的問題，同時不允許先前的問題影響或偏向對後續問題的回應。

　　通常在漏斗式問題序列中，是否向受訪者提問某個問題，取決於他們對前一個問題的回應。這意味著對某些人而言，某些問題可能是不相關的，可以繞過它們。由於人們在問題序列中繼續進行，卻不知道這樣做的標準是什麼，所以可以更加確保我們對最終問題獲得的回應是沒有偏見的。在圖 9.4 的範例中，我們只詢問一個問題，即「如果您最近在電視上看到過 Bulmer 蘋果酒的任何廣告，那它是什麼內容？」這個問題會導致過度聲稱看過廣告，因為有一種假設是 Bulmer 蘋果酒最近在電視上做過廣告。一些受訪者會聲稱看到了廣告，即使實際上沒有。

Q1. 您最近看過哪一種類型的飲料廣告？

啤酒

蘋果酒

琴酒

威士忌

葡萄酒

以上皆非

如果看過蘋果酒廣告，請跳到 Q2

其他跳到 Q5

如果看過蘋果酒廣告

Q2. 您最近看過哪一種或哪些品牌的蘋果酒廣告？

如果看過 Bulmer 廣告，請跳到 Q3

其他跳到 Q5

如果看過 Bulmer 廣告

Q3. 您在哪裡看過 Bulmer 廣告？

如果在電視上看過，請跳到 Q4

其他跳到 Q5

如果在電視上看過 Bulmer 廣告

Q4. 廣告說了些什麼？

請跳到 Q5

圖 9.4　漏斗式序列

　　儘管一些 DIY 調查提供者使用的邏輯路徑相對於其他人更容易遵循，但是線上問卷的漏斗式序列是比較簡單的。對於紙本自行填寫的問卷，其邏輯是顯而易見的，因此最好避免使用。

問題順序偏差

啟動效應

　　當需要提出關鍵問題，例如：對提案的批准、對新概念的回應或議題的評級，在關鍵問題之前詢問受訪者對提案、概念或議題感受的行為，可能會對關鍵問題的回應產生影響。

　　這能被期待的，因為研究人員會希望受訪者給的答案是他們深思熟慮的觀點。但是，研究人員可能會無意中建議受訪者應該回答什麼。McFarland（1981）報告指出，詢問一系列有關能源危機的具體問題，會導致對危機嚴重程度的評級高於未提及這些問題的情況。問卷編寫者需要意識到先前問題可能產生的影響，並相對地編寫問題且解釋回應。特別是，引入財務考慮因素會影響回應。在明尼蘇達州交通部的一項實驗中，詢問有關服務水準的可接受性（道路維護、交通信號、休息區等）以及人們認為應該如何分配預算（Laflin and Hanson, 2006）。在詢問有關預算分配問題之前，對服務水準的期望分數較低，若這些問題先被問到，期望分數則較高。讓人們考慮金錢和預算限制，顯然使他們更願意接受較低的服務水準。

一致性效應

　　一種特殊類型的啟動效應是一致性效應。這種情況之所以發生，是因為受訪者被引導沿著特定的回應路線得出結論，如果他們想要保持一致，只能以一種方式回答。

　　考慮並比較圖 9.5 和圖 9.6 中的序列。可預期在圖 9.5 和圖 9.6 之間對 Q2 的回應將呈現顯著的差異。透過使用反映某一論點的一方陳述——在這種情況下支持和反對建設新機場——受訪者被引導沿著不同的路徑到 Q2。大多數人喜歡表

Q1. 您對這些陳述同意或不同意的程度如何？

	非常 同意	同意	既非同意 也非不同意	不同意	非常 不同意
在這個國家機場的延誤是 相當不可接受的。	☐	☐	☐	☐	☐
在這個國家的機場沒有足 夠的負荷。	☐	☐	☐	☐	☐
在這個國家的機場是危險 地過度擁擠。	☐	☐	☐	☐	☐
在這個區域有工作短缺。	☐	☐	☐	☐	☐

Q2. 您支持政府在這個區域興建一座新機場的提案嗎？　是☐　不是☐　不知道☐

圖 9.5　一致性效應（第一順序）

Q1. 您對這些陳述同意或不同意的程度如何？

	非常 同意	同意	既非同意 也非不同意	不同意	非常 不同意
這裡周圍我喜歡的鄉村郊 區消失得太快了。	☐	☐	☐	☐	☐
在綠地上有太多建築物。	☐	☐	☐	☐	☐
我不希望看到這個國家的 植物與動物生命被殘害。	☐	☐	☐	☐	☐
這裡周圍噪音汙染是一個 主要騷擾。	☐	☐	☐	☐	☐

Q2. 您支持政府在這個區域興建一座新機場的提案嗎？　是☐　不是☐　不知道☐

圖 9.6　一致性效應（第二順序）

達是一致的。如果他們同意 Q1 中的陳述，那麼在第一個範例中很難不對 Q2 回答「是」，或是在第二個範例中很難不對 Q2 回答「否」。

為了公平起見，初步問題應包含有關一個論點的雙方或所有方面的陳述。研究人員可能希望在詢問關鍵問題之前，向受訪者提出有關議題的問題，以幫助他們對該問題給出深思熟慮的答案。但是，如果初步問題不是要對關鍵問題的回答產生偏見，就必須公平地呈現所有的議題。

調查是如何被介紹

介紹調查的方式將在受訪者心中形成一些期望，這將影響他們在處理問題時的想法。在受訪者同意訪談之前需要提供的詳細訊息，會在第 15 章中介紹。在這裡，我們將關注如何引入調查主題以及確定適合受訪者所需的任何篩選問題均可能會影響他們。

為了獲得受訪者的合作，主題聽起來應該是有趣的，但在決定透露多少訊息時，請考慮您要蒐集的資料。例如：如果您想衡量鑽石珠寶所有權的滲透率，請不要說調查是關於鑽石珠寶的。如果這樣做，那些沒有鑽石珠寶且對其沒有興趣的人會認為調查不適合他們，因此不會做出回應。如此所有滲透率測量都會被高估。在其他市場中，該產品的輕度使用者可能會被低估。

在介紹中使用公司名稱

如果調查來自與受訪者已經有關係的組織，那麼您可能希望在內容上非常具體（例如：來自其手機提供商的客戶滿意度調查）。該調查很可能帶有來自該提供商的大量品牌，因此您沒有給予任何訊息，並且強調這種關係可能會提高回應率。

但是，在許多情況下，調查將以研究公司的名義進行，而且不會透露客戶的姓名。這部分是出於安全考慮，因為客戶不想告訴全世界他們正在執行這項調查，但同時也因為這樣做可能會透過強調客戶的名字而使回應產生偏見。這將足以增加客戶在意識和形象問題中的提及次數；將完全消除詢問有關自發意識的可

能性；並且一些受訪者會認為，如果他們批評客戶或其產品，他們可能不會得到獎勵。

在某些情況下，法律有必要準備好揭露研究公司從何處獲得受訪者的聯繫細節。這將在第 15 章中的道德議題提到。

篩選問題

通常我們希望僅將具有某些特徵的人包括在樣本中，這些特徵可以是人口統計或以產品為重點。可能是我們想要實現的配額，並希望篩選出配額單元中已完成的人。因此，前幾個問題通常是用來篩選的，以決定我們是否希望受訪者繼續完成主要問卷作為樣本的一部分。

這些問題的數量應該相對較少。一個線上調查小組成員在進行了 5 分鐘的篩選後被淘汰，並且沒有收到任何支付，可能會感到理所當然的委屈。在這些情況下，兩層支付系統可能是合適的。同樣地，一些在街上或商場裡被攔下且同意接受訪談的人，在問了幾個問題後被告知不須再繼續，可能也會感到迷惑或困惑。

典型地，篩選問題將遵循一個漏斗式：

- 您擁有／做這些之中的哪一個？
- 您多久做一次這些？
- 您擁有／購買哪個品牌？

在每一個階段，不符合標準的受訪者都會被禮貌地篩選出來，並被告知他們不是我們要找的人──以明確的方法表示這不是他們的錯。

重要的是，我們的選擇標準是隱藏的（參見第 7 章），如此受訪者不知道（或無法猜測）要回答什麼才能獲得資格，並使用它來進行自我選擇。經驗豐富的線上調查小組成員通常會嘗試找出他們應該回答什麼，以便符合資格並賺取積分／金錢。

例如：如果我們正在尋找每週至少去一次星巴克的人，我們不會問：

- 您是否每週至少去一次星巴克？
  —是
  —否

我們會問：

- 您曾經去過哪一家咖啡店？
  —尼祿（Nero）咖啡
  —麗塔扎（Ritazza）咖啡
  —咖啡共和國
  —哥斯大（Costa）咖啡
  —Pret A Manger
  —星巴克
  —以上皆非

如果受訪者回答「星巴克」，我們會問：

- 您多久去一次星巴克？
  —每天
  —每週幾次
  —至少每週一次
  —至少每月一次
  —至少每三個月一次
  —不常去

透過這種方法，我們的興趣被隱藏了，而且受訪者很難自我選擇。

標準化問題

在先前的研究中已被詢問過的問題，除非有充分的理由，否則研究人員通常要確保相同的問題和相同的預編碼應該被使用。這樣做可以讓研究人員建立關於如何回答這個問題的知識體系，從而發現偏離它的任何回應模式；這也意味著可以更容易地比較不同研究的結果。

許多主要製造商和一些研究公司都有詢問特定問題的標準方法，從而使他們能夠建立這種知識體系。當我們意識到即使一個問題措辭的微小變化也能改變回應時，標準化問題的價值就變得很明顯了（Converse and Presser, 1986）。例如：將「禁止」更改為「不允許」已被證明會顯著改變回應模式。不幸的是，由於語言是微妙的，沒有關於何時更改措辭會改變回應的一般規則，因此如果與其他調查進行比較是優先考慮時，則問卷編寫者在進行更改時必須謹慎。如果有疑問，應在使用替代措辭之前進行測試。

追蹤研究

問題措辭的一致性於正在進行或追蹤研究中是很重要的，以確保資料隨時間變化不是由於措辭改變所造成的。

為了確保資料的一致性，保持提問問題的順序也是很重要的，這樣存在的任何順序偏差本身是一致的。維持問題順序意味著添加新問題可能會導致問題，並且必須非常仔細地考慮它們的定位。如果可能，新問題應該添加在問卷的尾端，以免影響對任何先前問題的回應。但是，為了訪談流暢，這並不總是可能的。

　　例如：在一項正在進行的客戶滿意度調查中，受訪者被要求對他們最近一次訪問客戶公司所獲得服務之總體滿意度進行評分。接著是對各種員工和服務屬性的評價，包括關於效率的問題。一段時間後，一個競爭對手推出一項保證，即所有交易將在 10 分鐘內完成，否則客戶將獲得退款。為了測量此一影響，要求在下一波調查中，在總體滿意度問題和服務屬性評分之間插入一個新問題。這個問題詢問客戶認為他們的交易被處理的速度有多快，以及他們對此的滿意度如何。在這個時間點介紹這些問題，可能會影響受訪者對個別服務屬性的評價方式──特別是與效率相關的屬性──因為交易速度在他們的意識中已相較於先前的研究被提升得更高。研究人員必須提醒客戶問卷中的這種變化對資料與前幾波的比較性產生潛在影響，並努力尋找替代解決方案──例如：一種較不敏感的立場。

　　如果找不到替代解決方案，並且在可預見的將來要包括問題的修改，那麼值得考慮對下一波進行拆分測試。為此，樣本被隨機地分成兩部分。一半被詢問現有的問卷，而另一半被詢問到包含修改的新問卷。因此，可以透過評估修改的影響進行判斷。

個案研究：威士忌的使用與態度

編寫問卷

　　在第 3 章中，我們規劃問卷以蒐集符合目標的資料。從那時起，我們已經研究了不同類型的資料和不同類型的問題。現在是實際編寫問題的時候了。

　　我們將決定於線上進行調查，因此問題的措辭將與此一致（即盡可能的簡短）。

　　按照第 3 章建立的計畫，以及第 4 章至第 8 章的討論，我們現在可以開始編寫問題了：

表 9.1　（為清楚起見，省略回應代碼列表。）

問卷計畫	問題
篩選（參見第 7 章）	A. 您或您的任何家人是否在以下行業工作？ B. 在過去的三個月裡，您喝了這些之中的哪一個？ C. 您多久喝一次蘇格蘭威士忌？
自發的品牌認知	Q1. 您聽說過哪些品牌的蘇格蘭威士忌？
自發的廣告認知	Q2. 您最近看到或聽到過這些品牌的蘇格蘭威士忌廣告？
提示的品牌認知	Q3. 您聽說過這些蘇格蘭威士忌品牌的哪一種？
提示的廣告認知	Q4. 以下哪些品牌的蘇格蘭威士忌廣告您最近看到或聽到？ Q5.（如果看到／聽到 Crianlarich 廣告） 您在哪裡看到或聽到過 Crianlarich 的廣告？ Q6. 關於 Crianlarich 廣告，您還記得什麼？（請寫出來） Q7.（如果看到／聽到 Grand Prix 的廣告） 您在哪裡看到或聽到過 Grand Prix 的廣告？ Q8. 關於 Grand Prix 廣告，您還記得什麼？（請寫出來）
行為資訊——消費（見第 7 章）	Q9. 您是否在允許當場喝的場所或家中飲用蘇格蘭威士忌，或兩者兼而有之？ Q10.（如在允許當場喝的場所） 過去七天，您在允許當場喝的場所喝了多少杯蘇格蘭威士忌？ Q11.（如在未允許當場喝的場所） 過去七天您在家中喝了多少杯威士忌？
行為的資訊——品牌選擇	Q12.（如在未允許當場喝的場所） 您是在自己家中喝蘇格蘭威士忌，還是在別人家裡，還是兩者兼而有之？ Q13.（如果在自己家裡喝酒） 您通常買蘇格蘭威士忌在家喝，還是別人買的？ Q14.（如果其他人購買它） 您對購買哪一種品牌是否有決定權，或者否是由他們決定的，或它總是同一種品牌？ Q15.（如果總是同一種品牌） 他們買哪一種品牌？ Q16. 那原來您的選擇是什麼，還是其他人的選擇，還是一種共同決定？ Q17.（如果 Q14 沒有說） 他們購買哪些品牌？ Q18.（如果超過一種品牌） 他們最常購買哪一種品牌？

表 9.1　（為清楚起見，已省略回應代碼列表。）（續）

問卷計畫	問題
	Q19.（如果在 Q13 自行購買或在 Q14 有決定權） 您購買或要求哪些品牌？ Q20.（如果一種最常購買品牌） 他們最常購買哪一種？
形象因素在品牌選擇中的重要性（第 6 章）	Q21. 對於每對屬性，移動滑鼠以顯示當選擇威士忌時，哪一個對您更重要？
品牌形象關聯（第 8 章）	Q22. 請問哪一種或哪些品牌與這些陳述中的每一個對您來說是關聯的呢？
識別無品牌廣告	Q23.（顯示無品牌的 Crianlarich 廣告） 您以前看過這個廣告嗎？ Q24.（如果看過） 它適合哪一種品牌的蘇格蘭威士忌？ Q25.（顯示無品牌的 Grand Prix 廣告） 您以前看過這個廣告嗎？ Q26.（如果是） 它適合哪一種品牌的蘇格蘭威士忌？
分類數據，以確認小組提供的詳細資訊	年齡 性別

這為我們提供了最初的問卷草稿，但其中一些問題將在後面的章節中重新考慮，因為我們考慮其他問題。

關鍵要點

• 當編寫每一個問題時，問問自己受訪者是否會：
  ⊙ 依照您所期望的方式理解問題。所有受訪者的這種理解是否一致？
  ⊙ 能夠以您所需要的準確度和詳細程度來回答問題嗎？
  ⊙ 是否願意回答它——誠實地？您是否暗示某些答案比其他答案更有趣或更

容易接受？

- 使用回應選項列表的提示性問題容易受到首要效應的影響：
  - ⊙ 列表開頭的項目通常會受到更多關注。
  - ⊙ 隨機化列表項目可以平衡（但不能消除）這種效應。
  - ⊙ 保持列表更簡短，相似的項目彼此相鄰，將有助於受訪者找到適合他們的答案。
- 始終考慮先前問題可能產生的影響。
  - ⊙ 它們將影響一個問題如何被理解嗎？
  - ⊙ 它們會產生任何偏見嗎？

為一項線上調查創建一份問卷

簡介

隨著問卷編寫軟體的普及，線上調查訪談已成爲最常見的形式；隨著商業研究小組成長，線上互動成爲許多人的一種默認交流方式。

在線上調查中，可能需要對樣本品質做出一些妥協，因爲線上調查通常具有更多的自我選擇／自願參與元素，這可能會產生更大的樣本偏差。然而，它顯然提供了許多實務優勢。問題編寫者特別感興趣的是訊息品質的潛在優勢，這些優勢源於受訪者對體驗的更多控制：能夠在最適合他們的時間以一種相較於如果有一位訪員參與其中更謹慎的方式進行調查。與此相反，問題編寫者需要意識到問卷本身承擔更大的責任，以吸引受訪者的注意力——並且意識到視覺版面設計是特別的重要。

設備類型

一個重要的挑戰是線上調查可能會在一系列裝置上進行（圖 10.1）。過去僅能在個人電腦進行的問卷，現在必須在包括平板電腦和智慧型手機在內的各種裝置上運行。事實上，在大多數已開發經濟體中，超過 90% 擁有手機（以及大多數人擁有智慧型手機），如果一項調查在小螢幕上不能正常進行，那麼可能會阻礙很大一部分人的參與（樣本品質問題），或者爲那些堅持參與者（資料品質問題）創造次優體驗。

爲行動電話設計調查

好消息是，大多數調查軟體幾乎普遍地自動調整問題，使其在兩個主要操作系統——iOS 和 Android 上呈現的效果符合意圖，這兩個操作系統占據了所有智慧型手機。此外有關返回資料品質的研究得出的結論是，它可以與透過個人電腦完成的受訪者資料進行比較，只有微小的差異（Antoun et al., 2017）。即使用開

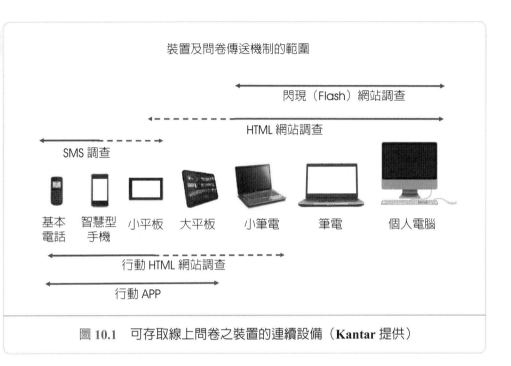

圖 10.1　可存取線上問卷之裝置的連續設備（**Kantar** 提供）

放式問題，也經常會輸入冗長答案，這表明這些逐字提問不一定成為問題。但是，您應該經常檢查您的問題在手機上顯示的情況。並非所有內容都如您所願的方式呈現（見圖 10.2）。最好的辦法是檢查您的問卷在一系列裝置上運作的情況如何。您可能需要調整問卷，例如：在導致問題的裝置上跳過非核心問題，或排除存在較大問題的某些類型裝置。

　　許多研究公司都制定了問題指南，以確保在設計問卷時優先考慮行動體驗，其邏輯是如果它在小螢幕上運作良好，則幾乎肯定會在個人電腦上正常運作。例如：一家公司的指導方針是：

- 一個問題不超過 160 個字元。
- 最多 15 個答案代碼。

圖 10.2　有些問題可以很好地翻譯到手機上

- 不超過 2 個開放式問題。
- 表格限制爲五乘五的儲存格（最好根本不使用表格）。

　　對行動電話用戶的主要問題，可能是他們願意花在調查的時間。Macer 和 Wilson（2013）測量一項手機調查可接受時間之中位數爲 7 分鐘，相較於一項以個人電腦爲基礎的調查爲 15 分鐘。這又回到了保持調查簡短的重要性，如有必

要，透過如第 3 章中討論的那樣將調查分組，以便蒐集所需的資料，同時保持每個人的經驗簡短。如果調查不適合在行動裝置上進行，那麼一個選擇是要求受訪者稍後返回到個人電腦上，但這無可避免地會導致中途退出。（Johnson and Rolfe, 2011）。

使用者經驗

進度指示器

實驗已顯示，告訴受訪者完成問卷的進度會影響他們預期任務的難度，以及他們是否繼續或中斷（Conrad et al., 2005）。如果受訪者在問卷早期就相信他們

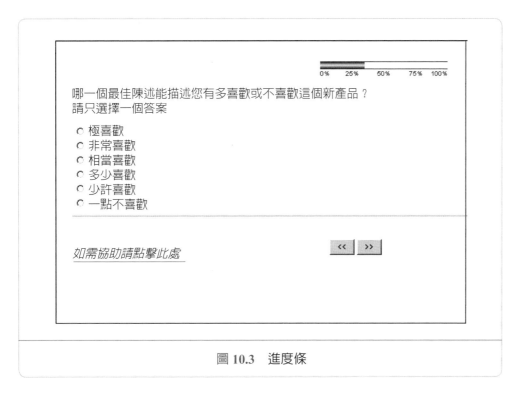

圖 10.3　進度條

取得良好的進展，那麼他們比進展緩慢者更有可能堅持下去。由此推斷，進度條對於較短的問卷可能是正向的，但是使用較長的問卷則不鼓勵，因此必須仔細考慮是否納入進度條。另一種方法是偶爾提供進度訊息，或僅在取得重大進展後才在問卷的後期提供此訊息。如果問卷包含路徑，使得完成調查所需花費的時間在受訪者之間差異很大，則一種有意義的進度條是很難達成的。

單一或多數頁面

於線上調查的一個關鍵版面設計問題為是否：

- 每一頁面或螢幕只詢問一個問題；
- 將問題整合為邏輯組合，依次在同一頁面上，要求受訪者向下捲動；或者
- 將完整的問卷設計成一個可單一向下捲動的頁面。

最後一種格式的優點是，受訪者可以透過上下捲動查看他們對先前問題的所有答案，並且使他們的回答方式保持一致。這是 Dillman（2000）推薦的方法。然而，這種方法通常只用於簡短的問卷。其原因是：

- 如果完整的問卷被包含在一種單一向下捲動的頁面中，則在完成問卷調查之前，資料不會被發送到管理員的伺服器。
- 如果中途放棄，則不會從該受訪者那裡蒐集到任何資料，甚至可能不知道受訪者是否開始了調查。
- 這種方法還排除在同一頁面上問題之間的路徑，因此無法充分利用該媒介的關鍵優點。
- 已有研究顯示（Van Schaik and Ling, 2007），當每一頁面只有一個問題時，受訪可以更快完成問卷。人們認為，如果螢幕上沒有同時顯示其他問題的文字和答案，則較不會分心。

　　儘管一個問題可能包含多個部分，但每一問題使用一個單獨頁面，已成為大多數研究公司的一般做法。這使得能夠包括問題之間的路徑，並有助於使螢幕看起來清晰且整潔。

　　一個例外情況是，當一組屬性可能顯示在同一頁面上時，通常會使用量表來評估一系列屬性。有一些證據（Couper et al., 2001）顯示，相較於每一項目顯示在單獨的頁面上，這可以提高項目之間的一致性。當兩個問題的答案列表相同時（圖 10.4），則在同一個螢幕上顯示這兩個問題可以提高邏輯的一致性。

這些天您常吃下列哪種口味的優格？
在過去您曾經吃過其他哪種口味？

	這些天都在吃	過去吃過
杏仁	☐	☐
黑櫻桃	☐	☐
黑醋栗	☐	☐
醋栗	☐	☐
柑橘	☐	☐
桃子	☐	☐
鳳梨	☐	☐
覆盆子	☐	☐
草莓	☐	☐
以上皆非	☐	☐

圖 10.4　兩個問題在同一個螢幕上

觀看與感覺

　　如果您正在一家研究公司工作，那麼可能有一個標準的問卷設計範本。這有助於確保調查之間的一致性，以及在調查相同受訪者（如使用小組）的情況下，確保他們能夠認知調查的來源。這也不會在調查之間或同一調查的前後之間，產生不同的偏見。

如果您正在設計自己的問卷而沒有這種限制，您應該設法使其看起來清晰、易於閱讀和簡單。您不希望有任何事情分散受訪者回答問題的注意力。謹慎使用顏色，已有研究證實，使用過多或彩色背景會影響人們的回應方式。

對於一項明顯與特定公司相關的調查，例如：一項客戶滿意度調查，您可能希望在頁面上裝飾公司標識。這可確認調查為來自與受訪者可能已經有關係的公司，這有助於回應率。但是請注意顏色可能會影響回應，並且對形象問題的回應將受到企業標識的影響。

利用範本軟體的優勢

一項數位範本調查提供了許多功能，既可以提高蒐集資料之品質，也可以提高受訪者的體驗。這些在第 2 章中已討論過，而且包括以下能力：

- 輪換或隨機化詢問問題的順序。
- 在受訪者之間輪換或隨機化回應代碼的順序。
- 加總數字答案（例如：確保答案加起來為 100% 或檢查總支出）。
- 將一個問題的回答插入到另一個問題的措辭中，稱為問題引導（例如：您在葡萄酒花費的 105 英鎊，其中花了多少錢在澳洲葡萄酒？在這裡，總支出和原產國都是從先前的問題中插入的）。
- 根據對先前問題的答案調整回應列表，稱為回應引導（例如：作為可能回答的品牌列表，可能僅包括先前受訪者選擇的品牌）。
- 確保答案之間的一致性，並且詢問明顯不一致之處。
- 要求在**繼續**下一個問題之前必須給予回應。
- 包括問題之間的複雜路徑。

盡量減少工作量與挫折

盡量減少受訪者必須進行的滑鼠點擊次數和游標必須移動的距離是很重要的，因為這減少受訪者所需的工作量，可提高他們持續參與到最後的可能性。

如果受訪者未能回答問題或未正確地完成問題，他們可能會被引導回到發生錯誤的頁面，並要求重新回答問題。關於如何完成答案的明確說明，可以幫助受訪者在第一時間就正確回答，並且避免返回頁面的煩惱。視覺提示可以補充明確的說明。在一項實驗中顯示，當詢問某事件的月分和年分時，提供一個較小的框格來輸入月分和較大的框格來輸入年分（而不是兩者的大小相同），可有助於受訪者輸入所需的一個四位數年分，而不是輸入兩位數的年分（Christian et al., 2007）。這減少了被要求更正回應的沮喪。

問題類型

完全開放式問題

對於完全開放式問題，通常要求受訪者在提供的框格中輸入答案。回應框格不應該太小，因為所提供的框格大小會影響給予回應的數量。即使在輸入時它會隨著文字變大，但最好在一開始時就讓它足夠大，可能有利於設定完整回應的期望。研究也顯示（Couper et al., 2001），即使對於數字的答案，改變框格的大小也可以改變回應的分布。

在一項線上問卷中，完全開放式問題可被用來測量自發性意識。通常，研究人員希望知道哪一個是最先想到的品牌。線上問卷編寫者可以選擇提問兩個問題：

• 第一個想到的刮鬍膏品牌是哪一個？

或者：

• 您還能想到哪些其他品牌的刮鬍膏？

另一種方法是提問一個問題：「您能想到哪些品牌的刮鬍膏？」並將回應記錄在一系列可以標記爲「第一品牌」、「第二品牌」等的框格中（如圖 10.5 所示）。

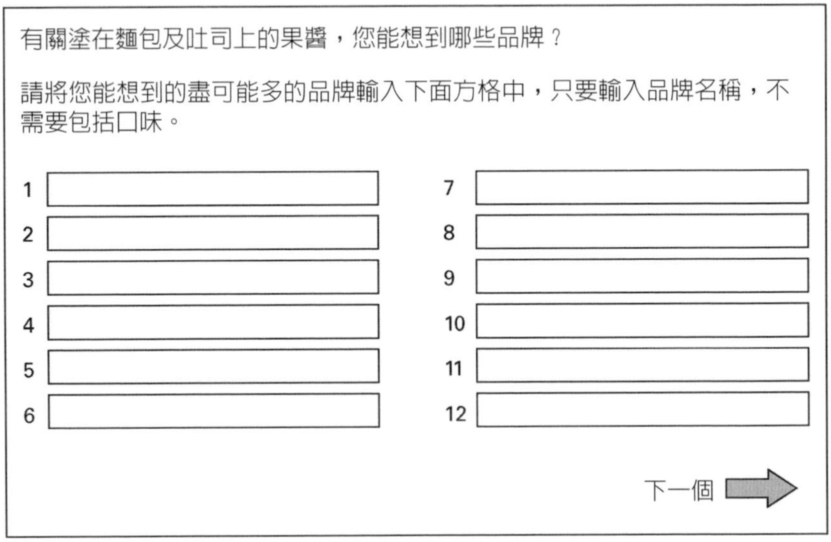

有關塗在麵包及吐司上的果醬，您能想到哪些品牌？

請將您能想到的盡可能多的品牌輸入下面方格中，只要輸入品牌名稱，不需要包括口味。

1 _____   7 _____

2 _____   8 _____

3 _____   9 _____

4 _____   10 _____

5 _____   11 _____

6 _____   12 _____

下一個 ⟹

圖 10.5　完全開放式回應框格；輸入框格 1 可以被視爲「首要（**top of mind**）」的意識

這通常是較爲可取的，因爲受訪者只須去閱讀和完成一個螢幕，而不是兩個。它也沒有突顯第一品牌，這可能會影響後續的回應。已有研究顯示，這兩種方法給予了可比較的結果（Cape et al., 2007），因此較長的方法沒有任何好處。

單一回應問題

按照慣例，它們通常被識別爲使用單選按鈕作爲答案代碼，而多選問題則使用複選框來表示。

如果有很多短的回應代碼，例如：一個國家／地區列表，請考慮使用下拉框格替代之。

多項回應問題

這些是簡單的且經常使用的。受訪者可能希望告訴您，所提供的回應皆不適用於他們，因此通常需要包括「以上皆非」選項。這是一個單一的代碼，因爲不應給予其他答案。不過，並非所有 DIY 調查提供者都允許對此進行自動編輯，您可能會發現「以上皆非」伴隨著其他答案一起被檢查。

通常需要提供一個「其他，請填寫」（或「請輸入」）代碼，並附有一框格提供給受訪者輸入他們自己的回應。請注意問題是如何從「這些之中的哪一個……」變爲僅「哪一個……」，以及「以上皆非」變爲僅「沒有」（圖 10.6）。

這些天您吃哪種口味的優格？
在過去您曾經吃過其他哪種口味？

	這些天都在吃	過去吃過
杏仁	☐	☐
黑櫻桃	☐	☐
黑醋栗	☐	☐
醋栗	☐	☐
柑橘	☐	☐
桃子	☐	☐
鳳梨	☐	☐
覆盆子	☐	☐
草莓	☐	☐
其他（請輸入）	☐	☐
以上皆非	☐	☐

圖 10.6　與「其他」回應有關的問題

在每一個螢幕使用單一問題的理想情況下，不應該要求受訪者向下捲動。如果可能，所有回應代碼都應包含在同一螢幕上：他們可能沒有意識到還有其他選項，即使他們意識到，任何列表中首要偏見也可能更加的明顯。一個例外可能是對於一個事實性問題，受訪者必須向下捲動才能找到他們需要的答案，例如：他們的汽車品牌或居住國家／地區。雙重或三重排列可能為較長列表提供解決方案（圖 10.7），但這在行動裝置上通常是不可能的。

您住在哪裡？

阿爾及利亞○	伊拉克○	西班牙○
阿根廷○	義大利○	蘇丹○
孟加拉國○	日本○	坦尚尼亞○
巴西○	肯亞○	泰國○
加拿大○	馬來西亞○	土耳其○
中國○	墨西哥○	烏干達○
哥倫比亞○	摩洛哥○	烏克蘭○
剛果民主共和國○	奈及利亞○	英國○
埃及○	巴基斯坦○	美國○
衣索比亞○	菲律賓○	烏茲別克○
法國○	波蘭○	委內瑞拉○
德國○	俄羅斯○	其他＿＿＿＿＿○
印度○	沙烏地阿拉伯○	
印尼○	南非○	
伊朗○	韓國○	

圖 10.7　三層排列回應清單

應該始終避免需要水平捲動。許多受訪者要麼不會看到它們應該橫向捲動瀏覽，要麼懶得這樣做。這將導致對初始螢幕上不明顯的回應產生偏見。

在編寫回應代碼列表時，盡量確保沒有什麼內容引人注目：

• 項目長度應該大致相同；較短及較長則引人注目。

- 以相同短語或單詞開始時，不要有一大塊回應區；隨機化排列順序可避免這種情況。
- 在品牌列表中，不要透過只爲該品牌列出個別差異，使該品牌引人注目（通常是客戶的品牌）。

量尺與框格

對於陳述和回應的框格，有許多選擇。一種是複製紙本問卷的版面設計，其中陳述顯示在一側（若爲雙極化，則顯示在兩側），使用橫跨頁面將回應選項以單選按鈕形式呈現（見圖 10.8）。這是大多數問卷編寫者熟悉的版面設計。

您有多麼同意下列品牌的口味不錯？
（每一列選擇一個答案）

	非常同意	有點同意	既非同意也非不同意	有點不同意	非常不同意
Cadbury's Dairy Milk	○	○	○	○	○
Smarties	○	○	○	○	○
Toblerone	○	○	○	○	○

圖 10.8　使用單選按鈕的量表框格

在線上，每一個螢幕顯示的態度構面或品牌屬性的數量應該受到限制，這樣任務就不會顯得過於艱鉅。Puleston 和 Sleep（2008）發現框格問題，無論是量尺還是品牌關聯框格，都比任何其他類型的問題導致更多的受訪者從調查途中退出。面對一個充滿文本和框格的螢幕，許多受訪者就會放棄。

減少影響的一種方法是將屬性分散在多個螢幕上。許多研究公司採用諸如在

螢幕上顯示的語句不超過 5 個的慣例，以避免向下捲動此類問題。然後，研究人員須考慮如何將屬性進行分組以及在同一螢幕上顯示哪些屬性的問題。通常依主題對它們進行分組，可能還會標記它們，但這需要與可能需要分離之相似屬性的其他要求一起考慮。

對於數量問題，也可以使用滑動量尺或下拉框格。使用不同類型的滑動量尺（見圖 10.9）、視覺類比量尺或圖形評比量尺，已在第 6 章線上問卷討論過。

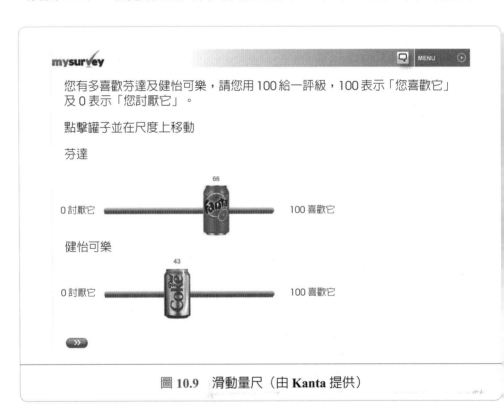

圖 10.9　滑動量尺（由 **Kanta** 提供）

數字範本問卷中可用的選項是下拉框格（見圖 10.10）。語句後面的下拉框可以包含完整的尺度。受訪者只需點擊他們的回應選擇，即可被顯示和記錄該回應。同樣地，相較於使用單選按鈕，這需要更費勁。

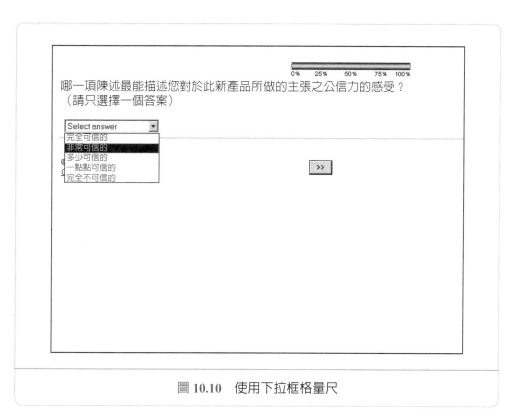

圖 10.10　使用下拉框格量尺

　　Hogg 和 Masztal（2001）所進行的研究，將單選按鈕、填寫框格及下拉框格進行比較。這顯示相較於單選按鈕，填寫和下拉框格在一個五點量尺上的回應更加分散。使用單選按鈕，受訪者更有可能重複使用量尺的一個點（一種稱為水平線的模仿回應）。透過使用填寫和下拉方法選擇回應選項的過程更加地謹慎，這可能意味著需要更多地考慮那個回應應該是什麼。

　　兩種版本的下拉式選單結果幾乎是相同的，一種在框格頂部有正向的量尺端點，另一種在框格頂部有負向的量尺端點，此說明次序對於五點量尺至少不是一項關鍵問題。然而，對於更長的量尺，次序可能變得更加重要。當使用下拉框時，重要的是在回應之前顯示的預設選項不是回應之一，而是一種中性陳述，例如：「選擇答案」。

有一種顧慮是完成問卷所花費的額外時間，可能會導致退出率增加。Hogg 和 Masztal（2001）發現，儘管完成時間略有增加，也被 Van Schaik 和 Ling（2007）證實這一點，但沒有證據顯示有任何退出率上升的跡象。

如果您有許多的預編碼，但是它們很短（例如：國家名稱或汽車製造商），請考慮使用下拉框格以節省空間。

下拉和填寫框格的優點是在一個頁面上可以容納更多回應。但是，問卷設計者必須注意不要讓頁面看起來過於複雜或令人生畏（如圖 10.11 所示）。

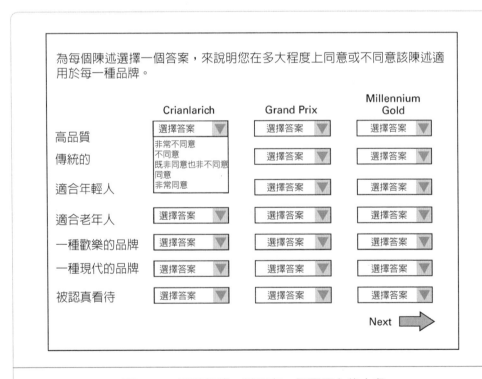

圖 10.11　下拉框格：試圖在一個頁面上放太多

動態框格提供一種更圖形化的方式呈現回應，並且特別適用於量尺。（圖 10.12）。這種技術以一種水平捲動格式一次呈現一個陳述或屬性，且回應量尺爲靜態的。受訪者必須考慮並回應一個陳述，然後會自動地捲動到下一個陳述，以清除對前一個陳述的回應。雖然這種技術在線上問卷中可以有多種應用方式，但其主要用途是以快速和動態的方式呈現量尺評級的屬性。

圖 10.12　動態框格（由 **Kantar** 提供）

Puleston 和 Sleep（2008）測試滑動量尺、拖放（見圖 10.13）、水平動態框格和垂直捲動版本，對照標準框格呈現，以五點量尺回答一組態度陳述。他們發現拖放和動態框格選項皆能減少模仿回答或水平化回答的數量，但滑動量尺顯示沒有改善，這與前面提到的 Van Schaik 和 Ling（2007）之結果一致。他們還發現，受訪者較喜歡水平捲動的動態框格。

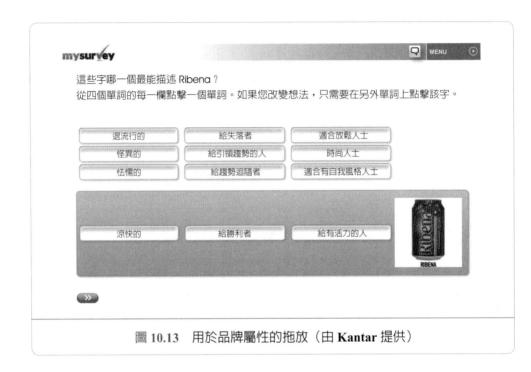

圖 10.13　用於品牌屬性的拖放（由 Kantar 提供）

避免框格

　　行為問題也經常涉及在螢幕上所顯示的回應框格。例如：一系列品牌的使用頻率可以呈現為一種框格，品牌橫跨頂部，回應垂直排列在側邊。然而，這些方式並不鼓勵受訪者充分考慮他們的答案。相對地，可以使用一種動態框格，如圖 10.14 所示，每一種品牌被單獨地考慮。這幾乎可以確保獲得更高品質的資料，消除了即使在涉及行為問題時出現的水平化誘惑。

圖 10.14　用於一種行為問題的動態框格（由 **Kantar** 提供）

「不知道」和「未回答」代碼

　　使用線上問卷會產生一個問題，即是否應允許受訪者都沒有記錄答案的情況下，繼續下一個問題。受訪者可能覺得有權跳過他們不想或無法回答的問題。因此，許多網站的調查不允許受訪者在提供答案之前繼續下一個問題。由於缺乏「不知道」代碼以及要求在能夠繼續之前輸入回應，因此迫使受訪者提供答案。幾家公司自己進行的調查顯示，很少有受訪者因為缺少「不願回答」/「沒有意見」/「不知道」代碼而終止訪談，這也沒有顯著改變回應的分布。對此，它存在道德問題，即受訪者應該在不必終止訪談或提供隨機答案的情況下選擇不回答問題。還有一個問題是，受訪者被迫不情願地給予答案的價值是什麼，這可能只是一個隨機的選擇。

在一項平行測試中，Cape 等人（2007）詢問了有關品牌所有權問題，使用一個提供「不知道」代碼的樣本，另一個則沒有。在有「不知道」代碼的版本中，10% 的人選擇將其作爲他們的答案。在沒有該代碼的版本中，「其他答案」的回應高出 9 個百分點。在沒有「不知道」代碼的情況下，這些受訪者會選擇「其他答案」作爲他們能得到的最接近答案。但是如果沒有提供「其他答案」，他們會選擇哪個呢？同樣地，Albaum 等人（2011）發現，當提供「不願意回答」代碼時，很大比例的受訪者會使用它，所以如果沒有提供該代碼時，這些人會如何回答，以及他們的回答意味著什麼？

如果包含「不知道」和「無意見」代碼，問卷編寫者必須意識到它們在螢幕上的位置會影響對其他代碼的回應。如果將它們添加到代碼列表的末尾，且它們之間沒有視覺中斷，這可能會改變受訪者對列表的看法。如果回應是量尺的形式呈現，這一點是特別重要的，因爲它會改變受訪者對回應的認知中點。在 Tourangeau 等人（2004）的一項實驗顯示，當簡單地將「不知道」和「無意見」代碼添加到垂直呈現的五點量尺的末尾，相較於當「不知道」和「無意見」的回應與量尺的回應用虛線分開時，有較高比例的回應呈現在量尺底部的兩個代碼（見圖 10.15）。沒有虛線，量尺底部的兩個代碼在視覺上更接近回應選項的中點。問卷編寫者需要在視覺上清楚表明，「不知道」和「無意見」選項並不是量尺的一部分。

增強體驗

許多問卷軟體提供了增強調查體驗的選項，這對於其他調查方式是不可用的。研究顯示，使用此類技術的線上問卷可以減少調查期間因與下載速度無關之原因而中斷的情況，並且提高受訪者願意參與未來的調查（Reid et al., 2007）。

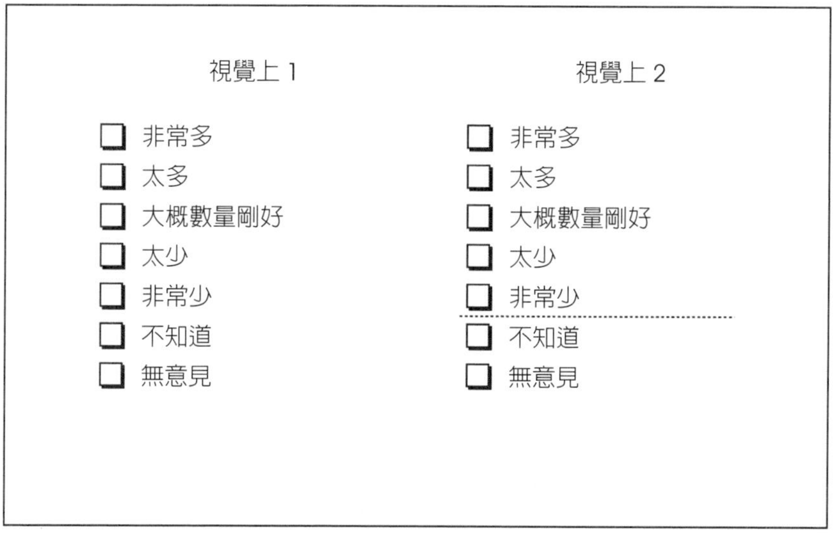

圖 10.15 「不知道」和「無意見」代碼的兩種呈現方式

避免讓一系列的螢幕畫面看起來都相同：重複行為問題、一題接著一題的單選按鈕、態度詞句庫。要產生變化，但不能多到使受訪者感到混亂無章而無法作答。

拖放

使用拖放功能，受訪者可以將項目組織到回應框格中。這使得該技術適用於一系列問題，包括將品牌與圖形構面相關聯、對相似的認知屬性進行分組，以及在一量尺上對品牌、產品或聲明進行等級評定。

Reid 等人（2007）透過拖放技術將一系列態度陳述的回應進行比較，這些態度陳述以五點量尺的形式顯示如一種拖放技巧的單選按鈕，其中每一個陳述都被受訪者拖到五個回應區域之一。有關拖放的範例，請參見圖 10.16。

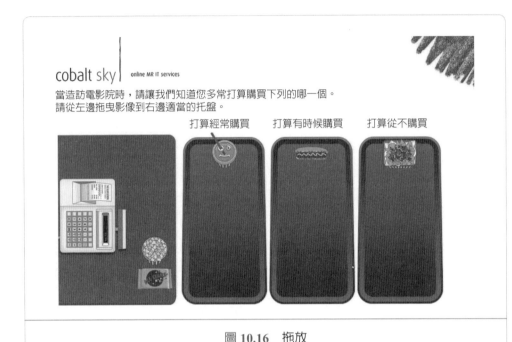

圖 10.16　拖放

　　他們發現採用拖放技術導致中點或中性答案較少，主要是否定答案增加了，以及更少的水平化回應。因此，對此類問題使用拖放似乎可以提高受訪者的體驗，進而更好地保持他們的參與度和資料品質。但是，這確實需要受訪者採取更多操作，因此請注意不要過度使用它。

　　為說明改善受訪者體驗的範例，我們將再次查看圖 5.4 中的問題，其中受訪者被要求從 15 種優格口味中對他們最喜歡的三種優格口味和最不喜歡的三種優格口味進行排序。如要在螢幕上直接使用單選按鈕呈現，問題類似於圖 10.17。

下列是 15 種不同口味的優格，請您依喜好順序指出三種您最喜歡的及三種您最不喜歡的。

	最喜歡的	第二喜歡的	第三喜歡的	三種最不喜歡
杏仁	○	○	○	○
香蕉	○	○	○	○
黑櫻桃	○	○	○	○
黑醋栗	○	○	○	○
醋栗	○	○	○	○
葡萄柚	○	○	○	○
桔子	○	○	○	○
百香果	○	○	○	○
桃子	○	○	○	○
梨子	○	○	○	○
鳳梨	○	○	○	○
覆盆子	○	○	○	○
大黃根	○	○	○	○
草莓	○	○	○	○
橘子	○	○	○	○

圖 10.17　轉自紙本問卷的排序問題

　　螢幕上充斥著單選按鈕，看起來一點也不誘人。然而使用拖放，可以將問題設計得類似於圖 10.18 的問題。現在螢幕更具吸引力，並且透過簡化任務來提高受訪者的參與度。卡片分類猶如一種資料蒐集技術，長期以來一直被用於面對面訪談，而拖放技術使這個過程變得簡單易行。

圖 10.18　使用拖放的排名問題（由 **Kantar** 提供）

　　在圖 10.19 中使用拖放功能，使受訪者能夠將品牌放置在量尺上。這使受訪者能夠以簡單的方式看到每一種品牌的相對位置，請注意，一旦放置在量尺上，品牌圖像就會變成一種標籤，以便在需要時可以將它們靠近放置在一起。

突出顯示器

　　在螢幕上，可以相對輕鬆地要求受訪者突顯文本或圖形的部分。然後可以計算一段文本或圖形被突顯的次數。（例如：回答諸如什麼特別吸引受訪者目光等問題。）

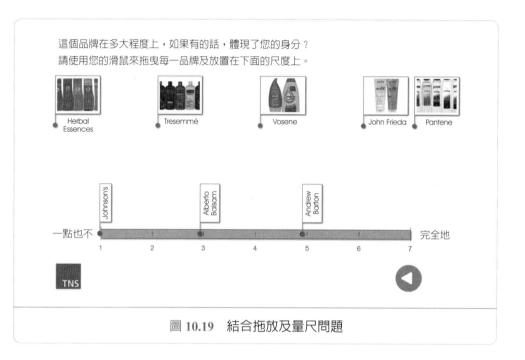

圖 10.19 結合拖放及量尺問題

　　圖 10.20 顯示一個包含新聞廣告的頁面，其中要求受訪者根據他們對廣告的感覺是否為正向的，或負面的、中立的，來突顯其中的部分內容。在此範例中，點擊一次將文本變為綠色以表示一種正向回應，單擊兩次將文本變為紅色以表示負面的回應。這種技術允許以熱圖（heat maps）呈現出來，針對每個被問及的目的，以反映每一個部分被選擇的頻率。

　　突出顯示並非僅限於廣告相關的問題。例如：它還可以與地圖一起使用，以確定受訪者想要或不想要居住的地方，或者他們去哪裡度假，或者他們在哪裡生活和工作。這是問卷編寫者可以真正發揮創造力的技術。

這是一則 Ocean Spray 最近的廣告，我們想知道哪些片段您發現最有趣？

要做這個，移動您的游標在照片上，這將使螢光筆出現，然後透過點擊，您可以突顯或在認為最有趣的圖片周圍畫圈。如果您想改變答案，點擊照片下方的重設按鈕。

圖 10.20　用於突顯新聞廣告（由 **Kantar** 提供）

翻頁

　　一些技巧可以幫助減少訪談的人為性，其中一項技術是翻頁器，許多領先機構都將其包含在它們的工具組中。這使得「頁面」可以透過用游標抓住一個角，並將其折疊來向前和向後翻頁，模擬對一份雜誌或報紙的翻頁。圖 10.21 來自 Ipsos MORI，顯示受訪者被要求瀏覽一份模擬的雜誌。在此範例中，右側頁面正在被翻頁，就好像讀者正在瀏覽雜誌一樣。如果受訪者想要翻回前一頁，該技術效果同樣好。其目的是幫助受訪者做出與一份真實雜誌更相似的反應。

圖 10.21　翻頁器

放大

　　當受訪者在螢幕上查看雜誌或廣告時，文本通常太小而難以閱讀。一種常見的技巧是使用放大鏡來幫助受訪者。圖 10.22 顯示這種範例。在這裡，受訪者將放大鏡移到感興趣的特定文本上，以便能夠更恰當地閱讀它。這些技術已經被受訪者所期待，期望在其他地方使用。

您喜歡哪一個《魔鬼剋星》的 DVD？
移動您的滑鼠在左邊的影像，來調整右邊放大區域。
點擊幾次 DVD 封面來移轉影像。

● 封面 1（左）　　　　　　　● 封面 2（右）

圖 10.22　使用放大鏡的範例

使用圖形作為答案代碼

簡單的問題可以在視覺上變得更有趣，進而打破螢幕的重複並增加受訪者的興趣。如果使用得當，它們可以透過提供更快獲取的視覺線索，使問題更容易回答。圖 10.23 和圖 10.24 顯示兩個簡單的範例。

品牌提示

使用品牌提示時，必須注意使用圖形和圖片提示。使用線上問卷是相對地簡單，將商標或包裝照片作為品牌識別或品牌形象問題的刺激因素。第 9 章已經討論過如何使用這些作為提示。

首先

告訴我們有關您自己……

您是……？

告訴我們有關誰住在您的家裡？

您的年齡是？

35

在家裡，您與小孩一起生活嗎？

是　　否

TNS

圖 10.23　增強的視覺外觀

您通常是如何去工作的？

走路
（沒有別的）

巴士

水上巴士

火車

地鐵／捷運

摩托車／機車

腳踏車

汽車

計程車

用其他交通
方式

您可以使用多種方法。

圖 10.24　使用簡單的圖形

添加品牌標誌或包裝照片可能是獲得更多受訪者參與的好方法。然而，包含此類視覺元素通常會改變蒐集的資料。品牌認知資料可能會發生改變，因為：

- 受訪者能夠更容易區分相似品牌或品牌差異；
- 他們無法從使用的圖片中辨認出包裝；
- 這讓他們想起了另一個看起來相似包裝的品牌。

螢幕上包裝呈現的照片越大，混淆的可能性就越小。然而，包裝照片顯示得越大，受訪者就越需要滾動才能觀看照片全部。這類問題最好避免使用滾動，目標是讓受訪者同時看到所有品牌，以便他們能夠正確地區分它們。

必須注意提示的相對大小。所有提示都應該受到同等重視，否則會影響諸如認知之類的測量。

對於形象問題，資料也經常會在使用口頭描述詢問問題和使用商標或包裝照片詢問問題之間發生變化。這應該不足為奇，因為商標或包裝設計將投入大量精力，以確保它向觀眾傳達訊息和品牌線索，而這些都在促使受訪者瞭解這些屬性。它可以假設，對於一個雜貨產品，僅使用口頭提示蒐集的品牌形象代表在沒有任何提示的情況下（即在家中，購物前）存在於受訪者腦海中的形象，相對地，使用包裝照片所得到的形象是受訪者在超市貨架上看到的圖像。

在作者（Ian Brace）所進行的一項實驗中，在一個品牌形象關聯問題中，當使用包裝照片替代品牌名稱時，85個品牌形象關聯分數中，有36個發生顯著地改變。

顏色線索

另一個誘惑是使用顏色來增強頁面的外觀，並使其對受訪者更具吸引力。但是，必須非常小心地使用顏色。必須始終避免突出顯示特定的答案代碼。此外，不同顏色可能有不同的潛意識聯想，這些聯想本身可能會因內容而異。因此，藍色可能意味著「寒冷」，紅色可能代表「溫暖」，但紅色與綠色相結合意味著「停止」，而綠色表示「前進」。

Tourangeau 等人（2007）已經證明，顏色會影響人們對問題的回應方式。在實驗中，他們顯示在沒有語言或數字線索的情況下，量尺中顏色的使用對回應有明顯的影響，並假設在這種情況下，顏色提供了受訪者線索。Toepoel 和 Dillman（2010）發現，當回應選項被標示為綠色時，正向回應的頻率更高，但這種影響可以透過使用完全標記的量尺來減少。言外之意很明確的是：顏色的使用必須小心謹慎地被處理。

模擬購物

在這種技術中，模擬超市貨架並展示產品包裝。這創造了模擬展示的機會，就像在商店中看到的一樣，不同產品具有不同數量的展示區，以嘗試更佳地重現實際店內的選擇情境。可以要求受訪者模擬他們的選擇過程，或者可以要求他們找一個特定產品，並自動記錄花費多少時間找到它。在受訪者詢問問題的同時，可以展示和旋轉 3D 產品包裝模擬。

在圖 10.25 到圖 10.29 展示的是來自喬治亞州亞特蘭大的先進模擬 LLC 之 4D Shopper Plus。這些展示了系統的一系列螢幕截圖，允許受訪者在電腦螢幕上

圖 10.25　接近商店

圖 10.26　商店裡面

圖 10.27　查看可購物類別

圖 10.28　可購物類別

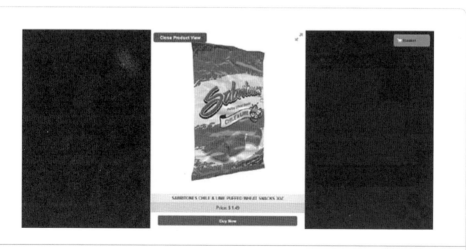

圖 10.29　查看產品、翻頁、放大、購買

模擬一趟購物之旅。它還可以在完全虛擬實境中做到這一點，但這超出了我們的範圍。受訪者可以進入商店，走近貨架，掃描貨架，拿起商品，轉動它們以閱讀標籤上的營養或其他訊息，然後決定是否購買。可以改變商店的主要色彩，或者它的外觀和感覺或布置，以模擬每一位受訪者常去的超市。

在受訪者的立場思考

對於任何自我完成問卷，如果受訪者對它感到無聊或煩躁，則很容易停止回答並退出調查。

對於線上調查，頁面之間下載時間緩慢可能引起受訪者的的挫折感。出現這種情況的原因是問卷包含太多先進功能，超出受訪者裝置可用的下載速度。

不同硬體和軟體設備的另一個結果是，受訪者在他們的螢幕上看到的，可能與研究人員在編寫問卷時看到的不一致。如果受訪者看到的問卷格式有誤，文本和回應框格超出線外，或者螢幕難以閱讀，受訪者會感到沮喪。大多數調查軟體會檢測受訪者正在使用的裝置，並相應地調整顯示。研究人員必須確認所寫的問卷對於所有受訪者來說都是可以理解的，否則將成為中斷調查的另一個原因。

在下一章中，我們將更詳細地考慮如何管理線上調查的參與度。

⊙ 個案研究：威士忌的使用與態度

線上調查

現在我們有了所要提問之問題的初稿，需要考慮如何呈現這些問題，無論是在螢幕版面編排方面，還是在如何最好地利用線上問卷提供的機會方面。

螢幕版面編排

我們是否應該在螢幕上顯示多個問題，需要受訪者向下捲動以查看更多內容？我們在每個螢幕上提出多個問題的機會是有限的：

- 首先，受限於問題之間的路徑數量，這需要將問題放在單獨的螢幕上。
- 其次，不能顯示後續問題，這些問題可能會影響螢幕上第一個問題的回答。

　　每一個螢幕上有多個問題的優勢在於減少受訪者必須進行的點擊次數，從而減輕其工作負荷量。在 Q3 與 Q4 有機會實現這一目標。Q3（提示品牌認知）和 Q4（提示廣告認知）使用相同的品牌列表作為預先編碼。因此，可以先顯示 Q3，當受訪者完成該操作時，顯示 Q4 —— Q4 使用相同的預先編碼列表。雖然不能減少點擊次數，因為受訪者必須點擊「下一步」，才能表示他們已經完成了 Q3。但它確實減少了螢幕更換的次數，並使受訪者有機會在 Q4 想起更多品牌時，修改他們對 Q3 的回答。

　　這也允許我們從 Q4 中刪除幾個字詞：

- 您最近看過或聽過這些蘇格蘭威士忌品牌廣告的哪一個？

　　變成：

- 您最近看過或聽過這些廣告的哪一個？

　　請注意，在編寫問題時減少單詞始終是一個目標。

互動工具

　　從 Q17（他們購買哪些品牌？）中，我們可以將回答插入以形成 Q18（他們最常購買哪些品牌？）的預先編碼列表，透過僅針對已經提及的品牌制定為列表來減輕受訪者的負擔。這還可以避免受訪者在 Q18 錯誤地點擊他們在 Q17 中沒有提到的品牌。

您聽過這些蘇格蘭威士忌品牌的哪一個？

	聽過
Bell's	☐
Chivas Regal	☐
Crianlarich	☐
Famous Grouse	☐
Glenfiddich	☐
Glenmorangie	☐
Grand Prix	☐
Johnnie Walker	☐
Teacher's	☐
Whyte & Mackay	☐
以上皆非	☐

您聽過這些蘇格蘭威士忌品牌的哪一個？
您最近看過或聽過這些廣告的哪一個？

	聽過	看過或聽過廣告
Bell's	☐	☐
Chivas Regal	☐	☐
Crianlarich	☐	☐
Famous Grouse	☐	☐
Glenfiddich	☐	☐
Glenmorangie	☐	☐
Grand Prix	☐	☐
Johnnie Walker	☐	☐
Teacher's	☐	☐
Whyte & Mackay	☐	☐
以上皆非	☐	☐

圖 10.30　第一個問題完成後出現第二個問題

輪轉問題

　　在Q5至Q8，我們對Crianlarich和Grand Prix品牌進行自發性廣告回憶提問。正如所寫，Crianlarich廣告總是首先被提問。如果受訪者同時回答兩個品牌，這可能會導致順序效應。因此，謹慎的做法是在受訪者之間輪換這些問題區塊的順序或呈現方式，使一半的受訪者看到Q5和Q6，然後是Q7和Q8；另一半則看到Q7和Q8，然後是Q5和Q6。要回答這些問題，受訪者必須在Q4中表示已經看過相關品牌的廣告，所以不是每個人都會看到所有這些問題──或者實際上是任何其中一個問題。

　　更重要的是輪換廣告認知問題──Crianlarich的Q23和Q24，以及Grand Prix的Q25和Q26──這些問題更有可能產生順序效應。如果一位受訪者將Grand Prix廣告誤認為是Crianlarich，如果他們先前曾看過且知道是Crianlarich的廣告，那麼他們就不太可能這麼說。他們剛剛看到Crianlarich廣告的真實面貌，他們可能會覺得他們不會被詢問同一品牌的廣告兩次，然後會尋找不同的答案。因此，我們會認為廣告之間的品牌混淆都是在一個方向上，除非我們輪換它們呈現的順序。

　　在問卷的許多地方，我們提供了一個品牌列表：Q3（提示品牌認知）、Q4（提示廣告認知）和無法現場飲用的品牌購買（Q15和Q17至Q20）。為避免順序偏差，這些列表應在受訪者之間被隨機排序。但重要的是對於受訪者來說，應始終保持相同的順序，否則他們可能會對不斷變化的列表順序感到迷惑。

動態框格或是拖放？

　　在Q22，我們要求受訪者將一些形象構面與我們感興趣的核心品牌組合相關聯。有幾種方式可以呈現問題：

- 作為一種框格。
- 作為拖放。
- 作為一種動態框格。

在這個問卷中，形象構面的數量只有八個。然而，垂直列出的八個構面和六種品牌的一種框格，以及「無」和「不知道」選項在螢幕上呈現的令人生畏之畫面，可能會鼓勵受訪者以水平化或模仿回答，試圖快速完成問題而無須想太多。

作為一種拖放操作，可能需要將每個形象構面依次拖入它被認為適用的每一種品牌的「箱」中。這要求受訪者考慮呈現在螢幕上的每一構面。因此增加了認知負荷。點擊以捕獲項目，然後將它們拖拉放入到適當的箱中，也會增加工作量。如果每一構面與平均兩個品牌相關聯，那麼這將是十六個獨立的任務，對於許多受訪者來說可能更多。由於這是對每一構面的多重回應，因此受訪者還必須透過進一步點擊來指示他們何時完成構面的分配，從而增加工作量。雖然這種技術將迫使受訪者對每一構面進行更多的考慮，但有一種風險，即工作量增加可能導致受訪者採取策略將其最小化，例如：每次只選擇一種品牌，可能是相同的品牌。

動態框格透過一次呈現一個形象構面，也迫使依次考慮每一構面。但是，工作量相對於拖放少，因為每一個回應只需要每一種品牌點擊一次。某些人可以透過每次選擇相同單一品牌來快速完成，但我們希望能夠在資料中發現這一點，因為我們有相反的構面（「更便宜的」和「更貴的」），它們不應該適用於同一品牌。我們在這裡選擇使用一種動態框格。

呈現在螢幕上的品牌順序在受訪者之間將被隨機化，但對於每一位受訪者保持不變。

關鍵要點

- 相對於訪員進行的問卷，線上問卷軟體通常為問題格式和互動技術提供更多選擇。
- 但是，現在必須考慮更多的視覺呈現和可用性，包括：

⊙ 外觀和感覺；

⊙ 螢幕一次顯示的內容量和捲動問題；

⊙ 說明的清晰性。

• 思考如何充分利用問卷軟體的路徑、插入和編輯功能，來管理訪談的流程和品質。

• 外觀可能受所使用的調查裝置而影響：

⊙ 個人電腦螢幕為問卷編寫者提供了最多的視覺空間和靈活性，但隨著智慧型手機的發展，在設計問題時應優先考慮較小的行動螢幕限制。

⊙ 減少問題和答案中的文字量，對於優化行動體驗是至關重要的。

讓受訪者參與線上調查

簡介

我們已經討論過問題編寫者面臨的許多挑戰，這些挑戰可能會影響受訪者所能提供訊息的品質（例如：他們對問題的理解；記憶力限制；他們無法識別或闡明其行為背後的原因；以及可能影響他們答案準確性的其他潛在之潛意識壓力）。

然而，確保優良品質訊息的首要要求是，受訪者對調查有足夠的參與度和興趣，並且願意努力嘗試。

使用任何自我完成的調查，問卷本身必須完成所有工作以保持受訪者的動機，因為沒有訪員來幫助受訪者保持他們的注意力。線上調查通常相較於紙筆自我完成面臨更大的參與壓力，部分原因是受訪者之預期受到他們每天線上體驗的影響（例如：瞭解公司網站、電子商務平臺和社交媒體如何與他們互動以保持其注意力）。此外，許多線上調查使用小組名單作為受訪者來源；這些志願者可能收到參與調查的許多要求，因此他們有更多機會評估什麼是有趣的及什麼不是。因此，提高他們在整個調查過程中繼續努力的動機需要更高的標準。

訪談的長度

無論研究人員認為這個主題多麼的有趣，很少有結構化訪談可以長時間保持任何受訪者的興趣。保持問卷簡短是關鍵，Cooke（2010）在報告有關「不良調查行為」（如加速或模式回答）時指出，在一份 15 分鐘和 30 分鐘的問卷之間，出現了 6 倍的增加。在第 3 章中，我們著眼於將調查長度維持在最多 10 到 15 分鐘的可控制範圍內，這應該是為了最大化資料品質的首要目標。

如果受訪者在線上感覺無聊或疲憊，可能會乾脆退出。圖 11.1 摘自 Cape 等（2007）的研究，顯示退出率與問卷長度的一種函數關係。可以看出在許多項目中，有超過 20% 的受訪者退出。

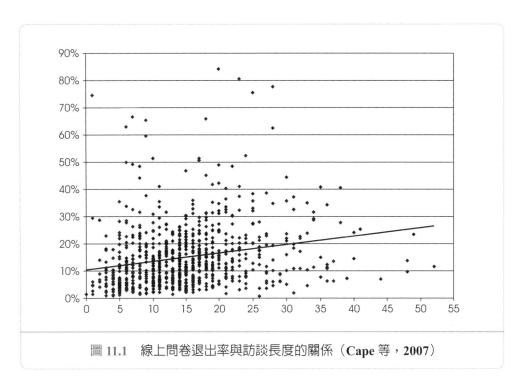

圖 11.1 線上問卷退出率與訪談長度的關係（Cape 等，2007）

圖 11.2 顯示，參與調查的愉快程度隨著調查持續時間的延長而下降。根據作者（Brace）先前基於 50 多項調查的未發表研究，大約一半的受訪者表示，對於一份 5 分鐘的線上調查體驗是非常愉快的，但對於 15 分鐘的調查來說，此比例下降到約三分之一左右，在此之後仍繼續下降。如果我們將「愉快感」視為「參與度」的代表，這顯示資料品質可能會隨著問卷時間延長而下降。

受訪者無聊與疲憊

圖 11.1 中任一時間點資料的變化性，表明問卷的長度並不是決定退出的唯一因素。Cape 等人（2007）將此主要歸因於問卷設計的品質。這顯示如果問卷設計不佳，在訪談中可能會提早出現疲憊，並且結果越早變得不可靠。

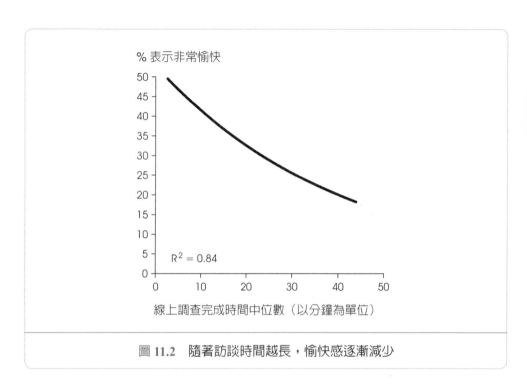

圖 11.2　隨著訪談時間越長，愉快感逐漸減少

　　受訪者因未能理解問題或沒有充分思考他們的回答而造成的回答錯誤，會因他們在訪談時感到疲勞或厭倦而加劇。當這種情況發生時，受訪者會採取策略讓他們盡可能少思考或努力而快速地完成訪談。因此，對於重複的問題，例如：評分量表，他們通常會進入一種與其眞實答案幾乎沒有關係的回應模式。

　　有時給出的任何答案，只是爲了能夠進行下一個問題。這些可能與先前給出的內容相矛盾或不相容，進而使資料的解釋變得更加困難。

　　Puleston 和 Eggers（2012）的報告指出，在他們超過 11 個國家的實驗中，顯示 85% 的受訪者在其線上調查的某個階段會表現出加速的行爲。他們得出的結論是，我們與此抗衡的唯一武器是「有效的問卷設計」。

使用問卷設計來參與

在第 10 章中，我們研究了一些回應技巧可用於分解問卷結構，讓受訪者更多地參與其中，及盡量減少看似不費力但會導致資料不可靠的技術。這些技術包括：

- 拖放。
- 滑動量尺。
- 動態框格。

但是，為了充分利用線上問卷，並且讓受訪者真正地參與及加入，有必要以不同的方式思考問題本身如何被詢問。我們應該以三種不同的方式思考：

1. 透過減少文字數量、良好的頁面編排、避免重複等，使問題更容易理解。
2. 改變提問的方式，使受訪者可以更直接地、更感興趣地回答問題。
3. 引入感覺更像是遊戲，但是在此過程中蒐集資料的元素。

使用這些技巧會有所差異。在作者（Brace）的一項實驗中，第 10 章中介紹過的許多技巧——以及本章將討論的一些技巧——已被納入一種線上問卷中，其完成時間的中位數為 25 分鐘。對於這種長度的問卷，從以往經驗來看，受訪者表示他們發現獲得愉快體驗的預期水準是低於 30%。隨著這些技巧的結合，數字增加到 48%，這表明受訪者保持參與度相較於其他情況更長（見圖 11.3）。重要的是，我們可以預期資料的品質會相對地提高。

寫作是為了閱讀而不是口語

不參與線上訪談的主要原因之一，是提問之問題和螢幕包含太多文字。龐大的文字方塊令人畏懼，而且不會被閱讀。有證據指出，大多數人在閱讀大約 10

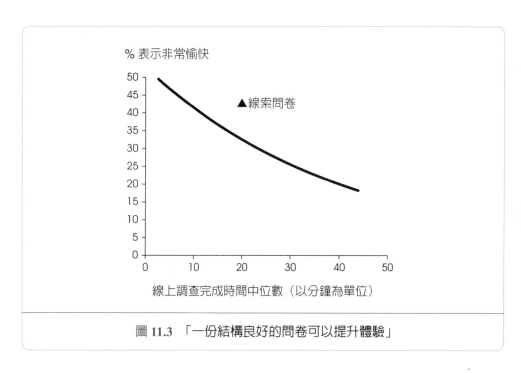

圖 11.3 「一份結構良好的問卷可以提升體驗」

個字詞後，就已經理解問題是什麼（Tourangeau et al., 2000）。他們不會閱讀更多內容，而是直接回答他們認為被問的問題。

然而，很多人寫問題的時候就好像他們要被訪員提問一樣。但是，當這種方式轉化為線上問卷出現在螢幕上時，它就無法運作了。通常它過於冗長，不僅受訪者沒有閱讀所有內容，而且還創造一種使問卷看起來像是一件費力的苦差事之視覺印象。

要獲得某一個人的年齡，它可以在面對面訪談中這樣詢問：「請您告訴我，您多大了？」或者「您的年齡屬於這張卡片上的哪一個類別？」於線上它直接開門見山提問：

• 您的年齡：
　─16 至 34 歲

—35 至 54 歲

—55 歲或以上

　　如果螢幕的標題是「關於您自己的一些詳細訊息」或類似的內容，那麼甚至「您的」這個字詞也可能會被省略。這種格式是受訪者在線上習慣的格式，並且是最少視覺壓迫的格式。

使用回應代碼來構建問題

　　在線上訪談通常不需要冗長的解釋。往往回應列表提供所需的整個內容（上下文）：

• 請閱讀以下陳述列表，並指出哪一個陳述適用於您。

　　可以替換爲：

• 這些之中哪一個適用於您？

　　在圖 11.4 中，從量表本身可以清楚地看出，答案需要在 0 到 10 的量尺內及端點的錨定，因此不需要在問題中重複這點。問題的核心被放到一個長句的末尾。如果寫成以下形式，則問題長度將減半：

• 根據今天的經驗，您推薦 Joe Bloggs 的網路銀行服務之可能性有多少？

　　在訪員主導的問卷中，我們經常讀出回應代碼來向受訪者定義問題。在網路上，可以使用回應代碼來完成問題的工作（圖 11.5 和圖 11.6）。

根據您今天的經驗，依照 0 到 10 的量尺，0 表示絕不可能及 10 表示極有可能，您向朋友與同事推薦 Joe Bloggs 的網路銀行服務之可能性有多大？

○ 10 極有可能
○ 9
○ 8
○ 7
○ 6
○ 5
○ 4
○ 3
○ 2
○ 1
○ 0 絕不可能
○ 不知道

圖 11.4　不必要的詳細問題

當您第一次看到廣告時，您是否知道誰在做廣告，或者廣告是否提醒了您，或者您以前根本不知道廣告是針對誰做的？

☐ 第一次看到時便知道誰在做廣告
☐ 廣告提醒了我
☐ 以前不知道這廣告是給誰的

（讓回應預編碼完成工作，不要在問題中重複它們。）

當您第一次看到廣告時，您就：

☐ 立即知道這是給誰的
☐ 被提醒是給誰的
☐ 先前不知這是給誰的

圖 11.5　減少字數

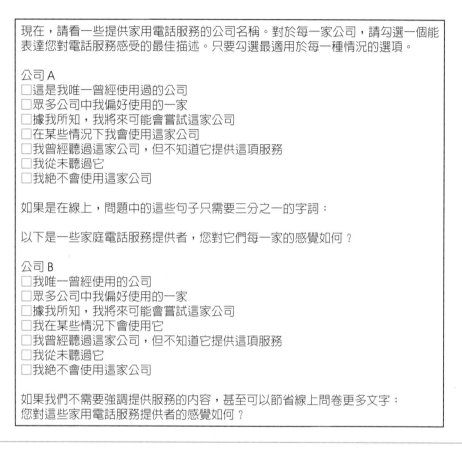

現在，請看一些提供家用電話服務的公司名稱。對於每一家公司，請勾選一個能表達您對電話服務感受的最佳描述。只要勾選最適用於每一種情況的選項。

公司 A
☐ 這是我唯一曾經使用過的公司
☐ 眾多公司中我偏好使用的一家
☐ 據我所知，我將來可能會嘗試這家公司
☐ 在某些情況下我會使用這家公司
☐ 我曾經聽過這家公司，但不知道它提供這項服務
☐ 我從未聽過它
☐ 我絕不會使用這家公司

如果是在線上，問題中的這些句子只需要三分之一的字詞：

以下是一些家庭電話服務提供者，您對它們每一家的感覺如何？

公司 B
☐ 我唯一曾經使用的公司
☐ 眾多公司中我偏好使用的一家
☐ 據我所知，我將來可能會嘗試這家公司
☐ 我在某些情況下會使用它
☐ 我曾經聽過這家公司，但不知道它提供這項服務
☐ 我從未聽過它
☐ 我絕不會使用這家公司

如果我們不需要強調提供服務的內容，甚至可以節省線上問卷更多文字：
您對這些家用電話服務提供者的感覺如何？

圖 11.6　減少冗言贅字

我們還可以刪除大部分的寒暄語——這些在建立關係的訪員調查中是很重要的，但在螢幕上這些會增加文字負擔，只需保留一些情境以管理整體語氣。圖11.6為進一步減少冗言的範例。

將解釋與問題分開

　　將核心問題與說明或支援訊息分開，有助於減少文本區塊並保持螢幕整齊。一個由訪員提出的問題可能是：

- 在過去的三個月中，您是否乘坐大眾運輸工具從倫敦到伯明罕，如火車、長途汽車、飛機或計程車，但沒有乘坐私家車？

　　對於線上問卷，單一句子的文本量太多了。在螢幕上，可以簡化爲：

- 在過去三個月中，您是否乘坐大眾運輸工具從倫敦到伯明罕？

　　額外的訊息可以在下面幾行添加：

- 大眾運輸工具包括火車、長途汽車、飛機和計程車，但不包括私家車。

　　將額外的訊息放在遠離問題的單獨框格中，這有助於確保問題被閱讀。

人格化問題

　　很多時候，問卷設計只是爲了提取訊息，而沒有充分考慮它作爲對話的運作如何。這會使問題變得非常正式，有時對受訪者而言可能會難以理解，因爲需要受訪者更努力地理解他們被賦予的任務。例如：一個常見被詢問的問題是：

- 請從下面的列表中，選擇對您而言最重要的三個項目。

　　這是從研究人員的角度編寫的，研究人員根據重要性和研究簡報的術語制定

問題。這個問題可以被編寫成：

• 如果您只能擁有這些項目中的三個，您會選擇哪三個？

　　這將問題從一個抽象的重要性概念（這可能是受訪者以前從未考慮過的問題，因此需要一些認知處理），轉變為與他們行為相關的更具體的和更容易回答的概念。如果資料因此發生改變，那麼它可能更能反映受訪者對重要性的真實看法。

從頭開始

　　從他們看到的第一個螢幕開始讓受訪者參與。從一開始，調查就應該被視為一件有趣的事情（見圖 11.7 和圖 11.8）。我們希望受訪者願意繼續並完成調查，不僅僅是因為他們會從小組中獲得積分獎勵，而是因為他們有動力提供優良品質的答案。「又是一個乏味的調查」並不是一種能夠提供高品質答案的心態。實現此目標的一些方法是：

• 包括一些受訪者覺得完成起來令人愉快的——甚至有趣的——問題。這些問題可能與主要調查的主題沒有直接關係，儘管它們不應該完全不相關。它們必須對後續問題回應無影響或無偏差，所以需要精心地構建問題。
• 從一個以簡短測驗形式並提供對受訪者表現回饋的問題開始，能夠更具吸引力，並讓受訪者思考這個主題——這可能不是他們每天都會思考的主題。稍後將再討論此方法。
• 將問卷建構成互動式網站，而不是一種典型的調查。例如：在客戶滿意度調查中，客戶對受訪者而言是顯而易見的，它可以被建構為客戶的回饋網站，並具有適當的角色和動畫。

我們是一家市場調查機構，我們想要詢問您可能購買過與在家使用的一些日用品的感受。
我們在調查結束後，將告訴您更多關於我們的客戶和為什麼正在做此研究。

圖 11.7　以一種更有趣的方式介紹調查

第一步
告訴我們關於您自己……

誰在家中擔任雜貨採買的工作？

我是主要
負責的

我是共同
負責的

其他人
是主要
負責的

圖 11.8　使用圖形來增添趣味

包含動畫，特別是在問卷的開頭，已經被證明可增加受訪者參與，並使他們花費更多時間在後續問題上（Puleston and Sleep, 2008）

添加興趣

在第 10 章中，我們看到如何使用滑動量表和其他技術如何可以用來改變任務，並使其更容易。為了使其更具娛樂性和參與性，可以進一步採取措施，例如：使滑動量表看起來像一座調理臺，或將量尺上的單選按鈕變成一系列臉部表情。Malinoff 和 Puleston（2011）發現透過這樣做，受訪者更享受這種體驗，並且資料品質隨著水平化的減少或消除而提高。然而，他們也發現回應的分布是不同的，特別可以透過改變用於描繪面部表情的臉來呈現差異。因此，引入圖形是有效果的，且必須謹慎地使用。

在圖 11.9 中，可以看到在滑動量尺上，給予品牌的分數隨著心形的尺寸和數量變大／多而增加。

在圖 11.10 中，您的感受描述會隨著量尺上不同點的變化而改變。顯然，必須非常小心使用，以免產生偏見回應。

從遊戲化學習

已經描述的一些參與技術是邁向問卷完全遊戲化的步驟（例如：使其成為一種有趣的、互動的體驗）。

證據的平衡是，遊戲化可以使問卷的完成更加有趣和愉快；並促進對體驗的更大滿意度。（Keusch and Chang, 2014; Harms et al., 2014）有越來越多的證據表明，可以透過減少提前終止調查的人數而提高完成水準；在所有人口群體中的效果都是一致的；而且資料的品質得以維持並經常得到改善（Bailey, Pritchard and Kernohan, 2015; Cechanowicz et al., 2013）。然而，這些技術必須適當和明智的應用，否則它們可能會給資料帶來難以檢測的偏差，如果過於複雜，會導致退出增加（Baker and Downes-Le Guin, 2011）。

移動游標來表示您對自己和這些每一種品牌的感受如何

 =

0 1 2 3 4 5 6 7 8 9

TNS

圖 11.9　圖形使其更有趣

這些情緒敘述哪一個最接近您購買洗髮精的感受

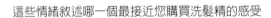

| 他們總是沒有銷售我正在尋找的產品類型 | 我發現真的很難決定我想購買什麼 | 我會花一點時間想這個問題 | 這事很簡單，我每次都購買一樣的產品 |

TNS

圖 11.10　在量尺上不同的點所呈現之不同描述

有許多類型的遊戲化技術可以增強問題。Findlay 和 Alberts（2011）列舉來自遊戲公司 SCVNGR 的 47 種不同遊戲機制，其中許多機制可用於創建引人入勝的提問問題方式。

這裡我們將探討五種更常使用的遊戲化技術：

- 個人場景。
- 投影場景。
- 呈現一種挑戰。
- 提供獎勵。
- 任意規則。

許多遊戲化建議，最初是由 Jon Puleston 和 Deborah Sleep（2011）在問卷中率先提出的。

個人場景

使用這種方法，我們將受訪者置於一種他們可以想像自己必須做出決定的場景中。我們已經看到這個問題的簡單版本，「如果您只能擁有這些項目中的三個，它們會是什麼？」這個想法可以被擴展到創造一種想像的情境。而不是問：

- 您最喜歡的三種優酪乳口味是什麼？

我們會問：

- 在超市的促銷活動中，您將免費獲得三種優酪乳。您會選擇哪三種口味？

或者我們修改：

- 您更喜歡什麼口味的義大利麵醬？

  到：

- 想像您的義大利麵醬用完了，且您的錢足夠買一罐。您是唯一會吃它的人……那麼會是哪一種口味？

這些類型的問題會吸引受訪者，並幫助他們專注於對其個人而言是重要的事情。在另一個例子中，Bailey、Pritchard 和 Kernohan（2015）修改了：

- 請告訴我們，您家人最喜歡的食物是什麼？

  到：

- 您有機會以不限金額的預算去超市，並且購買所有家人喜歡的食物。您會買什麼？

這將增加平均回應數量從 6 個到 14 個，這是參與度提高的明顯範例。圖 11.11 提出了此類問題的另一個範例，並且結合了拖放和一些簡單的圖形。這是受訪者可以親身經歷的情境，而且不需要他們過於大膽的想像力。

投影場景

使用一種投影場景，受訪者被置於他們通常不會預期遇到的情境中，或者他們被要求將自己投射到別人的立場裡。因此，他們可能會被要求想像他們是商店的經理，並且必須建議在他們的商店中賣得最好的東西。或者，他們可能會被告知是一艘沉船的船長，有機會從他們所載的貨櫃中只救出一種貨物。

圖 11.11 透過拖放和簡單圖形相結合的場景

目標是發揮受訪者的想像力,從而讓他們更加參與遊戲。

如果我們正在尋找新的產品創意,而不是詢問:

- 您希望看到哪些新的披薩配料?

我們可以將其修改為:

- 想像您是一家披薩餐廳的經理,總部已經徵求對新配料的建議,而且他們會給提出最暢銷配料的經理獎金。您的三個建議是什麼?

現在，我們要求受訪者代表他人思考，將他們從自己的束縛中解放出來，幫助他們更具創意。最初的問題可能很少被考慮及產生一些無法使用的答案，透過要求受訪者思考其他人可能想要什麼，我們更有可能得到一些有潛力的建議。

Puleston 和 Sleep（2011）測試個人和投射場景或框架的各種變化，其中一些如表 11.1 中所示。

表 11.1　發掘受訪者的想像力

標準措辭	使用想像框架的問題
您最喜歡的餐點是什麼？	想像您被關在死囚牢房，必須選擇最後一餐。那會是什麼？
您有多喜歡以下每位唱片歌手？	想像您負責自己的私人廣播電臺，從下面的歌手列表中，我們希望您建立一個播放清單來決定每一位歌手應該播多少曲目。
您對此廣告有什麼看法？	想像一下，您為廣告公司工作，您主要客戶的競爭對手品牌剛剛發布一則新的廣告，您將在其他人之前看到試映。您必須向廣告公司報告您的想法。
請說出您最喜愛的食物。	您有機會去超市，且以無限的預算購買所有您最喜歡的食物。此規則只有 2 分鐘。

改編自 Puleston and Sleep（2011）。

相較於標準問題，在每一種情況下，受訪者在想像框架中提出問題的花費時間更長。對於描述廣告的問題，答案中的平均文字數目從標準問題的 14 個上升到想像框架問題的 53 個。

這表明受訪者的參與度更高，重要的是給予研究人員可以更詳細地評估其對廣告的反應。對於最後一個問題，每一位受訪者提供的食物平均數量從 6 種增加到 35 種。這可能超出研究人員的實際需要，但是為了增加區別度，分析只能考慮最初提供的 10 或 15 種食物──這仍然是一個很大的改善。請注意，這個問題還引入了一個任意規則，即是將回答限制在 2 分鐘內。

所有這些問題似乎都違反了將字數保持在最低限度的規則。然而，他們的做法是在開頭的幾個字中吸引受訪者的興趣，從而保持注意力並確保他們完整地閱讀這些內容。

呈現一種挑戰

　　將問題提出作爲一種挑戰，已被發現可以增加受訪者參與度及顯著增加回應的數量。Puleston 和 Sleep（2011）發現，以這種方式要求廣告回憶，使提及的品牌數量增加了 3 倍。他們還發現，在問題中添加「您能猜到嗎？」這個詞句，會增加考慮回應的時間從大約 10 秒到最多 2 分鐘；顯然這些相當小的改變已增加受訪者的參與度。例如提問：

• 我們要求您盡可能說出您最近看到的廣告（產品）品牌。

　　替代：

• 您最近已看過哪些品牌（產品）廣告？

　　前者更有可能給出更長的回應列表，這在感興趣的品牌於該類別中不是最突出的情況下可能是重要的。

　　當然，它們可能並非總是適當的。如果您正在尋找快速、即時的回應，那麼您可能不希望受訪者過多的思考。然後，您可以將問題修改爲：

• 盡您所能，盡快說出一／二／三種品牌……。

　　在圖 11.12 中，受訪者面臨的挑戰是將品牌與廣告相配對。此嚴謹的目的是獲得與廣告相關聯的品牌，但是以這種方式呈現，受訪者發現這更有趣。

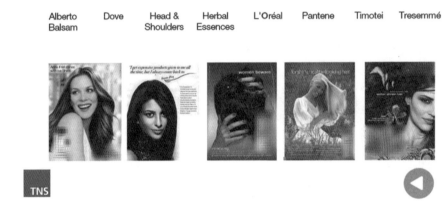

以下有5張來自不同品牌的廣告圖片，但有8個品牌。您的任務是找出與各圖片相吻合的品牌，並把品牌的標誌拖曳到圖片中。看看您答對幾個，並挑出多餘的品牌。

Alberto Balsam　　Dove　　Head & Shoulders　　Herbal Essences　　L'Oréal　　Pantene　　Timotei　　Tresemmé

TNS

圖 11.12　挑戰受訪者──他們覺得這很有趣

提供獎勵

　　幫助受訪者測量他們的成就，有助於保持參與度。

　　已經討論過對某些遊戲提供分數，無論是根據回應速度提供分數，或者告訴他們正確地識別了多少品牌（圖 11.13）。

　　告訴受訪者哪些品牌他們選對了及哪些品牌他們選錯了，此會影響他們後續的回應，進而產生資料偏差的風險。

　　Cechanowicz 等人（2013）表明，如果受訪者知道他們選錯了哪些答案，那麼這確實會改變他們後續的回應。然而，如果他們只被告知那些他們回答正確的情況，則不會發生這種情況。這其中有一種邏輯，因為知道自己回答錯誤，可能會促使在後續的問題中重新評估自己的想法。然而，重申正確之處可以增強參與感。

您答對 = 3 題
以下是真實的廣告

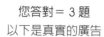

圖 11.13　比較分數將其變成一種遊戲

另一種獎勵形式是在受訪者完成問卷時，提供徽章作為成就標記。Harms 等人（2015）創建了一項調查，其中在調查過程中可以透過各種成就來贏得十個徽章。這些徽章將在螢幕上方以灰色呈現，並在完成時更改。然而，徽章是隨機頒發的，不一定與特定成就相連結。這項調查是關於體育運動及針對 14 到 26 歲的年輕人，而且與沒有徽章的相同調查同時進行。雖然他們發現兩種形式的調查資料品質是相同的，但完成徽章調查的受訪者表現出對調查更高的正面回饋。此說明，這是一種相對低成本的方式，可以讓受訪者更快樂，更有可能再次參與——這也是我們的目標之一。

任意規則

對一個問題添加任意規則，可以將其從一項任務轉變為一種遊戲。如果沒有規則，許多運動項目將只不過是一項任務，而透過將其變成一種遊戲，教導孩子

會變得更容易、更有吸引力。

　　一種類型的規則是時間限制，如前面範例中所使用的那樣。關於命名品牌的問題可以轉變成：

• 您有 10 秒的時間盡可能多的說出品牌名稱……。

　　圖 11.10 中的問題可透過要求受訪者在任意時間（如 15 秒）內完成以增強趣味。右上角的一個計時器將顯示他們還剩多少秒，因此受訪者正在與時間競爭。這鼓勵受訪者的回答是自發的，更接近他們通常在有限時間思考的情況下所做的聯想。然後可以透過將完成回應時總計剩餘的秒數，與平均值進行比較，以得出下列螢幕上的分數。這將其變成一種遊戲，受訪者可以根據其他人的表現來評估自己的表現。

　　這種變化在識別一種緩慢顯示的廣告（Cechanowicz et al., 2013）。該廣告在 15 秒時間內一次顯示一個區塊，並且要求受訪者盡快說出該品牌名稱。這被證明可以提高參與度。

　　Bailey、Pritchard 和 Kernohan（2015）修改了這個問題：

• 請告訴我們您最喜歡的洋芋片品牌是什麼？

　　改為：

• 您有 1 分鐘的時間，請盡可能多地告訴我們您家人最喜歡的洋芋片品牌。

　　結果是平均回答數目從兩個增加到六個。

　　另一種類型規則是要求受訪者使用確切數量的字詞來描述某件事物。Puleston 和 Sleep（2011）測試兩個問題：「您會如何描述自己？」及「您的朋友

會如何用 7 個字詞形容您？」對於標準問題，18% 的人未能回答，而回答的人平均給出 2.4 個描述詞。添加規則後，只有 2% 的人未能回應，而給出的描述詞平均數量上升到 4.5 個。

只是為了好玩

有時為了避免問卷中出現乏味的部分，因此需要重新吸引受訪者的興趣。然後，您可能會考慮添加一個除了重新參與之外沒有其他目的的問題。它應該與調查有某些相關，但它應該讓受訪者感到驚喜，因為這不是他們所期望的。例如：在一項旅行調查中，您可能會問：

• 在長途飛行中，您最想和這些人之中哪一位坐在一起？

隨後有與目標群體具一定相關性的十幾個名人、政治家和其他知名人士的照片，受訪者必須從中選擇一張。您也可以相對地詢問，他們最不想坐在誰旁邊！目的不是蒐集對研究目標有任何直接價值的資料，而是透過讓受訪者重新參與調查來確保尚未詢問的資料之完整性。

個案研究：威士忌的使用與態度

使受訪者參與

在第 9 章的最後，我們完成了問題的初稿，而且在第 10 章中，我們看到一些可以用來提問的工具。現在我們將回到問題本身，尋找使問題更容易被理解及更具吸引力的方法。

問題措辭

在確保我們獲得所需訊息的同時，必須將字詞保持在最低限度。

Q12 至 Q14 是相對冗長的問題，最多 21 個單詞。透過使用回應代碼作為問

題的一部分來縮短這些問題。所以 Q12 修改成：

表 11.2

您是否在自己家中、在別人家中或兩者兼而有之喝蘇格蘭威士忌？	您是否喝蘇格蘭威士忌？
在我自己的家裡○	在您自己的家裡○
在別人的家裡○	在別人的家裡○
自己和別人的家裡○	自己和別人的家裡○

主動參與

我們現在想看看是否可以透過利用遊戲化技術來提高參與度和資料品質。

主要問卷中的第一個問題，為我們提供了一個透過挑戰受訪者的方式，讓他們參與的機會。方案是：

• 您聽過哪些品牌的蘇格蘭威士忌？

這個問題最多只能讓受訪者坐下來思考，最壞的情況是讓他們認為只要說出幾個品牌，我們就會對回應很滿意，然後他們可以繼續前進。透過向受訪者提出挑戰，可以讓他們積極參與：

• 您能說出八種品牌的蘇格蘭威士忌嗎？

我們要求的品牌數量是基於對市場的先備知識──有很多品牌，我們希望超越主導的三或四種品牌。我們的品牌 Crianlarich 並不是最知名的品牌之一，所以如果我們只從每一位受訪者那裡得到兩或三個品牌，那麼它就不太可能被提及。透過尋找多達八種品牌名稱，「第二層」品牌將獲得更多提及，而且我們將

進一步瞭解 Crianlarich 的真正知名度。對於回應，我們提供八個用於輸入品牌名稱的框格。採用這種技術可以提高蒐集的資料品質。

對於自發的廣告認知我們不會重複這種方法，因為這可能會鼓勵受訪者從他們的記憶中回憶起自己只是為了迎接挑戰而回憶的舊廣告活動，而我們感興趣的是最近的廣告。透過在先前問題中被迫思考品牌名稱，這將有助於提醒他們注意最近的廣告。

目前，Q25 和 Q26 是兩個以下問題：

- 您以前看過這個廣告嗎？（展示無品牌的 Crianlarich 廣告）
- 適用於哪一種品牌的蘇格蘭威士忌？

這兩個問題可以被一個問題所代替，透過逐步展示廣告並要求受訪者盡快說出品牌名稱。然後，同樣的過程可以針對 Grand Prix 廣告重複進行。然而，這改變了我們的詢問內容。我們對這些問題的目標是確定：

- 該品牌是否被看見（例如：其影響力）？
- 廣告上的品牌推廣效果如何？

隨著問題的修改，這可能會給我們留下一些解釋上的問題。例如：如果他們正確地說出品牌，他們可能只是在回應其認同品牌的廣告風格。還有，如果他們說出的品牌名稱不正確，我們無法知道這是因為他們沒有看過該品牌且猜測了一種品牌，還是他們已經看過廣告但無法想起這種品牌。後者對於我們評估廣告的效果是很重要的。該技術應該可增加參與度，但由於這些是問卷設計中的最後問題，這對我們來說不是重要的。因此，我們決定保留原來的問題。

我們必須始終檢查參與技術是否能夠傳遞我們尋求的訊息，而不只是因為我們可以使用它。

關鍵要點

• 問卷長度對回應率和退出率有直接影響，因此將問卷保持在 15 分鐘以下（理想是接近 5 分鐘）是一個關鍵目標。

• 然而，使用線上問卷 —— 無論長度如何 —— 您都需要積極考慮受訪者完成調查的經驗，以管理他們給出深思熟慮之答案的動機。

• 盡量減少用詞，以鼓勵受訪者閱讀它們。刪除多餘的語言，這些語言是來自訪員主導的調查中，所需之較爲冗長風格而來的。

• 將問題的關鍵部分放入回應列表中。受訪者的目光經常在這裡花更多的時間。

• 透過探索以吸引受訪者的問題方法：
  ⊙ 創造他們可以連結的場景。
  ⊙ 引進競爭元素。

• 挑戰在於採用更具吸引力的方法，但同時也是選擇那些您仍然能夠可靠解釋的方法。有時，一個唯一目的是重新吸引受訪者興趣的問題可能會在問卷中占有一席之地。

Chapter

12

選擇線上調查軟體

簡介

線上調查問卷的編寫方式，至少部分取決於所使用軟體提供的選項。

前幾章中描述的一些方法，可能僅適用於主要研究機構（如 Confirmit、IBM Dimensions 或 Merlinco）使用之調查軟體的問卷編寫者。這些是專業的套裝軟體，由專業的範本編寫者使用，但由於成本和複雜性，偶爾進行調查的用戶通常會被禁止使用。

然而，有大量的人們、公司、個人和學生，他們自行進行調查，而不使用研究公司作為中介。他們使用的是網路上所提供的調查和問卷套裝軟體或應用程式，並且需要相對較少的培訓即可使用。無論是一次性用戶還是持續的用戶，對於不需要主要軟體解決方案的功能或成本的研究人員來說，這些都是非常具有成本效益的。

有哪些平臺可供選擇？

與任何技術驅動的市場一樣，供應商和功能正在迅速地倍增。許多套裝軟體更適合那些希望在朋友和同事之間進行快速民意調查的人，其主要是出於社交或團隊互動的原因，而不是為幫助組織的決策制定而客觀蒐集資訊。

由於市場的動態本質，任何特定供應商的列表或評論都會很快地過時。為了幫助您在嘗試做出決定時即時做出選擇，本章提供了面對評估時須考慮的因素列表。

首先，調查軟體有不同的商業模式，包括：

• 自由登入：您可以免費進行的調查數量可能是有限的。同樣地，問題的數量、問題的類型和回應／完成的數量可能會受到限制。然後有各種月費結構的選項，可為您提供更多問題功能和／或每一項調查及更多調查的完成數量。如

果他們提供受訪者小組的訪問，則需要為此付費，有時還會收取託管問卷的費用。

- **免費設定問卷**：依據問卷的長度，就所蒐集的每份完成問卷收費。
- **免費設定基本調查**：在您編寫問卷時，添加的額外功能及主持調查會有額外收費。
- **每月收費，無費用選項**：可能有不同等級的收費。有些人會收取更高的費用，為您提供更多的問題類型。其他人以最低費用提供所有問題類型，但限制調查的數量和規模，此限制會在更高費用下取消。每月費用根據目標市場和軟體的複雜程度，而有很大差異。

除了評估問卷設計功能是否符合您的需求外，您可能還需要考慮：

- 提供者是否提供對受訪小組的訪問權限，或是否可以託管您自己的郵件清單之調查問卷。
- 與問卷軟體相關聯的分析能力。有些軟體比其他軟體更具彈性，並允許進行更複雜的分析，使用者友好程度也有所不同。
- 用於保護資料和受訪者個人資料的安全協議。

然而，本章將重點聚焦在與問卷設計直接相關的方面。

如何評估哪一個平臺適合您？

評估所提供問卷的功能性準則包括三種領域：

1. 問題類型範圍。
2. 功能範圍。
3. 外觀與感覺。

問題類型範圍

簡單的回應問題

- **多種回應選項，單一選擇**：基本的單選問題，通常使用單選按鈕或下拉框格。是否可以編寫範本以確保只有一個答案？

- **多種回應選項，多項選擇**：如果做出其他回應，您能否確保「以上皆非」的回應無法使用？（即「以上皆非」是一種單一回應選項嗎？）您能否設定最大的答案數量？這對於「最多選擇三個」類型的問題很有用。

- **回應代碼的數量和版面編排**：是否有限制及是否適合您的目的？您可以選擇垂直地或水平地顯示回應嗎？

量尺

- **語義量尺**：您可以選擇編碼嗎？點的數量，還是它們是固定的？是否有一個範圍可以選擇？它們都是奇數量尺？還是如果有需要，可以使用偶數量尺？量尺能否顯示為單選按鈕、星形、心形、框格或一種滑動量尺？是否有雙極性語義差異量尺？有時候這些是被隱藏在矩陣／框格問題中。

- **旋轉式量尺**：您有框格問題嗎？旋轉式量尺將允許您使用動態框格方法。

- **淨推薦分數**：有這方面的模板嗎？這可以節省您的設計時間。

- **評級量尺**：這些可以是滑動量尺、星形、單選按鈕嗎？有什麼選擇？無論您選擇哪一個，對類似的問題應該保持一致。

- **滑動量尺**：您能定義游標的預設開啟位置嗎？如果它不是在中立位置，這可能會帶來顯著的偏差。

- **拖放**：這通常被提供作為一種排序的方法，但可以用於許多其他必須將項目分類的方式。該平臺允許您那樣做嗎？

完全開放式問題

- **具有單一文本框格的完全開放或無文本的問題**：檢查它們是否限制在允許的字元數內，或是否限制在單行文本內。

- **多個文本框格**：您是否希望能夠記錄回應的順序，例如：在自發的意識問題中確認出最引人注目的品牌？每一個都有不同的框格，意味著您不必在分析階段做太多的分解。

專家問題

調查軟體是否能夠滿足您想要詢問更複雜或更專業的問題？

- **矩陣／框格問題**：這些問題有多種格式：每行單一答案、每行多個答案、每列單一答案、每列多個答案。您需要事先精確地決定您想如何詢問此類問題。
- **數字回應問題**：在行為問題中詢問「多少……」時，您可能需要單選問題中有限數量的回應範圍所無法提供的細緻度。這也可以用於一些評級問題。
- **排序問題**：這些可以是數字型或拖放型。
- **聯合問題**：一些平臺內建置離散選擇聯合功能。這可用於評估綑綁在一起的產品或服務中不同屬性的重要性，例如：一家電話提供者（免費分鐘數、數據流量、服務訂閱、每月費用）或火車服務（頻率、旅程時間、可靠性、成本）。需要專業的分析技能。
- **最大差異**：這是由某些平臺提供的。該技術能夠以用戶友好的方式，評估屬性集群的偏好或重要性。它是一種聯合形式，需要專業的分析技能。
- **熱圖和熱點**：這是一些非常特殊的功能，但可能是您需要的。
- **花費的時間**：他們能記錄從打開螢幕到點擊回應的時間嗎？在測量列表或圖片中的項目是否突顯時，這可能是很有價值的。
- **文本螢光筆**：對於評估廣告或其他宣傳材料是有用的。
- **視頻／音頻情緒**：一些平臺有一個模板，用於持續測量受訪者在觀看或收聽視頻、音頻時感受如何。這可用於評估視覺效果或訊息在廣告中的影響。
- **卡片分類**：如果需要將大量項目（功能、品牌等）分類到組別中，通常是在進行其他更複雜的活動之前（例如：重要／不重要、有意識／無意識），以減少設定須考慮的因素，這是有用的。您可能需要付費版本才能執行此操作。

功能範圍

- **對問題的限制**：問題的數量有限制嗎？這在免費服務中更為常見，但在一些付費服務中也是常見的，確保您可以在該限制內完成問卷。

  問題是否有字元數的限制？限制可能是好的，因為它可以確保您保持簡短，但它也需要足以滿足您的要求。

- **對字元的限制**：字元數是否因問卷編寫的語言不同而異？有些語言相對於其他語言，需要更長的字元數來詢問同樣的事情。

- **對回應代碼的限制**：回應代碼是否限制字元數？同樣地，這可能是一種良好的約束，可以避免您用不必要地冗長回應而使螢幕混亂，而這些回應不會被閱讀。但是如果限制太短，您可能無法準確地描述品牌名稱、特色或差異性。完全開放問題是否僅限於一行？

- **路徑**：您能否根據受訪者的答案將其引導到後續問題——而這種路徑能有多複雜？它是否可以來自多個問題？它可以應付語法嗎？（例如：如果是「A」而不是「B」？）它可以妥善處理來自相同問題的多個路徑嗎？（例如：對所使用之每一種品牌提出一系列後續問題的問題循環。）

- **掩飾和管道**：此功能有助於調查更接近是一種智能對話的感覺。如果實施得當，它對受訪者的參與度產生顯著的影響（例如：透過一個問題的答案，以便無縫地自訂另一個問題的措辭）。它是否足夠聰明，能應對語法或大寫／小寫方面的任何必要改變？掩飾可以透過僅顯示根據先前回應而推斷出相關的答案來減少單詞負荷。

- **轉換和隨機化**：您能隨機化回應的順序，並將「其他答案」和／或「以上皆非」保留在底部嗎？如果不能，這可能會限制您隨機化回應列表的能力，因為您不希望「以上皆非」出現在列表中間。您能隨機排列問題的順序嗎？有時候，您需要隨機化的不僅僅是個別問題，而是問題區塊，所以如果您需要這樣做，是否可能？使用拖放回應選項，回應類別可以在拖放框格中轉換或隨機化嗎？如果您有一系列具有相同回應代碼的下拉框格，那麼對一位受訪

者的呈現順序是否一致？

- **訊息框格**：是否有一個與問題分開的注釋框格，您可以在其中添加解釋性元素而不會混淆問題？有些平臺會自動地提供此功能，有些可以透過一些工作找到，有些根本不提供。字體大小可能會自動地小於問題的字體，以與問題做區別。這些框格對於提供附加訊息或問題中專有名詞解釋是非常有用的。是否可以透過捲動或點擊項目時出現的框格來提供附加訊息？

- **媒體**：您可以在問題中添加圖片、影片或音檔嗎？如果您想對產品或廣告獲得反應，這一點是重要的。您需要能夠在相關問題中插入這些內容，這可能不是平臺為此類材料提供的問題。您可以在回應代碼中添加圖片／包裝照片／商標嗎？使用商標或包裝照片有助於確保受訪者考慮您希望他們使用的品牌。使用它們來回答有關品牌形象或溝通的問題時請小心，因為他們會提出希望為人所知的屬性。音頻或視頻材料的大小或長度是否有限制？這可能有利於阻止螢幕變慢，但必須足以滿足您的需求。您能並排顯示圖片或圖形嗎？您可能需要這樣做來詢問偏好問題。

- **圖片點擊**：當您展示一組圖片時，受訪者可以點擊圖片來選擇它們，還是需要單獨的單選按鈕？點擊圖片可以減輕受訪者的負擔。圖片是否發生改變以顯示它已被選擇，或是否有一個單選按鈕可以自動地填入圖片選擇？後者有時候可能很難看到，並且受訪者不確定圖片是否已被選擇。

- **檔案上傳**：您可能希望要求受訪者上傳檔案，如一張照片。如果您想這樣做，是否有可能？

- **在調查中的計算**：是否能夠在調查中即時運行演算法，作為引導到後續問題的基礎？（例如：從受訪者對一系列問題／態度的回答中，確定符合預定的細分／類型，並在此基礎上制定後續問題的呈現。）

- **過程**：您可以在編寫時預覽每個問題在螢幕上顯示的效果嗎？還是每一次都需要預覽整個問卷？對於較長的問卷，可能會顯著增加寫作時間。您可以輕鬆更改問題的順序嗎？在寫完問題後，想要移動問題是很常見的。您將希望

能夠輕鬆地完成這一點，而無需刪除和重寫。將問題分組到同一頁面或根據需要建立新頁面是否容易？過濾或跳過只會在頁面之間運作，因此如果您要在問題之間篩選受訪者，您需要考慮是否可以將他們分組到同一頁面上。是否支援不從左到右閱讀的語言？如果您使用阿拉伯語，這將是一個問題。您可以從已經編寫的其他問題中匯入問題和回應代碼嗎？必須不斷輸入同一組回應代碼是非常耗時的。該平臺是否有一系列預先決定的問題可供您充分利用？讓其他人事先編寫問題可能會節省時間，但請確保它符合您的需求。是否有一個測試功能，可以估計調查將花費的時間，並突顯可能難以回答的問題？

- **與受訪者互動**：有進度條嗎？讓受訪者知道他們已經進行的進度，這對於保持他們的積極性是重要的。您能向參與者展示結果或提供反饋嗎？向他們展示其與其他人的比較，可以讓他們參與其中。它也讓您有機會建立一些基本的測驗和遊戲，以幫助保持參與度。有些平臺提供特定的測驗功能，是否可以使用標準圖形，例如：笑臉、拇指向上 / 向下圖示？在哪些類型的問題上您可以使用？問卷中是否提供國家 / 各大洲的點擊地圖？這是一種蒐集地理資訊更具吸引力的方式。

- **結構**：您能隨機分配受訪者到不同的問題或問題區段嗎？這可用於最小化對個別受訪者的調查時間。某些平臺允許您設定查看每個區段之受訪者的百分比。其他平臺則允許更複雜的分配（例如：當結果的統計顯著性達到時，則關閉區段）。

- **行動友善地**：它會自動為行動用戶裝配嗎？如果它聲稱可以，請檢查其效果有多好。如果它不是令人滿意的，將流失人們在手機上使用它。受訪者可以掃描條形碼和 / 或二維條碼嗎？如果他們正在記錄購買的物品，這將非常有用。您能否要求受訪者為自己在手機上完成任務而計時嗎？這可能是選擇產品或在貨架上尋找產品所花費的時間。

外觀與感覺

- **專業適應性**：它給人什麼印象？這對您的目的而言是否可以接受？軟體提供商的名稱或商標在頁面上顯眼程度如何？對於免費軟體的使用者來說，這有時候可能是一個問題。在標準套裝中有哪些彈性？是否提供各種主題讓您能夠選擇最符合您的目的？

- **客製化靈活性**：您可以創建自己的主題嗎？您可以添加自己的標誌嗎？除了創建自己的主題外，您可能還需要確保問卷符合您的企業設計風格。如果您從高價值的或有限的客戶名單中尋找受訪者，並且需要仔細地考慮調查互動關係的影響，這可能是特別重要的。

- **版面配置**：版面配置有彈性嗎？（例如：如果您不希望問題或回應代碼出現在螢幕上供應商所預設的位置，您可以更改頁面間的頁面標題嗎？── 這對指示主題很有用嗎？）單選按鈕可依大小和顏色自訂嗎？您可以改變螢幕上顯示的問題、回應代碼和其他物件之間的字體大小和 / 或顏色嗎？如果螢幕上有很多訊息，這可能是一種區分它的方法。單選按鈕可依尺寸和顏色被客製化嗎？

- **捲動**：您是否必須向下捲動超過必要的範圍？（例如：行距的不靈活是否意味著較長的列表需要更多的滾動工作）。

做出選擇

在您做出選擇之前，可以在此詢問問卷設計軟體超過 50 個問題。

您評估選擇方案的嚴謹程度，顯然取決於您的具體情況，包括您需要進行的調查規模和重要性。

如果是一次性調查，首先編寫及規劃您的問卷，以便您可以看到需要的所有不同類型的問題、任何路徑的複雜性，以及使用任何媒體的必要性，例如：圖片或影片。

如果需要更大規模的調查，請嘗試根據您最有可能面臨的主題和受訪者挑戰，創建一個主要考慮因素的列表。

如果您有一家首選或推薦的供應商，請查看他們的報價，看看是否能滿足您的需求。如果有免費版本，或者供應商允許您免費創建一份問卷，您可以免費的構建問卷來測試其是否符合您的需求。

個案研究：威士忌的使用與態度

選擇一家調查供應商

我們知道我們想提問什麼問題，而且現在想看看哪一家主要供應商最符合需求，能提供我們想要的問卷。

首先，我們依照類型對問題進行分類，以瞭解我們需要的問題類型範圍：

表 12.1

單一代碼	QC, Q9, Q12, Q13, Q14, Q15, Q16, Q18, Q19, Q20, Q25, Q26, Q27, Q28
多個回應	QA, QB, Q3, Q4, Q5, Q7, Q17, Q21, Q22
有多個框格的完全開放	Q1, Q2
完全開放	Q6, Q8
數量的	Q10, Q11
雙極量尺	Q23
框格、行與列中多個回應	Q24

然後我們評估其他考慮因素：

表 12.2

展示圖像	Q25, Q27 我們需要將被動圖像上傳到這些問題。
輪換回應代碼	所有多重回應問題的回應代碼都應被隨機化排序，但在適用的情況下，末尾應標示有「其他」和「以上皆非」。
回應代碼數量	任何一個問題的最大回應代碼數為 17，低於此限制的限額是不可接受的。
導引	我們需要在問題之間進行複雜的導引 / 篩選。
外觀和感覺	我們希望能夠根據我們的企業設計指南來客製化外觀與感覺。
添加我們的商標	作為客製化的一部分，我們希望顯示我們的商標。
通路	我們希望在後續的問題中只展示在 Q3 聽過的品牌。
預覽	我們可以預覽個別問題，還是每次都必須完成整個問卷？
進度條	我們希望受訪者知道他們在調查中的進展情況。
我可以輕鬆移動問題嗎？	當我們編寫問卷時，我們希望可靈活且輕鬆地更改問題的順序。

下一步，讓我們評估我們的首選供應商，以確定我們是否能夠令人滿意地編寫問卷。我們選擇查看三家最大的供應商，因為這三家供應商能滿足我們的大部分需求。明顯地，由於所有問題的數量都是有限的，我們將無法使用免費版本。

表 12.3

問題類型	供應商 1	供應商 2	供應商 3
單一代碼	是	是	是
多個回應	是	是——垂直的或水平的	是——垂直的或水平的
使用多個框格的完全開放	是	是	提供多行，不是多個框格
完全開放	是	是	是

表 12.3　（續）

數量的	否，但可以使用一種數量的尺度	否，但可以使用一種數量的尺度	否，但可以使用一種數量的尺度
雙極量尺	是的，但每一個問題只有一行	是的，頁面上有多行	是的，頁面上有多行
框格，在行和列中的多個回應	是的	是的	是的
顯示圖片	是	付費版本	是
輪換和隨機化回應代碼	是，同時保留最後一個答案位置	是，同時保留選定的答案位置；付費提供進一步隨機化選項	是，能夠將選定的答案保留在適當的位置，並隨機選擇一個子集
可用回應代碼的數量	無限制	無限制	無限制
導引	在付費版本中有跳過及進一步分支	在付費版本中有跳過和複雜邏輯	在免費版中包含跳過邏輯
外觀和感覺	在免費版中有一些標準主題；在付費版本有客製化的主題和商標	在免費版本中有可變換顏色的標準主題和商標；在付費版本有客製化的主題	在免費版本中限制主題數量的使用；在付費版本有客製化的主題
添加我們的商標	付費版本	是	付費版本
進度條	是	是	是
移動問題	是	是	是
通路	付費版本	是	是
預覽	完整問卷	單一問題	單一問題

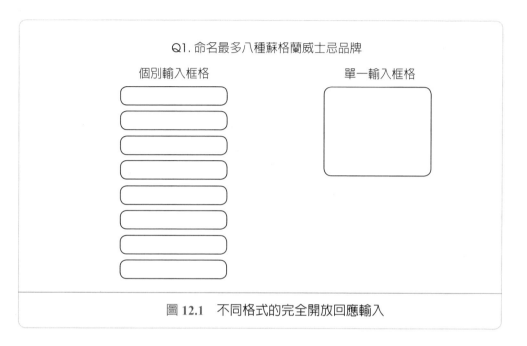

Q1.命名最多八種蘇格蘭威士忌品牌

個別輸入框格　　　　　　　　　單一輸入框格

圖 12.1　不同格式的完全開放回應輸入

為了進行認知和品牌識別，我們需要將廣告顯示為一張圖片，供應商 2 似乎被排除在外。然後，我們在供應商 1 和 3 之間進行選擇。

由於我們將使用付費版本，它們之間的差異並非顯著的。供應商 1 允許在 Q1 單獨輸入框格進行個別輸入：「最多命名八種蘇格蘭威士忌的品牌。」對於供應商 3，所有回應都將蒐集在一個框格中。多個框格的優點是：

• 他們鼓勵受訪者提供更多答案，因為完成所有方框格是一種挑戰。
• 在分析中，每個條目都有八組文本，每個條目都有所不同。在單一框格中，文本是一種條目，需要將其分開。

供應商 3 為 Q23 提供了更好的選擇：「當您選擇威士忌時，相對地這些配對彼此的重要性如何？」對於供應商 1，一次只能在螢幕上顯示一對特徵。由於

這是一個重複性問題，因此受訪者被要求不必要地經常轉到下一個畫面。供應商3為我們提供了將整個問題放在一個頁面上的可能性，這也讓受訪者可以看到他們對前面幾行的回答，從而使答案更加一致。

　　毫無疑問地，其他因素也會影響決策。例如：成本和過去的經驗，但作為問卷編寫者，我們必須根據這些標準做出選擇。

關鍵要點

- 作為問卷編寫者可使用的選項，將根據您正在使用的調查軟體而有所不同。
- 市場的動態特性——有新供應商和新功能——意味著可能性將繼續發展。
- 透過創建一個考慮以下因素的檢查清單，來評估誰最符合您的需求：
  - ⊙ 提供的問題類型範圍。
  - ⊙ 功能和控制。
  - ⊙ 外觀和感覺。
- 斟酌此計分卡與成本限制和其他相關因素，例如：分析能力以及平臺是否還提供對受訪者小組的直接訪問進行存取。

Chapter

13

訪員執行與紙本自我完
成調查的注意事項

簡介

　　大多數問卷設計的原則適用於所有形式，然而有一些特定模式的考慮因素——特別是關於版面配置和說明。第 10 章和第 11 章涉及創建線上問卷的問題。在這裡，我們強調替代資料蒐集方法所出現的問題：訪員管理（面對面或電話）和在紙本自我完成的調查。

使用訪員執行調查的挑戰

　　從一份問卷設計的角度來看，訪員參與的好處通常來自與受訪者建立的融洽互信關係。如果訪談涉及複雜的問題（例如：建立正確的理解），或者完全開放式逐字問題是關鍵（例如：鼓勵最大限度的細節和深度），這種互動融洽的關係會有所幫助。如果調查是面對面的，並在適當的環境中進行，即不在街頭上或電話中進行，訪員也可以較長時間地吸引受訪者的注意力。

　　然而，當訪員參與其中時，有許多挑戰和可能的錯誤來源。

一種不常見的談話

　　問卷通常被描述為研究人員和受訪者之間的代理對話。然而，這不是兩個互相認識的人會進行的那種對話。

　　使用訪員執行的調查中，受訪者會嘗試與訪員交談、發表他們的觀點，並詳細說明他們的回應，此情況並不罕見。只有當訪員堅持將這個答案簡化為問卷中的一種預編碼時，受訪者才會意識到這不是真正的一種交談，而是他們一種特定的和有限的角色扮演之互動（Suchman and Jordan, 1990）。

　　缺乏對話會掩蓋不正確的答案。透過詳細說明諸如「是，但是……」或「我同意，除了……」之類的答案，可以清楚地看出真正的答案是「否」或「我不同意」。如果不允許受訪者以這種方式詳細說明，他們的真實答案可能不會變得

明顯，並且可能會記錄錯誤的答案。使用自我完成調查，我們依賴受訪者進行思考，實際上是對自己進行詳細說明，而不一定需要給予他們第一反應。因此，雖然我們將問卷概念化為對話的媒介，但我們必須認知它不是一種真正的對話。這可能意味著我們無法取得受訪者可以向我們提供的所有訊息；有時可能導致記錄不正確的答案。

要為訪員執行的調查編寫出更好的問題，更全面的瞭解我們在第 2 章中提到的有關訪員角色的相關問題是重要的。

訪員不正確地詢問問題

聽到訪員轉述問題的情況並不是少見的。這樣做可能是因為：

- 訪員覺得措辭生硬。無論它在頁面上看起來多麼自然，當大聲說出來時，聽起來會很尷尬。訪員會轉述問題以使其更流暢。
- 訪員可能會認為這個問題太長了。他們的目標之一是保持受訪者的專注，而冗長且詳細的問題帶有多個子句，會分散受訪者的注意力。
- 訪員可能認為問題是重複的，要麼透過問題中的重複；要麼重複上一個問題中提出的說明或描述；或者他們可能認為這個問題已經被詢問過了。為了保持受訪者的參與，他們可能會省略其認為重複的元素。
- 他們可能不理解這個問題，或者認為受訪者不太可能理解。在企業對企業的訪談中，訪員可能會遇到一些完全陌生的專有名詞，然後他們可能會誤讀關鍵詞或可能用其他更熟悉的詞語替換它們。在這裡對訪員介紹所使用的技術名詞，並提供受訪者可能使用的專有名詞詞彙表是值得的。該詞彙表也可能對調查過程後期階段的編碼人員和分析師是有價值的。在消費者訪談中，過度使用行銷術語可能會產生相同的結果。

無論如何解釋，問題的某些方面可能會發生變化，並且回應將與原始問題中

獲得的回應有所不同。良好的訪員培訓將灌輸給訪員問卷上的措辭應該保持不變。如果訪員仍然覺得有必要改變措辭，那麼這是一個編寫問題不佳的訊號。

訪員無法正確地或完整地記錄回應

訪員在許多方面不正確地記錄回應，他們可能只是聽錯了回應。這特別可能在使用紙本而不是範本式 CAPI 或 CATI 問卷中有複雜的導引指令時，這種情況尤其可能發生。訪員的注意力可能會分散在聽取受訪者的答案和決定接下來應該詢問哪一個問題之間。

使用完全開放式（逐字）問題，訪員可能未能記錄所說的每一件事情。有一種傾向是對回應進行概述，以保持訪談流暢，並且在記錄完整回應時不讓受訪者等待。

如果已提供訪員一份預編碼列表作為對開放性問題的可能答案（例如：自發意識或購買原因的自發性回答），則訪員必須掃描該列表，並為回應選擇最接近的代碼。這樣的操作很容易出錯。沒有任何一個答案可能完全和受訪者所說的回應相符。然後，訪員可以選擇最接近給定回應的答案，或者允許在「其他」選項的空格中逐字書寫回應。但是，有一種強烈的誘惑使所給的回應與預編碼的答案之一相符，進而不準確地記錄真正的回應。

訪員因為無聊與疲憊而犯的錯誤

對受訪者來說乏味的訪談，對訪員來說也是沉悶的。由於讓受訪者感到厭煩，這可能會使訪員感到尷尬。訪員可能會以更快的速度閱讀問題來做出回應，從而導致訪員誤解和記錄錯誤的數量增加。

訪員執行的 CAPI 或 CATI 問卷

如果調查使用範本軟體〔即電腦輔助個人訪談（CAPI）或電腦輔助電話訪談（CATI）〕，則訪談執行順序和流程的許多考量和線上訪談類似。例如：問

題順序可以輪換或隨機化，回應代碼也可以；一個問題的答案可以透過系統輸入到問卷或後續問題的回應代碼中；可以即時進行計算和檢查；並且可以包括複雜的路徑。但是，當一項範本調查涉及訪員時，還有一些額外的考慮因素。

外觀與感覺

線上問卷和訪員執行電子問卷之間的主要差異是，線上問卷優先考慮的是使其具有視覺吸引力、易於閱讀和清晰。然而，訪員執行的問卷重點是，對訪員來說要有效率和實用的。訪員將接受培訓，能預期特定格式並使用特定慣例，並且螢幕版面配置首先需要遵循這些格式。

愉悅

線上問卷和訪員執行問卷之間的主要措辭差異來自這樣的事實，即問題是被大聲說出而非僅是簡單地閱讀。在這裡，重要的是訪員與受訪者建立一種融洽互動關係，讓受訪者放鬆，從而獲得他們最大的合作，並且在必要時鼓勵他們完成整份訪談。訪談中的幽默輕鬆和禮貌，在問題措辭中扮演重要作用。我們希望包含諸如「請您告訴我⋯⋯」之類的語句，這些語句在線上可能被視為畫面混亂。

寒暄也可以幫助受訪者在問題的關鍵詞出現之前適應訪員的聲音。一個直截了當的問題，例如：「您能說出什麼品牌？」不僅聽起來很突然，可能會使受訪者感到疏遠，問題的突然性意味著它可能無法正確地被聽到。

預編碼的回應

受訪者看不到問卷，因此問卷編寫者可以選擇對開放式問題的可能回應進行預編碼，從而避免後續需要編碼的麻煩。由於訪員的任務是將實際的回應與提供的預編碼之一進行匹配，因此需要依賴他們正確解釋。問卷編寫者必須透過提供全面的預編碼來幫助他們完成這項任務，這些預編碼之間具有所需的區分程度——以有助於理解的順序列出。如果兩個預編碼非常相似，它們應該是彼

此相鄰的，以鼓勵訪員進行區分。如果它們是隨機化的排列，那麼錯誤可能會蔓延，因為訪員可能會瀏覽列表並停在一對中的第一個，只因它是「足夠接近的」。

通常，品牌名稱或簡單類別的列表將按字母順序排列。然而，有時最好按類別或子類別對它們進行分組，如此可以讓訪員更快地找到它們。

注意在圖 13.1 中包含了一個「其他答案」代碼，以及訪員應該輸入「其他」的內容說明。問卷編寫者很少會假設所有可能的回應都已被考慮到，並且被包含在預編碼列表中。因此，通常謹慎的做法是允許提供和記錄其他的答案。

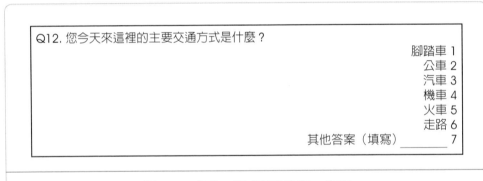

圖 13.1　包含一個「其他答案」代碼

附加指引

受訪者看不到訪員正在閱讀的螢幕內容，因此螢幕可以包含幫助訪談或澄清回答的附加訊息。例如：如果問題為「您為什麼選擇那家商店？」收到的答案為「因為它是方便的」，就可以指示訪員去追問受訪者對其「方便的」真正的意思是什麼？

提示物件

　　使用面對面訪談，問卷編寫者可以選擇以實物形式展示（例如：卡片上的提示代碼、印刷文本或圖像材料，如廣告），或在螢幕上向受訪者展示。後者通常較簡單，但必須注意螢幕上沒有其他內容可能影響受訪者的回應，例如：訪員說明或預編碼列表。

　　使用電話訪談的問題更大：必須讀出回應代碼，以及其他物件只能透過提前發送或要求受訪者登錄網站以顯示。因此，問卷編寫者需要仔細地思考任何物件是否以及如何被展示。這可能是企業對企業研究中的一個特殊問題，其中電話訪談是最可行的媒介。但是，在這裡，您通常更有可能讓受訪者坐在電腦前，這樣他們就可以登錄您的網站。或許可以讓受訪者在線上完成問卷。

自我完成部分

　　對於態度問題或敏感問題，可以將電腦交給受訪者自行完成該部分。這在期望會有符合社會期待的回應（見第 16 章），或者擔心如果其他人（例如：家庭成員）能夠聽到他們的回應，受訪者可能不誠實，這可能是特別有用的。

　　使用 CAPI 問卷，其版面配置是為訪員需求設計的，而不是為受訪者的需求。

訪員執行的紙本問卷

　　如果使用紙本問卷，則問卷需要考慮的事項相對於 CAPI 或 CATI 問卷要多導許多。現在須考量的是版面配置，它必須讓訪員容易遵循問卷順序，並且準確地記錄答案。面對面和電話訪談的情況都是如此。如果版面配置令訪員感到困難，則可能會中斷訪談的流暢，以及受訪者的興趣和注意力也會流失。

　　大多數研究公司採取一套慣例和標準化的問卷版面配置模式，旨在幫助訪員。

字體大小與格式

使用小字體在每一頁面上顯示更多問題可能很誘人，特別是對於相對較長的訪談，但是擁擠的版面配置可能會導致訪員出現錯誤。

粗體和斜體格式可用於提醒對說明和關鍵點的注意，或強調問題中的特定單詞。

格式的統一使用是重要的，這樣訪員可以清楚地區分說明和要讀出的內容。大多數公司採用粗大字體表示說明，而問卷中應該被讀出的項目則採用細小字體的慣例。

這種粗大字體和細小字體慣例通常被擴展到預編碼問題的回應。如果不需要讀出，則採粗大字體形式；如果需要讀出，則是細小字體形式；其他機構對所有預編碼的回應使用細小字體。前一種方法可以更容易地區分要讀出的內容和不應該讀出的內容——從而有助於避免意外提示。後者可能更容易，因此訪員可更快地閱讀和編碼——從而有助於保持訪談的流暢。

一個問題絕不允許超過兩頁。當訪員前後翻頁試圖將受訪者的答案與給定的預編碼相配對時，這很可能會導致錯誤。

單一及多個回應

通常，從問題可以清楚地看出預期的回應是單一答案，還是每一位受訪者可以給出一個以上的答案。在關於受訪者如何出遊的問題（圖 13.1）中，使用「主要交通方式」一詞，向受訪者和訪員說明只期望一個答案。

如果這個問題如圖 13.2 所示，可能會有多個答案。如果對於是否只允許一種回應或多種以上的回應存有任何的模糊可能性，就應該向訪員吩咐指示，以明確預期的回應。

Q12. 您今天來這裡使用哪一種或哪幾種交通方式？
記錄所有適用的選項。

腳踏車	1
公車	2
汽車	3
機車	4
火車	5
電車	6
走路	7
其他答案（填寫）＿＿＿＿＿	8

圖 13.2　多種回應的可能性

常見預編碼列表

連續的問題經常使用相同的預編碼列表。當發生這種情況時，可以使用一組回應，每一個問題的代碼彼此相鄰，如圖 13.3 所示。這種排列節省問卷上的空間，且允許訪員查看第一個問題的編碼是什麼，並確保第二個問題不會被編碼相同的答案。如果調查已被範本化，則可以將其編輯爲程式的一部分。請注意，第二個問題包含「沒有其他」的回應類別。

完全開放式問題

完全開放式問題的版面配置應該留有足夠的空間，以便能填寫完整的回答。一旦填滿了可用於記錄答案的空間，訪員通常會停止提問。更多的空間可能意味著更完整的回應。

「不知道」回應

在有關使用的交通方式之範例中，在可能的回應列表中不包括「不知道」類別。在這種情況下是合理的，因爲受訪者在抵達訪談地點後不久即接受訪談，可

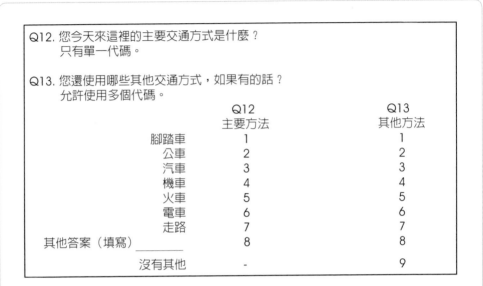

圖 13.3　常見預編碼列表

以合理地假設他們會記得是如何前往到那裡。

　　但是，如果問題是關於他們最近購買了哪些品牌的雜貨，則應該包括一個「不知道／不記得」類別。假設每個人都會記得不久前發生的事件是不合理的，特別是如果這是一件他們認為不重要的事件。（第 4 章對此有更完整的討論。）

「未回答」編碼

　　一些研究人員主張每個問題都應該包含一個「未回答」預編碼，如此，如果由於任何原因沒有得到回答，就會有一個記錄表明它已經被詢問過了。反對這一論點的理由是，擁有這樣的代碼可能會鼓勵訪員輕易地接受拒絕回答的事實。

　　有時受訪者會拒絕回答或是無法回答某個問題，如果發生這種情況，很可能是因為問題在某種程度上是敏感的，或者因為回應選項不足以滿足他們希望給出

的答案。後者的一個範例可能是問題要求單一回應，但給出的答案是真實的多項回應。如果問題詢問最近購買的是哪一種品牌，但同時購買了兩種不同的品牌，則訪員或受訪者可能會認為多項回應違反說明，從而對問題不進行回答或編碼為「不知道」。

如果問題沒有得到回答時，這通常是問卷編寫者的一部分缺點。應該明確認知到具有敏感性問題，並且應有一個「拒絕回答」類別包含在預編碼列表中。

展示卡片

展示卡片通常用於提示受訪者列舉可能的回應列表，這些可能是品牌、時間區段、行為、活動或態度量表的列表。在面對面訪談中，訪員在正確的時間出示正確的卡片是很重要的——因此需要清晰的說明和對卡片的標記。

有時，問卷編寫者希望確保在後續問題被提問前，將卡片從受訪者的視線中移開。當卡片包含新產品概念或廣告創意的描述時，可能會發生這種情況，並且研究人員想要確認其中的哪一部分已經留在受訪者的腦海中。

讀出

如果訪員需要讀出多個回應選項，應該在適當的位置清楚地做指示。

讀出經常用於受訪者被要求將屬性列表與品牌相關聯，或將態度構面列表與他們表示的同意強度相關聯時。問卷編寫者應告訴訪員是否應該在讀出每一個屬性或陳述之間重複該問題。最初的問題可能是：「您認為這些品牌中的哪一個是……？【讀出】」如果問卷編寫者傾向它應該在每一個短語之前被讀出，那麼就應該說清楚這一點。

綜合測驗輪換

不太可能列印涵蓋每一獨特輪換的不同版本，因此一種通常可以接受的替代方案是使用有限的起點，並列印與這些起點相對應的減少數量的版本。因此，如

果有 30 個語句，則可以使用 6 個不同的起點，分布在整個綜合測驗中。這些語句輪換得相當好，因此僅列印該頁面的 6 個版本。

一個不太可靠的選擇是要求訪員在每一位受訪者的列表中隨機勾選一個起點。他們通常會被指示在開始訪談之前對問卷進行標記。重要的是，每一位訪員都要瞭解輪換起點的過程，特別是訪員必須明白每一語句都必須被讀出來。眾所周知，訪員只讀出從指定起點到綜合測驗末端的語句，而不是返回綜合測驗開頭的其餘語句。當綜合測驗在超過一個頁面且起點不在第一頁時，更有可能發生這種情況。

網格

一種常用的格式是有一系列品牌橫跨在網格頂部，這些品牌出現在向受訪者展示的卡片上，並在網格一側有一個屬性列表，訪員則會讀出。訪員很難閱讀大範圍的網格，且他們可能會將答案錯誤地編碼到錯誤的行上，特別是當站在門口或購物中心時。橫跨頁面的視線和交替行的底紋，是幫助訪員避免此類錯誤之簡單而有效的方法。

導引

導引的清晰度是訪員管理的紙本問卷的主要挑戰之一。如果訪員迷失在決定哪些問題應該或不應該被詢問時，這會損害受訪者對調查的信任，幾乎可以肯定的是，應該詢問的問題將不會被詢問，因此資料將會遺失。

當導引取決於對某個問題的回應時，則應在旁邊注明要詢問的後續問題編號。在圖 13.4 中，受訪者在 Q12 回答「汽車」將被引導到 Q13，而所有其他受訪者將被導引到 Q14。Q13 的標題向訪員確認，這是對主要乘坐汽車旅行的人提出的正確問題，而 Q14 的標題確認每個人都應該被詢問到這個問題。

有時導引會變得非常複雜，因為受訪者從多種途徑來回答一個問題，或者可能依賴多個問題的回應。在這種情況下，問卷編寫者應考慮在問卷中多次包含相同的問題，這樣做可以降低導引錯誤的發生。

感謝與分類問題

　　訪員很少被提醒須感謝受訪者的付出時間和合作，特別是如果他們與受訪者已經建立互信融洽的關係。然而，最好的做法是在問卷中加入一行感謝受訪者付出時間的話。

　　一些研究公司將所有分類細節記錄在問卷的首頁，即使這些細節可能要到訪談結束時才能被確定。這是為了方便在問卷送回辦公室時，進行配額控制和人口統計細節的檢查。如果是這種情況，謹慎的做法是在問卷結尾處提醒訪員返回首頁並完成分類問題。

Q12. 您今天來這裡使用哪一種主要交通方式？			
	腳踏車	1	
	公車	2	Q14
	汽車	3	Q13
	機車	4	
	火車	5	
	走路	6	
其他答案（填寫）_____		7	Q14
Q13. 所有主要乘坐汽車的人。 您是汽車的司機還是乘客？			
	司機	1	
	乘客	2	Q14
Q14. 詢問所有人。 您的回程旅行將會使用相同的交通方式嗎？			
	是——使用相同的方式	1	
	否——將使用不同的方式	2	
	不知道／未決定	3	Q15

圖 13.4　問卷中的導引

管理訊息

每一份問卷都需要一個唯一的識別碼或序號，以便能夠區分受訪者。由訪員執行的問卷還應包括訪員識別碼。然後，訪員可以對訪談進行分析，以確定訪員之間的任何影響，或確認可能在訪談中犯錯的訪員。如果問卷有多種版本，則通常為了分析目的，不同的版本也需要被識別。

資料輸入

資料輸入的格式和版面配置將取決於輸入資料的方式，以及用於分析它們的程式。

如果資料是被輸入，使用光學標記讀取，版面配置上會有具體說明，此取決於所使用的掃描設備類型。這個通常包含在每一頁上設置固定點，從這些點測量訪員或受訪者所做標記的位置。在圖 13.5 和圖 13.6 中，固定標記是在頁面四個角上的菱形。請注意，工作標識碼和頁碼也必須被包含在每一頁上，以正確識別掃描的資料。

電話訪談

在電話上進行訪員執行之調查的另一個額外挑戰是，缺乏眼神交流以及受訪者無法看到訪員在做什麼。如果訪員保持沉默，受訪者無法得知這是因為訪員正試圖理解複雜的指令或試圖瀏覽組織不佳的預編碼列表。這增加問卷編寫者的額外壓力，須確保調查對訪員盡可能地友好，否則很快就會失去融洽的關係。由於需要讀出所有問題，這通常意味訪員有 70-80% 的時間在說話。任何有助於創造更均衡的交流的方法都是有益的（例如：確保有一些開放式逐字問題，其中重點是讓受訪者說話）。

受訪者的短期記憶也有限制。保持任何項目量尺的簡短——或使用一種數字量尺代替僅標記端點。如果他們需要記住一組特定的品牌，以回答品牌關聯問

J.012345

Q11. 您說您最近換了能源公司，您改用了 Powerplus 哪一種能源供應？

瓦斯及電力 ☐   只有瓦斯 ☐   只有電力 ☐

Q12. 您為何決定改用 Powerplus？

在第一欄勾選主要原因，在第二欄中勾選其他理由。

	主因	其他
一家同時提供瓦斯及電力的公司	☐	☐
他們說他們能提供較低價格	☐	☐
沒有固定收費	☐	☐
搬家	☐	☐
他們提供我網路帳戶的管理	☐	☐
我不喜歡先前公司的顧客服務	☐	☐
之前沒有即時收到帳單	☐	☐
我對以前帳單的正確性不滿意	☐	☐
以前的帳單不易理解	☐	☐
太多推估儀錶刻度	☐	☐
推估的儀錶刻度不正確	☐	☐
他們提供我綠色能源	☐	☐
其他（勾選方格及寫入下面空白處）	☐	☐

Q13. 如果 Powerplus 說他們能提供較低價格，您預期每年大約可省多少費用？

每年最多 20 英磅 ☐

每年 21-40 英磅以下 ☐

每年 41-60 英磅 ☐

每年 61-80 英磅 ☐

每年 81-100 英磅 ☐

每年 100 英磅以上 ☐

不確定 ☐

Q14. 您以前使用哪家供應者？

Powergen ☐

British Gas ☐

EDF Energy ☐

Npower ☐

TXU Energi ☐

Scottish Power ☐

Other ☐

03

圖 13.5　用於掃描的問卷 (1)

J.012345

（限工作人員使用）　　　　　　　　　序號

親愛的研究俱樂部成員

感謝您抽出寶貴時間來完成這份問卷，請您在相應的方格中打叉☒，或在提供的方框中書寫，以回答所有問題。

Q1. 您是男性或女性？
　　請只給一個答案

　　　　　　　男性 ·························· □
　　　　　　　女性 ·························· □

Q2. 您的年齡落在下列哪個群組？
　　請只給一個答案

　　　　　　　18–25 ····················· □
　　　　　　　26–29 ····················· □
　　　　　　　30–34 ····················· □
　　　　　　　35–39 ····················· □
　　　　　　　40–44 ····················· □
　　　　　　　45–49 ····················· □
　　　　　　　50–54 ····················· □
　　　　　　　55–59 ····················· □
　　　　　　　60–65 ····················· □
　　　　　　　超過 65 ··················· □

Q3. 您一週刷牙幾次？
　　請寫在方格中──如果需要，請使用前置字元為零。

Q4. 什麼是您經常使用的牙膏品牌，至目前為止使用次數較他牌為多的品牌？
　　請寫在方格中──使用背面提供的 3 位數代碼

Q5. 請問您願意參與調查，並讓我們送您一條牙膏先試用嗎？
　　請只給一個答案

　　　　　　　是 ·························· □
　　　　　　　否 ·························· □

Q5. 如果您不是本問卷所提的研究俱樂部成員，請在此即時寫入您的名字，否則將此留空。

| 名 | | | | | | | | | | | | | | |
| 姓 | | | | | | | | | | | | | | |

感謝您完成這份問卷
現在請您使用所提供之回郵信封將它寄回給我們

01

圖 13.6　用於掃描的問卷 (2)

題,請要求他們寫下來——並且讓他們在詢問問題之前把它們讀給您聽,這樣您就可以確保他們沒有遺漏任何內容。

自我完成紙本問卷

一份紙本自我完成調查的成功,在很大程度上取決於問卷的外觀以及受訪者使用它的難易度。一份沒有吸引力且難以理解的問卷會降低回應率,並讓受訪者聯想到您並非真正關心此計畫,那麼他們為什麼應該要參與呢?

令它吸引人

關於如何使問卷對潛在的受訪者具有吸引力,可以有很多想法。然而,幾乎可以肯定的是,花在改善外觀上的時間、精力和金錢很少是被浪費的。

紙張應該始終具有足夠的品質,以使一面的印刷無法從另一面被看到。如果謹慎使用,在印刷中使用不同的顏色可以增加吸引力。顏色可用於區分說明和問題,或為問題提供界線。但是,應小心使用彩色紙。避免使用較深的顏色和有光澤的紙張,這兩種紙張會使印刷難以閱讀或書寫。

如果預算允許,問卷可以用小冊子的形式呈現。這看起來更專業及更容易讓受訪者理解。如果問卷使用雙面列印並在一個角落上裝訂,受訪者容易忽略反面的面頁,並且後面的一些頁面可能會脫落或不經意地被撕掉。

為了讓受訪者覺得這項調查是有價值的,研究應該有一個標題,清楚地顯示在問卷的封面上,以及進行調查的組織名稱和回郵地址。即使提供回郵信封,也可能被受訪者所遺失。

空間使用

對於潛在的受訪者來說,最令人畏懼的莫過於面對塞滿印刷的頁面,他們必須費勁才能在頁面中找到訊息,就像線上訪談中雜亂的螢幕令人畏懼一樣。問題

的版面配置須謹慎。

將問題分成幾個部分，每一個部分都有一個明確的標題，有助於受訪者理解問卷的流程，並且集中注意力在每一個部分的主題上。尤其在問卷很冗長的情況下，這有助於當完成部分問卷時給他們一點成就感。應該優先使用垂直選單而不是水平選單，因為這通常更容易理解並且創建一個更開放的外觀。然而，它確實需要更多空間。

圖 13.7 和圖 13.8 分別顯示了相同的問題，其中回應分別以水平和垂直方式列舉。

圖 13.7　水平的選單

如果頁面是以分列版面配置的，絕不允許問題超過兩頁或兩個欄位。如果一項回應選單延續到另一個頁面，則可能會被忽略。如果可能的話，避免問題的頁面呈現在前面有一個大的回應框格而底部放置一個簡短的問題，這個簡短問題很可能被忽略。

在圖 13.8 中，回應代碼是垂直地均勻分布。但是，如果其中一個回應代碼太長，以至於必須分成兩行顯示，這將導致框格之間的間距不均勻，如圖 13.9 所示。

Q8. 在未來 5 年內，您認為該建物是否需要下列任何的維修或改善？
請勾選所有符合的項目。

Q9. 在未來 5 年內，您打算進行下列任何的維修或改善？

	Q8	Q9
額外保全	☐	☐
改善暖氣	☐	☐
換電線	☐	☐
防潮處理	☐	☐
屋頂維修	☐	☐
窗戶換修	☐	☐

圖 13.8　垂直的選單

Q8. 在未來 5 年內，您認為該建物是否需要以下任何的維修或改善？

更換包括鍋爐的中央暖氣	☐
電氣換線	☐
磚砌填縫	☐
屋頂更新	☐
新的窗框	☐
額外的保全	☐
以上皆非	☐

圖 13.9　回應框格間之間距不均勻的問題

　　Christian 和 Dillman（2004）證實，不均勻間隔的類別回應可能會顯著偏向視覺上被孤立的類別；這種影響在態度問題可能相對於行為問題或順序量尺的情況下更為明顯。然而，對於所有問題最好透過確保回應框格的間距是相等，來避

免這種偏差的可能性，如圖 13.10 所示。

Q8. 在未來 5 年內，您認為該建物是否需要以下任何的維修或改善？

更換包括鍋爐的

中央暖氣　　　☐

電氣換線　　　☐

磚砌填縫　　　☐

屋頂更新　　　☐

新的窗框　　　☐

額外的保全　　☐

以上皆非　　　☐

圖 13.10　回應框格間之間距均勻的問題

完全開放問題

開放式問題對受訪者可能是一種阻礙，因為他們需要更多的投入。如果興趣程度是低的，那麼開放式問題往往充其量只能得到粗略回應，最壞的情況可能會損害回應率。避免以開放式問題開始訪談，如果可能的話，將開放式問題保留到訪談的後半部分。問卷在填寫之前可以從頭到尾閱讀一遍，因此必須假設受訪者已收到問卷上任何訊息的提示。只要在解釋資料時記住這種可能性，就不必在顯示可能提示開放回應的預編碼之前詢問一個開放式的問題。

與使用訪員執行的問卷一樣，留給受訪者填寫的空間越多，他們提供的回答就可能更完整。

花費時間使問卷看起來具有吸引力，這在提升回應率方面得到回報。

導引說明

　　導引應該保持在最低限度。在有必要的情況下，導引說明必須是清晰且明確的。如果可以對問題進行排序，以便導引說明僅將受訪者帶到下一個問題或下一部分——兩者都很容易找到——則更有可能避免遺漏錯誤。

　　導引說明（告訴他們應該跳到哪裡）應該放在分支問題的回應代碼之後。這使得受訪者在回答之前不太可能閱讀導引說明。Christian 和 Dillman（2004）研究說明，將導引說明放在回應代碼之前（如圖 13.11 中的版本 1）會增加對問題不回應的數量，可能是因為受訪者認為如果他們符合分支標準，他們應該直接地跳到後面的問題，而不必回答這個問題。當導引說明跟著回應代碼（版本 2）時，幾乎所有受訪者都會在繼續下一個問題之前完成這個問題。

版本 1	版本 2
Q1. 過去 7 天您有去過電影院嗎？	Q1. 過去 7 天您有去過電影院嗎？
如果您尚未去過電影院，跳到 Q5	是☐ 否☐
是☐ 否☐	如果您尚未去過電影院，跳到 Q5

資料來源：取自 Christian 及 Dillman, 2004。

圖 13.11　導引說明的位置

說明函

　　當問卷是在無人監督下所完成，或者是一種郵件（postal）或郵寄（mail）的調查，則需要一封說明函和說明。如果版面有足夠的空間，說明函可以列印在問卷的首頁。這樣就不會有說明函與問卷各自分開的風險。如果您希望在問卷上

列印受訪者識別碼（例如：客戶類型），這樣做可以簡化製作過程，因為可以將其列印在後一頁，避免郵寄時需要將信件與問卷進行配對。

資料輸入

使用紙本問卷需要輸入資料，資料輸入說明和代碼應該盡可能的謹慎。在使用數字代碼來識別回應的情況下，存在向受訪者暗示有一個從一開始編號的回應層次之風險。基於這個原因，圈選代碼——在訪員執行的問卷中經常被使用的方式——應該被避免。應始終優先選擇打勾或勾選方框，以避免任何此類偏差，並且回應代碼應盡可能小，與同時仍準確的進行資料輸入。

在透過光學掃描讀取資料的情況下，資料輸入代碼通常可以完全刪除或限制在問卷的邊緣。這樣做的好處是可以消除頁面上一些視覺上的混亂，使其對受訪者更具吸引力；它還消除了回應可能受到資料輸入編號代碼影響而產生偏差的任何顧慮。

個案研究：威士忌的使用與態度

訪員執行的問卷

我們的威士忌使用和態度調查將在線上進行，所以在這裡我們將看到，如果我們決定改用 CAPI 電腦輔助個人訪談的方式，調查將會有什麼不同（我們可以排除使用電話調查，因為需要顯示廣告作為提示）。

語調

主要差異在於一種語調。我們想要從每一位受訪者那裡知道的訊息保持不變，但是在許多情況下，我們提問問題的方式會發生變化。語調將從線上問卷的高效風格做轉變，力求最大限度地減少一個問題中的單詞數量和螢幕上的雜亂程度，以幫助訪員與受訪者建立關係或融洽的語調。過程中，問候語和解釋在實現此目標上發揮了重要作用。

表 13.1 顯示為了使其適合面對面訪談，而做出的一些改變。

請注意，所有這些問題都變得冗長。部分是因為訪員必須提供的說明增加了，因為受訪者除了偶爾看到帶有品牌列表的卡片外，什麼也看不到。這也有助於訪員與受訪者建立一種融洽互信的關係。

表 13.1

問題	面對面問題
Q1. 您能說出八個品牌的蘇格蘭威士忌嗎？	您聽說過哪些品牌的蘇格蘭威士忌嗎？
Q3. 您聽說過以下哪些品牌的蘇格蘭威士忌？	您聽說過這張卡片上的哪些蘇格蘭威士忌品牌？請包括您已經提到的任何內容。
Q4. 您最近看過或聽過哪些蘇格蘭威士忌品牌的廣告？	您最近看到或聽到過這張卡片上哪些品牌的蘇格蘭威士忌的廣告？請包括您已經提到的任何內容。
Q6. 關於 Crianlarich 的廣告，您還記得什麼？【填寫】	請向我描述您能記得的關於 Crianlarich 廣告的每一件事情。【提問】它是關於什麼的？它說了什麼或表現了什麼？【提問】還有什麼？
Q9. 您是在可當場飲用執行的場所喝蘇格蘭威士忌，還是在家裡，或兩者兼有？	您是否只在可當場飲用執行的場所（例如：餐廳、酒館或酒吧）飲用威士忌？或只在家裡或在別人家？或者您在可當場飲用的場所和家裡都有嗎？
Q23. 對於每一對屬性，移動滑鼠以顯示在選擇威士忌時哪一個對您更重要？	我現在要讀出一些成對短句，這些短句描述您在選擇蘇格蘭威士忌品牌時可能會考慮的一些事情。對於每一對，我希望您透過在它們之間分配 11 分來告訴我哪一個更重要。如果其中一個較其他重要得多，您可能會給它全部 11 分。如果他們差不多相等，您會給它們幾乎相等的分數。
Q24. 您將哪一種品牌或哪些品牌與這些陳述連結起來？	我現在要讀出一些用來描述蘇格蘭威士忌品牌的單詞和短句。對於每一個，我希望您告訴我您認為它適用於這張卡上的哪一種品牌。沒有正確或錯誤的答案，而且每一短語都可以適用於所有答案，它們沒有一個或任意數量。

表 13.1 （續）

問題	面對面問題
Q25.（顯示無品牌 Crianlarich 的廣告）您以前看過這個廣告嗎？	這是蘇格蘭威士忌的廣告，您以前見過這個嗎？

　　Q23 和 Q24 可由受訪者自行完成，訪員將 CAPI 機器交給受訪者。這將更接近線上問卷，但仍需要來自訪員的一些解釋。

　　請注意 Q25 描述正在展示的內容是一則廣告，以便受訪者在被詢問問題之前已瞭解內容是什麼。在線上，這被認為是顯而易見的。

關鍵要點

- 有訪員的參與可以建立更深厚的融洽關係和參與度，如此有助於訪員專注於實現這一目標，而不是專注於如何操作您的問卷。
- 訪員也會犯錯誤 —— 如果調查是冗長且乏味的，訪員可能會加快速度。須確保：
  - 清晰的導引說明（如果調查是在紙本上進行，而且沒有範本，此點至關重要）。
  - 組織良好的列表易於瀏覽，尤其是使用只有訪員才能看到的預編碼自發性問題（在電話訪談中特別常見的格式）。
  - 當讀出問題時聽起來自然而有禮貌。
  - 相較於線上自我完成的問卷，更多的寒暄和稍微冗長的問題。
- 紙本自我完成的調查必須看起來良好，要專業、整齊且有簡單的指引。

Chapter

14

預試您的問卷

簡介

在建立問卷時，研究人員一直在考慮可能出現的問題，並採取措施試圖確保每一個問題——以及整體問卷——將傳遞有用的和良好品質的訊息。在這樣做的過程中，他們會非常熟悉問卷。雖然經驗豐富的問卷編寫者仍然能夠客觀地審查問卷，但由於他們太熟悉問卷，無法充分瞭解其對第一次體驗問卷的受訪者的影響。

不幸地，在計畫時間表時沒有建立足夠的預試時間是非常普遍的。鑑於須盡快傳遞訊息的壓力，該過程中的這個階段通常被視為可省略的，但是始終建議進行某一種類型的預試檢驗。

為何預試問卷？

預試的目標至少是發現意外的錯誤，包括在實際文檔或範本的製作過程中出現的任何錯誤（例如：導引錯誤、遺漏說明或技術問題）。

預試也旨在調查我們的問卷是否提供既有效又可靠的訊息。有效性主要是指我們確實地測量我們想要測量之內容的信心，這包括我們的問卷是否能提供回答我們的目標所需之訊息類型的信心，還涉及我們對問卷設計所獲資料的可能準確性之信心。所有受訪者是否以同樣的方式理解這些問題？他們是否能夠回答我們想要的詳細程度？他們是否願意並且能夠如實地回答我們的問題？

可靠性意指如果我們再次詢問這些受訪者相同的問題（假設我們可以抹去他們對先前回答的記憶），他們會給予相同答案的信心。直接測試可靠性顯然是非常困難的。如果我們嘗試再次對相同的受訪者樣本進行相同的問卷調查以檢測其一致性，那麼他們的答案將可能會受到他們第一次經歷之記憶的影響。他們忘記第一次經歷所需的時間可能非常的長，並且在此期間可能會發生許多其他變化，這可能導致他們的答案出現真正的差異。因此，在實務中，可靠性調查建立

在受訪者首次能夠準確地回答問題——實際上與我們對有效性的調查重疊。

調查對可靠性和有效性的影響

　　預試可以調查一系列範圍，以建立對問卷有效性和可靠性的信心，並強調需要修改的地方：

- 受訪者是否能閱讀並理解問題？我們如何成功的設計一個足夠簡短、易於閱讀且又足夠精確，以便可以明確解釋的問題？
- 語言是否盡可能的自然和簡單？是否有任何詞語或術語令受訪者感到困惑？
- 受訪者可以回答問題嗎？詳細程度如何？在哪段時間內？我們要求他們進行的任何概化是否易於處理？還是答案太經常「視情況而定」？
- 訪談流程順暢嗎？是否有助於受訪者思考？（例如：以一種對他們有意義的方式展開，遵循他們的自然思維過程？）
- 問題順序如何影響受訪者的思維？不可避免地，每一個問題都有可能改變他們的思維方式，因此需要以理想的順序做出妥協。影響是否可以減少，例如：透過隨機排序問題或部分來實現？
- 當受訪者從一個問題轉移到另一個問題時，它對於導引受訪者的參考框架表現得如何？上下文何時發生變化是否清楚？（例如：當問題從「購買」轉變為「吃」時？）
- 是否有任何重要的回應選項漏失在答案選單中？答案是否被迫符合所提供的代碼？是否經常使用「其他」？圖 14.1 問題的受訪者可能曾搭乘電車。如果研究人員不知道電車是一種選項，或是他們假設受訪者會將電車和公共汽車一起包括，那麼省略此回應選項可能是一種疏忽。複查這些「其他」，將強調對回應選單的重要修改。
- 回應代碼是否提供足夠的區別度？如果大多數受訪者給予相同的答案，則可能需要審查預編碼以瞭解如何改進區別度，如果無法實現，還包括這個問題

您今天來這裡的主要交通方式是什麼？

腳踏車	○
公車	○
汽車	○
機車	○
火車	○
走路	○
其他（填寫） ▢	○

圖 14.1　發現遺漏的代碼

仍然有價值嗎？

- 問卷是否始終保持受訪者的注意力和興趣？我們能否確認動機下降的點？也許諸如改變問題格式的干預，可能會有所幫助？

- 所有這些是否因受訪者使用的設備類型而異？如果有任何證據顯示，使用行動電話的人與使用桌上型電腦的人給予不同的回應，這可能突顯需要改變版面配置或問題格式，以確保問題和答案的呈現是可比較的。

- 受訪者（或訪員）能否理解問卷中的任何導引說明？如果調查是在紙本上進行，或者如果數位範本軟體沒有自動導引功能，這一點是特別重要的。

- 如果由訪員讀出這些問題聽起來正確嗎？令人驚訝的是，當一個寫在紙本上看起來可接受的問題，在讀出時聽起來過於正式或是怪怪的。對於問卷編寫者來說，親自進行訪談並意識到他們經常想要解釋一個問題使其聽起來更自然，這可能是一種有益的經驗。

- 訪員是否理解問題？如果他們無法理解，則受訪者理解的可能性就很小。

發現錯誤和實務應用問題

- 是否已經犯了錯？通常是一些被忽視的小錯誤，但可能會產生戲劇性的影響：

視覺上吸引注意的地方不一致、一些列表項目以粗體顯示或較其他項目更冗長、關鍵品牌被誤刪或拼寫錯誤等。

- 導引是否正常運作？儘管應該對此進行全面檢查，但不合邏輯的導引順序有時只會在現場訪談中變得明顯。
- 技術是否運作正常？也許正在使用一種新的交互元素。它在辦公室可能運行良好，但它是否在受訪者擁有的各種設備、瀏覽器和操作系統上可以運作正常？
- 完成訪談需要多久時間？在介紹中，受訪者已經被告知所需的時間；如果超過這個時間，可能會損失受訪者的好意，並面臨品質良窳的風險。如果時間顯著較短，您可能會在介紹時失去原本會參與的受訪者。
- 實地調查工作需要多久時間？大多數面對面或電話調查都已經為訪談預定特定的一段時間。分配給該計畫的訪員人數將部分根據訪談長度計算，並且可能獲得相應報酬。訪談短於預期的時間通常不會出現太大問題，但相反的情況可能會導致資源浪費。

即使導引已經被測試過，您也可以使用不同的回應來完成問卷，以檢查是否詢問到您期望的問題。

預試調查的類型

預試的類型和規模將隨著對預試的認知需求、可用時間和預算的不同而異。包括：

- 與少數同事進行非正式的預試。
- 在受訪者中以測試問卷進行認知訪談。
- 陪同訪談，主要用於測試訪員和導引是否錯誤。

- 測試性啟動，檢測回應所花費的時間、導引是否錯誤和不尋常的回應模式。
- 大規模預試研究，可以使用大量訪談來測試品牌列表的完整性或子群體的發生率。
- 動態預試，在訪談之間更改問題措辭，以根據收到的回應測試備選方案。

非正式預試

　　同事或朋友之間的非正式預試，代表任何問卷都應該接受的最低限度標準。儘管他們可能無法完全反映典型的受訪者，但他們將以全新的角度看待問卷，並且能夠在此基礎上提供反饋。他們還將提供完成問卷所花費的時間，儘管如果他們熟悉問卷慣例，他們可能會回答得更快，或者如果他們對主題的瞭解不像預期的受訪者那樣熟悉，他們確實可能會回答得更慢。

　　理想情況下，您的預試測試者應符合研究的資格標準，以便他們可以作爲目標受訪者進行問卷回答。在這種情況下，他們將更能夠指出問題術語或答案類別存在不清楚或不完整的地方。即使他們必須假裝符合資格標準，他們也可以就可用性、說明和視覺版面配置或干擾提供反饋。

　　如果一份問卷的導引，導致某些受訪者的訪談時間比其他人更長，那麼請確保向同事通報此情況，以便能夠對此進行測試。例如：要求一位同事假裝自己是多個品牌的用戶，以瞭解問卷最長時是如何運作的。

　　如果問卷是爲了訪員執行而編寫的，那麼問卷編寫者可以扮演這個角色。然而，由於他們對問卷的熟悉性，意味著不會對訪員的可用性問題進行全面測試。

　　儘管同事可能不被認爲是測試問卷的理想樣本，但研究顯示，具有問卷設計知識的人相對於不瞭解問卷設計的人更有可能發現問題中可避免的錯誤，因此他們是一個很好的起點（Diamantopolous et al., 1994）。

認知測試

　　在同事之間測試一份問卷可能會發現一些問題，但無法正確複製眞實受訪者

在回答問題時，他們對問題的理解或思維過程。為了測試這些問題，需要與一些屬於調查母體的受訪者進行訪談，通常是一對一的訪談。這些訪談可以由研究人員自己進行，他們對主題和問卷有很好的瞭解；認知心理學家，他們對認知過程有很好的理解；或在該領域具有專業知識的特別培訓資深訪員。對於線上問卷，他們與受訪者坐在一起觀看，並完成調查。儘管在整個完成的過程中可能會詢問預試的受訪者他們對問卷的反應，但這可能會妨礙他們以一位典型受訪者的方式體驗問卷。相反地，可能會要求受訪者在回答問題時「大聲思考」，從而對他們的思考過程進行即時評論。基於 Tourangeau（1984）和 Eisenhower 等人（1991）提出的模型，這種類型預試旨在確定受訪者是否：

- 對所詢問的內容有記憶，因此有能力回答問題（在記憶中編碼）。
- 理解問題（理解）。
- 可以取得他們記憶中的相關訊息（檢索）。
- 可以評估他們檢索到的訊息與問題相關性（判斷）。
- 可以提供符合所提類別的答案，並決定是否要提供答案，或者是否要提供一個社會上可接受的答案（溝通／回應）。

　　一個經常值得詢問的問題是，受訪者是否認為該問卷能夠讓他們說出其對該主題想要說的所有內容。偶爾會出現一個對受訪者來說重要的問題。在無法表達這一點的情況下，受訪者可能會認為調查發起人無法全面瞭解情況。如果這不是研究目標的核心，則可能沒有必要添加詳細的問題來解決這個問題，但肯定建議在訪談一開始時就說出，受訪者將有機會在訪談過程的某個時刻──無論是開始時還是結束時──讓受訪者用他們自己的措辭（即逐字格式），表達對他們來說特別重要的問題。

在一項認知測試中，不要在結束之前更正受訪者或提供新訊息，否則您可能無法發現後續的問題。

這種性質的認知測試可以揭露問卷的一系列困難。例如：McKay 和 de la Puente（1996）的報告在以下方面發現了問題：

- 受訪者不願意回答的敏感問題。
- 受訪者認為難以理解和回答的抽象問題。
- 問卷編寫者使用一些受訪者不熟悉的詞句之詞彙問題。
- 順序效應取決於被詢問問題之順序而改變的情況。

所選的受訪者應代表主要研究中包含的各種人群。在問卷中可能遇到困難的任何特別子群組的成員，應該被納入代表。

陪同訪談

面對面或電話訪談的進一步預試階段，研究人員可以陪同或聽取由常規訪談小組成員進行的訪談。問卷編寫者應該留意以下方面：

- 訪員在閱讀問題時的錯誤。
- 訪員在遵循導引指示時的錯誤。
- 導引指示的錯誤帶領受訪者到錯誤的問題。

如果無法進行適當的認知測試，這種方法可以結合訪談受訪者以測試問題。然而，由於測試的目標是評估訪員處理問卷的方式以及受訪者理解和回答問題的方式，有時可能會在研究人員的方法上產生衝突。

測試性啟動

在將問卷送給所有受訪者之前，通常會進行一項線上調查的測試性啟動，以盡可能多地測試問卷。調查將在有限的時間內進行，比如一兩天，或者直到已收到所需的完成數量為止。對於一項大型調查，這可能多達 100 個。資料會初步的快速進行分析，並針對以下議題評估回應：

• 導引失敗，即已回答問題的受訪者數量出乎意料地少（或多），表示問卷範本存在錯誤。
• 非預期的回應模式可能暗示對問題未能理解，或者在呈現的預編碼回應列表中存在不足或缺乏區別度。
• 花費的時間。
• 平淡無味程度高，指受訪者對問題沒有參與或參與度低。

如果發現這些或其他問題中的任何一個，則調查的全面啟動將延遲，直到這些問題得到修正。如果沒有發現此類問題，則調查啟動可以繼續。最終資料集中是否可以包含來自測試性啟動的回應，將取決於所發現問題的類型和嚴重性。

大規模預試調查

對於訪員執行的調查，當完成小規模預試調查後，可能希望轉向一項更大規模的調查。此處的目標是擴展預試活動到一個更廣泛範圍的受訪者，並確保有足夠數量的受訪者進行一些分析，以確認所詢問的問題提供了回答計畫目標所需的資訊。這在某些方法類似於線上調查的測試性啟動，但其結構是與主要實地工作分開的獨立練習。

一些評論者建議，對訪員進行的調查，預試調查中使用的訪員應該是最有經驗的，他們能夠判斷問題中的歧義和其他錯誤。其他人則建議選擇不同能力的訪員，因為這反映了主要研究中可能使用的能力範圍。應該決定預試研究的主要目

的，並且相應地選擇訪員的類型。因此，如果預試的焦點更多放在問題的措辭上，那麼經驗豐富的訪員可能是適合的。如果焦點同樣放在訪員如何應對複雜的問卷上，那麼選擇不同能力的訪員可能更能滿足需求。

這種類型的大規模預試只可能在大規模研究中進行，如果研究無法達到其目標，則失敗的成本很高。在這項預試中可能會進行 50 次以上的訪談，其設計應涵蓋市場的不同部分和不同地理區域。在這個階段可能會發現一些小區域品牌應添加到品牌列表中，或者沒有被迎合的非預期少數行為。在這個階段，異常多的「不知道」或「未回答」的回應，可能表示問題有問題。

問卷編寫者不太可能出現在所有訪談中。因此，應該向訪員提供紀錄表，以便在他們進行訪談時記錄他們自己和受訪者的意見，提供日後參考。

應該對訪員進行一次簡報，以討論他們對問卷的體驗。問卷編寫者應該在簡報進行之前查看所有已完成的問卷，以便確定某些問題可能仍然存在的問題，包括訪員自己可能沒意識到的問題。例如：如果他們都一致性地誤解某個問題，他們就不太可能將其確認為是一個問題，因此需要問卷編寫者來確認。如果預試的測試結果是應該對問卷進行重大修改，則應該進行另一輪的預試測試。

雖然不是問卷開發過程的一部分，但是大規模預試調查的另一個用途是能夠顯示研究範圍內少數群體的發生率。如果該研究試圖能夠分析特定的次群體，其發生率是未知的，那麼預試樣本可以給予初步指示，進而表明主要研究的預期樣本大小是否足以滿足此分析。這可能導致修改主要調查的樣本大小或結構。

動態預試

如果問卷是實驗性的情況，動態預試可以非常有用。其規模與小型預試調查相似。然而，問卷編寫者並不是聽取多次訪談，就決定什麼是有效的及什麼是無效的，而是在每一次訪談後對問卷進行審查，並重新編寫以嘗試改進。客戶和研究人員通常會一起做這件事。然後將改進後的問卷用於下一次訪談，之後再次對其進行審查。

這是一個耗時且可能成本高昂的過程，特別是如果必須租用一個中心地點來進行此過程。然而，在對問題的順序或問題的準確措辭存在實際擔憂的情況下，這可能是實現一份問卷調查運作的最快方法，特別是如果客戶是動態決策形成過程的一部分時。在線上，可以在小樣本中並行測試一系列不同的選項，這是一個相對快速和簡單的過程。

如果我們希望測試一項複雜的政府政策提案之反應時，這可能是合適的一個範例。在這種情況下，確保受訪者瞭解政策的一些細節可能是重要的。問卷設計的一個關鍵要素是如何解釋政策的許多不同要素，並獲得對每一個要素的反應。因此，我們可能需要測試不同要素的描述措辭，以判斷它傳達政策是否清晰和正確；並根據要素被顯示的次序評估任何順序效應。透過觀察預試受訪者的反應，並在必要時詢問他們從描述中所理解的內容，問卷編寫者能夠調整訪談之間問題的用詞與順序，直到達成令人滿意的結論。

在一個計畫中很少使用所有這些技術，然而，重要的是至少應經常進行一種類型的問卷測試。

個案研究：威士忌的使用與態度

預試

對於我們的蘇格蘭威士忌調查，將進行兩個階段的預試：

- 非正式預試。
- 測試性啟動。

非正式預試

在編寫問卷範本之後，研究人員將檢查它是否有任何明顯的錯誤，並確保導引正確地運作。雖然問卷編寫者已經檢查過，但研究人員將希望再次仔細檢查。將特別關注 Q9-Q22，這裡涉及到關於誰是購買者、誰是決策者以及在家飲

酒的品牌清單之複雜導引。在這裡，流程圖是重要的，因爲研究人員將跟隨流程圖中的每一條導引，以確保問題是按預期的方式呈現。

一旦研究人員滿意，連結將發送給兩位或三位同事，最好是經常飲用蘇格蘭威士忌的同事，但如果不是，則要求他們以其習慣的方式完成問卷。他們被要求在其不確定問題的含義或其認爲回應代碼不適合他們的情況處做筆記。問卷編寫者將根據這些筆記，重新審視這些問題以改進它們。

測試性啟動

我們之前在這個市場已經進行過類似的調查，並相信我們具有足夠的經驗，不需要進行深入的認知測試。然而，猶如一種快速檢查，在非正式預試階段問卷編寫者可以與一些同事坐在一起，並請他們在完成問卷時，討論他們對問題的理解和思考過程。

一旦已完成對非正式預試進行的任何更改，我們就可以繼續進行測試性啟動。

調查的樣本數量爲 1,000 名蘇格蘭威士忌飲用者，因此我們的目標是在前100 名中完成測試性啟動，然後暫停調查。我們將從這些資料中尋找的是：

- 完成調查所需的時間。這與我們提議告訴受訪者的時間長度相符嗎？
- 退出調查的程度以及在問卷的哪一部分退出 —— 這可能指向一個需要修改的問題。
- 是否有大量在品牌列表問題中填寫「其他答案」。這可能表明我們遺漏了一些重要的蘇格蘭威士忌品牌。
- 是否存在意外的回應模式或資料分布，此可能表明對問題的理解存在問題。
- 在 Q24 的一致性程度，高水平可能意味著我們未能吸引受訪者。

任何問題的發生，都可以在調查被重新啟動前得到解決。

關鍵要點

- 在問卷編寫過程中，您將採取措施來消除錯誤、克服潛在問題，並減少受訪者限制的影響。
- 不可避免地，您將對問卷產生很深的情感聯繫，並且不能低估重新審視它的好處。
- 某種形式的預試總是可取的。預試規模取決於與計畫相關的風險，例如：
  - ⊙ 先前的知識範圍。（這是第一個關於這個主題的研究嗎？在這個國家嗎？）
  - ⊙ 問卷和主題的複雜性。
  - ⊙ 計畫的規模。（是否在許多國家進行複製？其設計是否可以運行許多不同階段或長久時間？）
  - ⊙ 基於研究結果的決策重要性。
- 預試選項的範圍包括：
  - ⊙ 透過同事進行的非正式測試。
  - ⊙ 與測試受訪者進行對話，以瞭解他們的訪談經驗和他們用來回答問題的認知過程。
  - ⊙ 訪員對可用性的反饋以及他們對受訪者問題的看法。
  - ⊙ 在部分啟動後對初始資料的檢查（即在完整樣本推出前）。
  - ⊙ 大規模預試（有時包括資料分析過程的測試）。
- 如果已經進行重大更改，則可能需要再進行另一輪的預試！

問卷設計中的道德議題

簡介

市場調查產業繼續使用樣本調查的能力，取決於公眾願意付出時間和合作來回答我們的問題。我們經常介紹一項調查，表示參與有助於改善市場上的產品和服務，但是對受訪者的直接獎勵通常很少（如果有的話）。小組中的受訪者通常會受到累積積分的激勵——但即使在這裡，財務獎勵也不是很好，而且大多數人參與的動機都不是為了錢（Bruggen et al., 2011）。有三個主要機構制定了研究的行為準則。這些準則的設計，部分是為了確保研究人員維護受訪者的善意：

- 英國市場研究協會（Market Research Society, MRS）
- 美國觀察協會（The Insights Association，前身為 CASRO 和 MRA）
- 歐洲民意與行銷研究協會（The European Society for Opinion and Marketing Research, ESOMAR）

任何這些機構的成員都需要遵守他們的行為準則，該準則提供了整套的遵循原則。他們還為研究的特定方面提供更詳細的指南。作為其規範的補充，MRS 制定了《問卷設計指南》，該指南會定期更新，可在 www.mrs.org.uk/standards/guidelines 找到。問卷編寫者應該熟悉這些指南，這不僅有助於解決道德問題，而且有助於承擔有關資料保護的法律責任。

法律要求

許多國家現在都有法律要求，通常以資料保護法的形式出現，這些要求定義了問卷編寫者必須向受訪者提供的某些訊息要點。如果存在任何衝突，這些法律優先於行為準則。在英國，相關法律是 2018 年生效的「一般資料保護規則（the General Data Protection Regulation）」。該法規要求研究人員對受訪者的資料隱

私相較於先前承擔更多的責任。在歐盟內部中，法律源自「歐洲資料保護指令」
（the European Data Protection Directive），因此雖然相似，但不一定完全相同。
歐洲法律與美國法律不同，將個人資料從歐洲轉移到美國需要收件人已簽署「隱
私保護」（Privacy Shield）協議。這包括基於雲端基礎的服務，例如：DIY 調查
提供商，他們可能持有您不知道的歐洲以外的資料。問卷編寫者的責任是確保他
們遵守其工作所在國家的法律，以及其進行調查的一個或多個國家的法律。

> 知道並瞭解您所依據的法律。如果您被要求做一些違反法律的事情，這可以
> 幫助您立即說「不」。

一般資料保護規則（GDPR）

　　GDPR 涵蓋個人資料，例如：與已識別或可識別的自然人有關的資訊；誰可
以直接或間接地被該資料單獨地識別或與其他資料一起被識別。請注意，錄音和
錄影以及靜止圖像應始終被視為個人資料。

　　GDPR 有六項一般原則：

- **合法、公平、透明**：以合法、公平和透明的方式處理個人資料。
- **目的限制**：個人資料是為了特定、明確和合法的目的而獲取的，並且不會以
　與這些目的不相容的方式進一步處理。為了存檔、科學、統計和歷史研究目
　的，進一步處理是被考量的。
- **資料最小化**：個人資料被處理是充分的、相關的並且僅限於必要的。
- **準確性**：個人資料是準確無誤的，並在必要時保持最新。
- **存儲限制**：個人資料的保存時間不會超過必要的時間（但為了存檔、科學、統
　計和歷史研究目的而處理的資料，可以保存更長時間，但須遵守保護措施）。
- **誠信和保密**：採取適當的技術和組織措施，來防止未經授權或非法的處理、丟
　失、損壞或破壞。

　　並非所有這些都會影響問卷編寫者，而是指在研究過程中如何進一步管理個人資料。請注意，個人資料蒐集應該是相關的，並且僅限於是必要的。

　　問卷編寫者的另一個主要問題是要求透明。這意味著，對於大多數研究目的，必須獲得知情同意。

獲得同意

　　在獲得同意的情況下，這必須是：

- 自由給予。
- 具體的（它可以涵蓋多種處理目的，包括研究目的，但必須是從任何其他術語中所強調的）。
- 知情的。
- 具有明確的指示以及積極的行動或聲明。

　　「資料控制者」（您已確認負責任何個人資料安全的個體）需要能夠證明已獲得同意，這意味著您需要獲得對一個明確積極的聲明或行動的同意。沉默、預先勾選的方框或不活動，不能用於表示或暗示同意。同意必須針對個人被強調的目的。如果您尚未獲得此同意，則需要將其包含在問卷中。

　　受訪者有權利知道：

- 資料控制者的身分。
- 負責資料保護官員的聯繫細節。
- 處理的法律依據。
- 處理目的。
- 任何國際資料傳輸的細節。
- 資料的保留期限或保留標準。

- 存在任何自動化決策，以及相關邏輯、重要性和結果。
- 所有其他權利的細節，包括反對權、資料攜帶權、撤回同意權，以及向監管機構提出投訴的權利。

　　這並不意味著您需要在訪談開始時，就讓受訪者瞭解所有這些內容。顯然地，您必須說明研究機構是誰（或如果不同的話，資料控制者是誰），以及調查的目的。在線上，可以使用諸如標題或框格等技術提供其他訊息，當滑鼠游標滑過時會顯示詳細訊息，或者透過連接到其他地方保存完整詳細的訊息。在非常複雜的情況下，可能會使用解釋性影片。

　　在電話調查中，受訪者可以被引導到一個網站或指定的個人進行查詢。為避免在訪談開始時進行冗長的解釋並冒著提前結束的風險，可以在電話調查開始時提供基本訊息，然後在結束時提供其餘訊息。

　　在研究被用於科學研討、擬發表的社會研究或公共衛生的情況時，可能無法預測資料被使用的所有目的，則可能會獲得更廣泛的同意。

敏感資料

　　有一種敏感的「特殊」資料類別，這包括宗教或哲學信仰、健康狀況、種族或民族血統、工會會員身分、政治信仰、性生活或性取向、個人基因資料和生物特徵資料。

更多訊息

　　法律將繼續進行修訂、更新和可能有不同的解釋，因此建議問卷編寫者諮詢研究協會和監管機構以獲得釐清，特別是市場研究協會、ESOMAR 和 Efamro。上述大部分內容基於 ESOMAR、Efamro 與 MRS 聯合發布的 2017 年 6 月研究部門之一般資料保護規則（GDPR）指導說明。在英國，資訊委員辦公室在他們的網站上提供了指導，並為小型企業提供電話協助專線。（網址見附錄二。）

善意與回應率的下降

過去 30 年來，大多數國家的善意與合作程度有所下降。可能的原因包括：

- 潛在的受訪者無法區分市場研究和資料庫行銷等活動。事實上，在一項研究中，四分之三的受訪者表示他們無法區分這兩者（Brace et al., 1999）。
- 直接行銷、資料庫行銷等活動都有所增加。由於潛在的受訪者可能會很難區分它們，因此他們可能擔心在接觸有關研究時會被推銷一些東西。
- 太忙或沒有足夠時間的比例增加，成為拒絕參與調查的原因（Vercruyssen, Van de Putte, and Stoop, 2011）。許多人認為他們沒有多少時間用於市場研究等無回報的活動，儘管真實情況是否如此最近已經受到挑戰（Sullivan and Gershuny, 2017）。
- 市場研究比以往更多，許多人被要求更頻繁地參與研究調查。一些市場已經被過度研究，特別是企業對企業以及醫療市場。
- 隨著對客戶管理資訊需求的增加，我們對受訪者的要求也隨之增加。許多潛在的受訪者曾經對市場調查訪談感到厭煩，或者認識某人曾經有過這樣的經歷，因此不準備再次經歷同樣的乏味。在線上調查中，沒有訪員扮演中介，這情況可能特別地嚴重。

問卷編寫者幾乎無法請人們騰出更多時間或防止市場被過度研究。然而，在編寫問卷時應以誠實、公開和尊重的態度對待受訪者，問卷編寫者可以協助區分真正的市場研究和直接行銷。透過建立引人入勝且有趣的簡短訪談，他或她可以提高市場研究訪談的地位。潛在的受訪者可能更願意在未來參與調查。

對受訪者的責任

簡介

　　訪談介紹中所說的話，對於確保受訪者的合作是至關重要的。從道德的角度來看，介紹應該包括：

- 執行研究的組織名稱。*
- 廣泛的主題領域。
- 主題領域是否特別地敏感。*
- 所蒐集的資料是否將被保密或以個人可識別的方式用於其他目的，例如：建立資料庫或直接行銷，如果是，則由誰使用以及出於什麼目的。*
- 訪談的預計長度。
- 受訪者的任何費用。
- 訪談是否要錄製──無論是使用音頻還是視頻──而不是為了品質控制。*

* 見「一般資料保護規則」（GDPR）。

　　這提供受訪者或潛在受訪者所需的訊息，以便能夠就其是否準備在研究中進行合作做出明智的決定。有時遵守這些要求並不容易，但問卷編寫者應該盡一切努力做到這一點。

研究組織的名稱

　　要傳達的主要組織名稱是負責任何個人資料安全的機構。在 GDPR 術語中，這是「資料控制者」，可能是：

　　一家線上小組公司，保留未傳遞給任何其他組織的受訪者之個人訊息。

- 招募受訪者參與調查並保留受訪者個人訊息的一家研究公司，這些訊息不會傳遞給任何其他組織。
- 一家客戶公司，調查由研究機構進行，但受訪者的個人資料將傳送給客戶。
- 一家客戶公司，調查由公司自己進行。
- 任何安排調查及保留受訪者個人資料的組織或個人。

　　一項調查可能由研究公司進行，並在調查結束時尋求許可，將個人詳細訊息傳遞給另一個組織，例如：客戶。只有在解釋了該其他組織將使用個人資料的目的後，才明確地給予此許可，然後不得將其用於其他目的。您可能希望這樣做，是因為在調查開始時就透露客戶或其他組織的身分將會影響受訪者所給的回應。

主題問題

　　應該給予廣泛的主題範圍，以便受訪者對接下來的提問領域有一個合理的想法。通常我們不希望過早透露確切的主題問題，因為這會使回應產生偏差，特別是在篩選問題期間。但是，應盡一切努力給予一般性的指示。例如：有關假期的調查可以被描述為關於休閒活動的調查，儘管這樣的描述對於有關飲酒習慣的調查可能是不適當的。對於被視為敏感主題的性活動調查，「休閒活動」將肯定是一種不適當的描述。

敏感問題

　　在英國，敏感主題的定義包括：

- 性生活。
- 種族或民族起源。
- 政治意見。

- 宗教或類似信仰。
- 生理或心理健康。
- 涉及犯罪活動或涉嫌犯罪活動。
- 工會會員身分。

　　然而，這份列表並未詳盡，因爲受訪者可能覺得其他主題的內容也很敏感，問卷編寫者應檢查研究中任何可能的敏感內容。任何在處理藥品和藥物或疾病領域，或從事金融主題研究的人，都應該特別注意這個議題。

　　有些人口統計問題需要小心地詢問（例如：種族、性別或性取向）。要隨時瞭解不斷變化的最佳實務指南。在英國，國家統計局和 MRS 是瞭解這方面訊息的良好來源。

保密性

　　市場研究調查與爲直接行銷或資料庫建置而進行的調查之間的主要區別之一，是資料的保密且僅用於分析目的。受訪者參與研究後，不會發生直接銷售或行銷活動。這應該在問卷的引言中或郵寄調查範例的附信中做說明。然後，研究機構有責任確保資料僅以這種方式處理。

　　有時候事實可能並非如此。一個例子可能是客戶滿意度調查，試圖利用個人層面的資料來增強客戶公司的顧客資料庫。如果調查主要用於識別對客戶新產品或服務表現出興趣的受訪者，以便客戶可以進行後續的市場活動，這種情況也不太可能適用（這可能發生在小型企業對企業市場中）。這些研究不是機密研究，問卷不能將其描述爲機密研究。受訪者必須被告知哪些組織將看到他們的資料以及他們將如何使用這些資料，並給予機會選擇退出。在大多數歐洲國家，這是資料保護立法下的一種法律要求。

　　除了在這些國家將此類研究描述爲機密研究是違法的之外，誤導受訪者是道德上的錯誤。如果受訪者被錯誤地引導以爲參與研究不會對他們產生任何影

響，這也會損害市場研究的形象。如果受訪者對他們得到的保證感到失望，這只會損害未來調查的回應率。

訪談長度

市場研究協會從公眾那裡收到投訴的最常見原因之一，是他們參與的訪談時間比最初被告知的時間顯著要更長。有時他們並沒有被告知訪談需要多長時間，並錯誤地認為只是幾分鐘。然而，在其他情況下，他們被告知訪談可能持續的時間，但實際時間明顯地超過了。

使用線上調查，這一點是至關重要的，因為回應率將取決於預期的參與時間。

有時候很容易估計訪談的長度。當研究是一個簡單的流程和少量導引的問卷時，預試調查將顯示它需要花費多長時間，並且對於所有受訪者來說可能大致相同。但是，隨著問卷變得越來越複雜，完成訪談所需的時間在受訪者之間可能有顯著地差異。這可能取決於受訪者回答問題的速度，以及他們對每一個問題所考慮的程度；也可能因他們給予的答案而有很大差異。問卷可能包含僅當受訪者在先前的問題上表現出特定行為、知識或態度時才會詢問的部分。在訪談開始時，無法預測任何個別受訪者是否符合這些部分的資格，因此不同受訪者的訪談長度可能在 15 分鐘到 45 分鐘之間。如果調查對任何受訪者來說，都可能如此冗長，那麼您應該考慮將其進行分段（參見第 3 章）或乾脆減少問題數量的選項。

如果受訪者之間的訪談長度可能存在顯著差異，則問卷編寫者應嘗試在引言中反映這一點。

不要試圖低估可能的長度，您終將會面臨高退出率或受訪者急速完成。

名單來源

受訪者有權利知道他們是如何被抽樣的，或者研究機構從哪裡獲得他們的姓名和聯繫細節。對於線上小組，這不是問題。受訪者將與小組操作員簽約，並接受調查。

如果名單是資料庫中所提供的，這有時會帶來更多問題。在客戶滿意度調查中，我們經常想在介紹中說明受訪者之所以被聯繫，乃是因為他們是組織的客戶。經常地，客戶會將顧客滿意度調查視為向受訪者展示組織關心彼此關係的一種方式。在介紹中說明這一點，以及在線上或郵寄的滿意度問卷中，包含客戶身分識別和商標的情況並非罕見。值得注意的是，英國資訊委員辦公室將客戶滿意度調查視為行銷過程的一部分。

對受訪者的成本

如果參加訪談會花費受訪者時間之外的任何費用，則必須指出這一點。在實務中，通常只有線上訪談可能會對受訪者帶來成本（Nancarrow et al., 2001），且只有偶爾，例如：他們支付手機上的資料下載費用。但有時候，受訪者會被要求支付交通費以前往中心訪談地點，例如：新產品場所。這些費用通常會得到報銷。

電話調查的問卷介紹不僅要確認受訪者使用的手機通話是否安全，還要確認這樣做是否可能為他們帶來任何費用。

孩童

在英國，16歲以下的兒童未經父母、監護人或其他代替父母行事的負責任成年人之明確同意不得進行訪談。一旦獲得此許可，孩子是否有參加的意願也必須得到尊重。同意年齡可能因國家／地區而異，因此請查看相關資料來源。

這並不一定會影響問卷的編寫，因為也許在問卷開始或訪談開始之前已經獲得許可。但是，良好的實務做法應該在問卷上記錄已獲得許可以及來自誰（父

母、老師等）的許可，以便將此確認訊息與個別小孩的回應保存在同一資料夾中，以備日後查詢時使用。

訪談期間

不回答的權利

研究人員必須始終記住，受訪者已自願同意參與研究。如果他們不想回答任何向他們提出的問題，或者完全退出訪談，他們不能被強迫做出其他決定。在面對面或電話訪談中，訪員的部分角色是透過建立關係使此類事件的發生最小化，以便受訪者為了訪員的目的而繼續，即使他們不願意。但是，如果受訪者拒絕回答或繼續，則必須予以尊重。

在第 5 章中，我們檢查了在每一個問題中包含「未回答／拒絕」代碼的利弊，並得出結論認為不一定應該包含它們。但是，應該能夠確認最有可能被拒絕的問題，並酌情包括拒絕代碼。此類問題很可能是上面列出的敏感問題，以及有關收入和家庭關係的個人問題。

使用紙本問卷，即使一個問題沒有被回答，訪談也可以繼續進行，除非需要的回答以導引進行操作。在第 10 章中，討論研究人員是否應該在線上問卷中內建一個在拒絕回答後，處理下一個問題的能力。允許這樣做的替代方法可能是受訪者終止訪談，而不是回答問題。不同的研究機構對於是否接受終止訪談，還是提供另一種機制允許受訪者不回答，則有不同的看法。

維持興趣

建立一份無聊的訪談，不僅是導致資料不可靠的糟糕問卷設計，也是未能尊重受訪者，並且損害了市場研究的聲譽。應避免冗長和重複的訪談，有時這意味著問卷編寫者必須找到另一種創新的方式來詢問本來可能是重複的問題。第 1 章探討了線上調查中的這個問題，但這也可能是面對面和電話調查的一個重要問題。

對客戶的責任

然而，道德行為不僅涉及到問卷編寫者和受訪者之間的關係。問卷編寫者也對客戶有道德責任。

問卷必須符合研究目的，故意引入偏見以支持特定觀點是不道德的，並且對客戶的組織幾乎沒有價值。

客戶應始終有機會對問卷發表評論，大多數品質控管程序都要求客戶在調查問卷上簽字表示同意。問卷編寫者有責任確保客戶在被要求同意之前，有足夠的時間考慮問卷本身以及對所要蒐集的資料可能導致的任何影響。

言下之意，不應該包括客戶未同意的問題。在兩個主題領域之樣本定義相同的情況下，針對不同的客戶，在不同主題上添加問題可能是很誘人的；未經雙方客戶同意而這樣做是不道德的。

而且，如果一位客戶已為一份問卷的開發付費，但將其用於另一客戶的調查是道德上不可接受的。當然，可以預期問卷編寫者在編寫第二份問卷時會借鑑他們的經驗，但除非合同中另有規定，否則問卷通常被認為是支付其開發費用的客戶財產；研究公司自行開發的問卷，無需客戶付費，屬於研究公司的財產，可供多個客戶使用。

個案研究：威士忌的使用與態度

道德考量

主要的道德問題是確保我們不會訪談任何低於法定飲酒年齡的人，在英國是18歲。

由於我們正使用線上小組進行調查，小組提供者將僅針對18歲或18歲以上的小組成員發出邀請。然而，我們不能保證完成調查的人與小組持有資訊者是同一個人。我們應該以篩選問題開始問卷，以確定完成問卷者的年齡。

- 您是：
  —12 歲或 12 歲以下
  —13-17 歲
  —18-24 歲
  —25-34 歲
  —35-54 歲
  —55 歲或超過 55 歲

　　請注意，我們不會簡單地詢問他們是否未滿 18 歲，因為這會強調我們的興趣是什麼以及界線點是在哪裡，讓那些想要欺騙的人更容易。雖仍然不能保證完成調查的人會如實告知他們的真實年齡，但我們可以立即對任何承認自己未滿 18 歲的人關閉調查。

　　該調查已被介紹為關於酒精飲料的調查，因此任何比這更模糊的描述都可能被認為具有誤導性。我們不說它是關於威士忌的，因為我們不希望人們根據他們是否想回答有關威士忌的問題自行選擇進入樣本，也不希望他們在其不是威士忌飲用者的情況下冒充。

　　酒精飲料產業還有常見的第二個問題，那就是我們不能詢問任何可能被視為鼓勵人們多飲酒的問題。作為客觀的研究人員，試圖改變行為的問題絕不應該出現在問卷中，這對於這個市場是特別重要的。

關鍵要點

- 檢查相關的最新資料來源，以確保您遵守資料保護法規（例如：GDPR）。
- 特別對於問卷設計者，這將主要影響您如何介紹調查以獲得知情同意。
- 研究產業依賴受訪者的善意，因為參與是自願的。在訪談中失去善意的受訪

者，可能不想再參加任何調查。

- 尋找由英國市場研究協會、ESOMAR 和美國觀察協會（The Insights Association）等研究機構提供的訊息：

  ⊙ 他們制定了維持這種善意的行為準則。

  ⊙ 他們還制定了額外的指導方針（例如：關於解決敏感議題的建議）。

瞭解社會期望性偏差

簡介

　　受訪者由於多種原因而給予不正確的答案——有些是有意識的，有些是無意識的。在前面的章節中，我們探討了其中一些回應偏差，包括記憶問題、受訪者注意力不集中和刻意撒謊。本章將探討社會期望性偏差，並研究問卷編寫者可以採取減少這類回應偏差的步驟。

社會期望性偏差

　　社會期望性偏差（Social Desirability Bias, SDB）的產生是因為受訪者希望表現出與實際狀態不同的形象，這種偏差在任何可能存在「正確」或「更可接受」答案的情境中，都有發生的風險。SDB 可以在所陳述的行為及他們表達的態度中表現出來。

　　Sudman 和 Bradburn（1982）認為下列主題是理想的，因此在這些領域的行為可能被過度報導：

- 身為一位好公民，包括：
  - 登記投票並參與選擇
  - 與政府官員互動
  - 在社區活動中發揮作用
  - 瞭解社會議題
- 作為一位見多識廣、有教養的人，包括：
  - 閱讀報紙、雜誌和書籍，及使用圖書館
  - 參加如音樂會、戲劇和展覽等文化活動
  - 參加教育活動
- 履行道德和社會責任，包括：

　　―捐款給慈善機構，幫助有需要的朋友

　　―積極參與家庭事務和子女養育

　　―正在受僱用

　　他們還引用採訪中可能被低估的情況或行為之範例：

• 疾病和殘疾，例如：

　　―癌症

　　―性傳染病

　　―精神疾病

• 非法或違反規範的行為，例如：

　　―犯罪，包括違反交通規則

　　―逃稅

　　―使用毒品

　　―酒精產品的消費

　　―性行為

• 財務狀況，包括：

　　―收入

　　―儲蓄和其他資產

　　在建立此列表時，SDB 被視為主要影響社會研究的議題。對於市場研究人員來說，過去，這主要是一個僅限於少數特定類別的問題，在這些類別中，其中存在社會責任或被認為是社會不負責任的察覺要素。在特定市場中，例如：菸草、酒精和賭博，態度和行為都可能被歪曲。在這些領域工作的研究人員已經瞭解到，他們不能忽視 SDB 對他們蒐集資料的影響。

　　然而，最近大多數主要企業現在都設有一個專門管理其社會責任的職能。之

所以出現這種需求，是因爲許多類型的企業間之聯繫越來越緊密，以及它們對自然和社會環境的影響：

- 對於消費品製造商和零售商而言，有消費者擔心過度包裝和過度使用塑膠袋對環境的影響。
- 食品和糖果製造商必須意識到自己的責任，即其產品中的成分對客戶健康的影響。
- 對於消費者耐用產品製造商而言，其產品處理對環境的影響可能成爲社會關注的問題。
- 在汽車產業中，汽車排氣和環境問題受到消費者高度關注。
- 在個別市場中，道德採購是一個主要問題，既要爲供應商提供合理工資，又要環境破壞減到最小。
- 許多公司從事與因果相關的行銷，常常與其業務的道德考量領域有關。

因此，SDB 不再只是社會研究人員的問題。在許多商業市場研究領域中，如果研究人員未能認知到 SDB 可能會影響回應，他們可能會從研究資料中得出錯誤的結論。

SDB 的類型

印象管理

SDB 最常見的原因可能是需要批准，即所謂的「印象管理」。人們認爲需要批准的問題或主題，可能因受訪者不同而異。對一些人來說，他們希望顯得對環境更多的友善，他們會低估自己對塑膠袋的使用；而對另一些人來說，他們希望健康飲食，他們可能誇大了自己對未加工食品的消費。然而，在任何一項研究中，如果發生印象管理，最有可能的情況是，它會出現在少數且一致的問題上。

自我防禦與自我欺騙

在這裡，受訪者的意圖不是管理他們給予其他人（例如：訪員或研究人員）的印象，而是說服自己以對社會負責的方式思考和行事。相對於需要批准，這不太可能是一種有意識的活動，但可能導致同樣誇大聲稱的社會責任行為和態度。人們會告訴您，他們的健康飲食習慣比實際情況更好，因為他們（或者更確切地說，他們的自我意識或自我概念）無法接受自己實際上沒有這樣做。這種行為可能會影響對未來可能行為的投射，即受訪者說服自己，即使他們目前沒有這樣做，他們將來也會以負責任的方式行事。當此行為是有意識進行時，被稱為「自我防禦（ego defence）」；當它在潛意識中進行時，被稱為「自我欺騙（self-deception）」。

權宜辦法

另一種偏見——也是完全有意識的——是權宜辦法（instrumentation）（Nancarrow et al., 2000）。這意味著受訪者給予的答案在他們看來是企圖帶來社會期望的結果。許多受訪者在行銷和市場研究方面相對見多識廣，並且知道他們有機會透過對調查的回應來影響決策。例如：關於彩券資金如何在公益事業和彩券管理者之間分配的態度調查可能會受到這種影響。受訪者可能故意低估應該分配給行政部門的比例，因為他們認為，如果看到公眾希望將更高比例用於慈善事業，這可能會對監管機構的決策產生影響。這也許是印象管理的補充或替代，因為受訪者希望被訪員看到其對慈善機構慷慨解囊。

處理 SDB

如果問題涉及任何具有社會責任成分的主題之態度或行為，則應考慮如何最好地減少任何可能的偏見。簡單地要求受訪者誠實效果不大（Brown et al., 1973; Phillips and Clancy, 1972）。

根據 MRS、ESOMAR 或美國觀察協會（The Insights Association）行為準則

（參見第 15 章）進行的研究應告知受訪者，他們的回應將被保密處理。作為對部分敏感問題的介紹，可以使用重申保密性來加強這一點。然而，這種效果似乎很小（Dillman et al., 1996; Singer et al., 1995），或甚至降低合作程度（Singer et al., 1992）。這種合作的減少可能是因為對保密性額外的強調，向受訪者強調這些問題是特別地敏感，因此增加他們回答問題的緊張情緒。對於郵寄自我完成的調查，在問卷上省略受訪者身分會減少 SDB 證據（Yang and Yu, 2011）。這表示，被視為具有實質內容的保密性保證應該會具有一定的效果。然而，除了郵寄以外的其他調查，仍存在訪員（將瞭解回應內容的人），或者像是線上調查有被認為可能接收資料的人。呼籲誠實和保證保密性是不夠的。因此，需要採取更積極的措施。

移除訪員

顯然地，受訪者會想要留下一個良好印象給訪員，因此，線上調查受到印象管理的影響較小。Poynter 和 Comley（2003）、Duffy 等（2005）以及 Bronner 和 Kuijlen（2007）都已經證明，線上調查相較於訪員執行的調查更容易承認社會不良的行為或承認未執行社會期待的行為，因此證明了使用這種媒介可以實現更高的誠實度（Holbrook and Krosnick, 2010）。此外，Kellner（2004）證明受訪者感受到的壓力較小，不需要表現知識淵博。然而，印象管理並沒有被完全消除，且沒有理由相信自我防禦或權宜辦法變得不那麼重要。

自我完成問卷也適用於主題可能讓受訪者感到尷尬的情況，並且消除了許多可能會出現的偏見。線上和郵寄調查都在這方面受益，使用網際網路的調查可能被受訪者視為最具匿名的訪談形式。

使用面對面訪談，還須考慮誰可能無意中聽到回應。受訪者也許試圖為了個人利益，而給予社會期待的答案。

保全面子的問題

　　保全面子問題爲受訪者提供了一種可接受的方式來承認社會不期望的行爲，方法是在問題中包含一個他們爲什麼採取這種行事方式的原因。例如：如果問卷編寫者希望測量有多少人已閱讀了新版高速公路法規，而不是詢問：「您閱讀過最新版的高速公路法規嗎？」編寫者可能會詢問：「您有時間閱讀最新版的高速公路法規嗎？」

　　第一個問題聽起來很矛盾，有一種暗示受訪者應該閱讀過最新版本並瞭解當前的駕駛規則。這可能會迫使受訪者進行防禦，或者因爲沒有閱讀它而感到內疚，因此撒謊並說他們已經閱讀了。第二個問題帶有受訪者知道他們應該閱讀它，並且當他們有時間時會閱讀的假設。這就不那麼具有對抗性，減輕因沒有閱讀的任何罪惡感，並使受訪者更容易承認他們沒有閱讀。

　　在美國進行的工作（Holtgraves et al., 1997）已經一致地顯示，這類問題的一系列研究可以顯著地減少對社會期望的知識主題（例如：全球暖化、醫療保健立法、貿易協定和時事）過度聲稱，並減少對社會不良行爲（例如：作弊、入店行竊、破壞公物、亂扔垃圾）的輕描淡寫。然而，當這些問題應用於社會期望的行爲（例如：回收、學習、志願服務）時，這項工作對這些問題的影響尚無定論。

　　與其問「一英里有多少公里？」或者「您知道一英里有多少公里嗎？」透過添加以下語詞可以使問題變得不那麼具有挑戰性，「您碰巧知道一英里有多少公里嗎？」該語詞已被證明會導致「不知道」回應程度增加，這說明受訪者更容易使用這種語詞，而不是猜測來承認他們的無知。

　　在諸如「如果有的話」或「如果一點都沒有」之類問題中使用選擇退出回應，還可以在平衡問題方面發揮作用，特別是在缺乏某種行爲可能被認爲是不太可以接受的回應情況下。例如：「您昨天設法吃了多少份蔬菜和水果（如果有的話）？」或者「您多久去一次健身房（如果有的話）？」即使選項「無」被包含在答案回應列表中，也可以透過在問題本身中明確提供選擇退出回應來減少問題措辭的引導性。

間接提問

有時在質性研究中使用的一種技術不是詢問受訪者他們對某個主題的想法，而是詢問他們認為其他人的想法。這使他們能夠提出自己不願承認的觀點，然後可以對這些觀點進行討論。有時候可以在量化研究問卷中使用類似的技術，然而，在質性研究中，小組主持人或訪員可以討論這些觀點，並根據自己的判斷，來判斷受訪者是否持有這些觀點，或者只是相信其他人也持有這些觀點。

在量化研究中，訪談的結構化性質以及受訪者和研究人員的分離使得這一點更加難以實現。因此，研究人員對於表達自己感受的受訪者比例和誠實報告他們對他人判斷的比例存在不確定性。

問題改善

問卷編寫者可以採取許多其他簡單的步驟，來幫助 SDB 最小化。

確保行為並不罕見

在擔心人們可能誤報其行為的情況下，可以在問題中加入某些類型的行為並不罕見的陳述。這可以讓受訪者放心，無論他們選擇什麼選項，他們的行為都會被訪員或研究人員認為是正常的。例如：「有些人每天都看報紙，有些人每週有幾天看報紙，而其他人則根本不看報紙。您屬於這些類別中的哪一類？」

在提示上擴展回應

在類似的方式中，對提示材料的擴展回應可以說明極端行為並不罕見，並鼓勵誠實的回應（Brace and Nancarrow, 2008）。例如：當詢問有關人們飲酒量時，研究人員可以使用遠遠超出正常行為類別的提示，以便輕度飲酒者的類別出現在列表的中間。這有助於較重度的酗酒者感覺他們的飲酒量可能是比實際情況更正常的程度，他們可能更願意誠實而不是少報。需要注意，不要讓輕度飲酒者感到不足，從而被迫多報他們的飲酒量。在量尺較輕的一端有相對較小的等級——如此有助於輕度飲酒者看到他們有更多的選擇——這可以有所幫助。（見圖 16.1）

使用這個列表上其中一個詞句，請您告訴我平均一週您喝多少單位的酒？

方法 A	方法 B
沒有	沒有
1 到 2 單位	1 到 14 單位
3 到 5 單位	15 到 39 單位
6 到 8 單位	40 單位或更多
9 到 12 單位	
13 到 17 單位	
18 到 24 單位	
25 到 34 單位	
35 到 54 單位	
55 到 74 單位	
75 到 94 單位	
95 到 134 單位	
135 到 184 單位	
185 單位或更多	

圖 16.1　類別範圍的兩種方法

　　相反的方法也有所幫助，即使用非常廣泛的類別，總共可能不超過三個，如此受訪者可以給予一個更模糊的答案。這種方法可能更被受訪者喜歡，因為他們不想承認一個正確的數值，或者因為他們覺得難以計算。然而，對於大多數研究目的而言，廣泛的類別為研究人員提供的資料不足以進行所需的分析。另一種選擇是將其作為兩部分問題的第一部分。第一個問題用於確認受訪者屬於三大類別中的哪一類，第二個問題用於更準確地確認類別內的數量。

透過代碼確認回應

　　使用訪員執行的面對面訪談，可以對每一個提示的回應類別使用代碼字母，並要求受訪者讀出適當的代碼字母。因此，受訪者不必大聲讀出答案，這有助於他們感受到正在維護一定程度的保密性。訪員當然知道每一個代碼適用於哪一個回應類別，但是受訪者和訪員不必公開分享訊息（見圖 16.2）。

詢問所有受薪工作者。
出示卡片。

您的稅前或其他扣除額前的個人年收入是多少？
請讀出這張卡片上您收入所屬的範圍旁邊的字母。

J　　　最多 8,000 英鎊
N　　　8,001 至 12,000 英鎊
O　　　12,001 至 16,000 英鎊
P　　　16,001 至 20,000 英鎊
W　　　20,001 至 24,000 英鎊
K　　　24,001 至 35,000 英鎊
G　　　35,001 英鎊或以上

圖 16.2　使用代碼字母

隱性關聯檢驗

在第 8 章中，我們介紹了隱性關聯檢驗，作為瞭解人們對品牌和一系列品牌關聯屬性感受的一種方法。它的優勢在於不須直接詢問問題即可推斷態度，這是透過測量分配主要因素（如品牌）和態度關聯構面組合到預定軸（例如：好一壞）的回應時間來做到這一點。這種方法也使其成為克服期望偏差的好工具，因為受訪者無法有意識或潛意識地影響他們的反應時間。

缺點是它只能區分兩個主要因素和一個態度構面。然而，這可能完全足以瞭解個人對回收或全球暖化的真實感受。它可以用於測量任何遭受社會期望偏見或政治正確性影響的事物（Brunel, Tietje and Greenwald, 2004）。然後，該訊息能夠用於校正對其他直接問題的回答的能力。

隨機回應技術

隨機回應技術首先由 Warner（1965）所開發，它為受訪者提供了一種機制，

讓受訪者能夠誠實地講述令人尷尬甚至非法的行為，而沒有人能夠識別他們是否承認了這種行為。這是因為受訪者被詢問兩個替代問題，一個是敏感的問題，另一個不是。除了受訪者之外，沒有人知道哪一個問題已經被回答了。它允許研究人員測量此類行為的發生，但僅此而已。

為了實現這一點，提出兩個具有相同回應代碼集的問題以供自我完成。其中一個是敏感或威脅性的問題，另一個是不具威脅性和無意冒犯的問題。受訪者以一種隨機方式被分配回答其中一個問題，其結果顯然無法在調查中記錄，如果訪員參與其中，他們也不知道。這可以透過根據受訪者的手機號碼或出生日期尾數是否有特定數字，將其指定到一組問題。研究人員不得知道此訊息，否則受訪者將不相信該過程的匿名性。

圖 16.3 呈現這可能如何運作的範例。我們從其他來源得知，17% 的母體他們的生日在 11 月或 12 月，如果樣本足夠大，我們可以合理地應用這個比例。因此，在 1,000 個樣本中，可以假設有 830 人回答了具有威脅性的問題，170 人回答了不具威脅性的問題。在 170 人中，有一半（85 人）對有關電話號碼的問題回答「是」。

下面有兩個問題，只有一處可以記錄答案。如果您出生於 11 月或 12 月，請回答問題 A；如果您出生在一年中的任何其他月分，請回答問題 B。沒有人會知道您已經回答了哪一個問題。請誠實說明您回答哪一個問題，以及如何回答。

A. 如果您的生日在 11 月或 12 月，請回答
您的家用電話號碼是否以奇數數字 1、3、5、7、9 結尾？如果有，請回答「是」；如果沒有，請回答「否」。

B. 如果您的生日不是在 11 月或 12 月，請回答
您在過去 12 個月內曾吸食大麻嗎？
是 ☐
否 ☐

圖 16.3　隨機回應問題範例

如果總樣本中的 X 人回答了「是」，我們可以推斷，在回答具有威脅性問題的人中，X – 85 人對具有威脅性問題回答「是」。因此，我們可以得到一種推估過去 12 個月內吸食過大麻的母體比例，即（X – 85）／ 830。

此已顯示，該技術對於相對不具威脅性的主題運作有效（例如：參與一項破產法庭的案件），但對於更具威脅性的主題（例如：酒醉駕駛），它仍然顯著低估行為程度（Sudman and Bradburn, 1982）。

這種方法僅限於在總樣本或在樣本規模足夠大的子群組中，提供具有威脅性問題回答「是」和「否」比例的一種估計，以假設關於回答不具威脅性問題的比例仍然成立。由於無法區分回答具有威脅性問題的個別受訪者，因此無法將他們與調查中的任何其他變數進行交叉分析，以建立承認行為者和不承認行為者的概況。

該技術的目的是為受訪者提供誠實回答的機會。這意味著，雖然它解決了印象管理問題，但對自我欺騙則無能為力。

確定是否 SDB 已經影響回應

很難確定一個問題的回應是否已經受到 SDB 的影響。

匹配已知事實

如果對來自其他來源的已知資料的回應可以進行交叉檢查，這可以突顯可能由於 SDB 而產生的差異。可交叉檢查的事實往往是實際的或行為的資料，例如：產品銷售數量。態度問題不能以這種方式檢查，即使對於實際資料，由於定義、時間時段等的差異，通常也很難將外部資料來源與調查資料相匹配。調查資料有時可以提供自己本身的內部交叉檢查。

檢查食品儲藏室，是為了查看受訪者的儲藏室中實際有什麼，可作為對受訪者先前已聲稱儲藏室內有什麼的檢查。

使用 SDB 的一個好規則就是抱持懷疑態度,問問自己這是否可能是真的,不要只相信它的表面價值。

對已知的 SDB 措施檢查

對於態度問題,可以設計一系列量表綜合測驗,以測量樣本對 SDB 的傾向。這對一系列量表綜合測驗將包括常見的(大多數人口)但社會不期望的行為;以及不常見的(少數人口)但社會期望的行為。

對第一組量表的一致性低分(表示低水準的不期望行為)和第二組得分較高(表示高水準的期望行為),可能表示受訪者要麼屬於人口中的一小部分且良善的少數群體,要麼是 SDB 存在於回應中。具有這些回應模式的個別受訪者可以被辨識出來,並且如果在另一個主題上,樣本具有一種高於聲稱的期望行為之預期水準或一種較低聲稱的不期望行為水準,則研究人員就知道整個樣本存在 SDB 問題。

有幾套已出版的量表綜合測驗可以幫助問卷編寫者,包括 Edwards(1957)、Crowne 和 Marlowe(1960),以及 Paulhus 和 Reid(1991)。此外,Strahan 和 Gerbasi(1972)以及 Greenwald 和 Satow(1970)已測試了 Crowne-Marlowe 量表的簡化版本,這可能更適合市場研究訪談。

對問題的社會期望性進行評級

可以包括直接要求受訪者評估社會期望性態度或行為的問題(Phillips and Clancy, 1972)。這可以指出不同量表或問題之間的相對問題。然而,必須懷疑這些問題是否沒有受到 SDB 本身的影響。

主意到不安的生理現象

受訪者試圖誤導訪員時,很可能會有生理跡象呈現,例如:面部肌肉運動、

皮膚痙攣反應和瞳孔放大。然而，即使在實驗室條件下解釋這些跡象也是有問題的，然而在實驗室外的條件下或許是不可能的，並且超出了大多數市場研究訪員的技能範圍。

個案研究：威士忌的使用與態度

社會期望性回應

在蒐集有關威士忌消費的資料時，很可能有一種明顯的社會期望的回應。這情況發生在問卷中的兩個地方：

• 在篩選問題（QC）中。
• 當詢問詳細消費（Q10 和 Q11）時。

篩選問題 QC

• 您多久喝一次蘇格蘭威士忌？【QC】
　一幾乎每天
　一至少每週一次
　一至少每月一次
　一至少每三個月一次
　一至少每六個月一次
　一不常喝

在這裡，我們的興趣在於確定受訪者喝蘇格蘭威士忌的次數是否高於或低於每三個月一次，這個問題可以直接詢問。但是，我們不使用直接的問題：部分是為了掩飾我們興趣的精確點，以阻止人們嘗試選擇加入或退出調查。不過，在這裡，主題可能會導致一些社會期望性偏差。如果我們簡單地詢問他們喝蘇格蘭威士忌的次數是否「多於或少於每三個月一次」，一些符合條件的人可能會覺得他

們會被視爲酗酒者，並透過說「少於每三個月一次」來排除自己。透過區分更重度飲酒者（幾乎每天／至少每週一次）和較輕度飲酒者（至少每月一次／至少每隔三個月一次），這可以讓這些人更誠實地回答。因此，我們讓更多人給予前四種回應代碼之一。

消費問題

在 Q10 和 Q11，我們可以詢問他們在過去 7 天裡已經喝了多少杯蘇格蘭威士忌，首先是在可以當場飲用的場所中，然後是在家裡。

在過去的 7 天裡，您在酒館、酒吧、俱樂部和餐廳已經喝了多少杯蘇格蘭威士忌？一杯相當於一個單位。

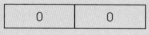

請輸入數字。

這裡存在一種社會期望偏差的風險，一些受訪者刻意地低報他們的消費量，以防被認爲喝得「太多」。

然而，爲了解決 SDB 的問題，我們可以提示受訪者選擇一個範圍，譬如「0、1-3、4-8、9-15、16 或更多」。這對受訪者來說不需要太多的記憶，如果範圍設定的足夠高——譬如 50 多杯——可能會鼓勵更重度飲酒者更加誠實。在這裡，對研究人員的目的來說，不需要精確的數字。分成不同範圍的回應將提供足夠的訊息，將樣本分爲重的（量大的）和輕的（量少的）飲酒者。

表達這一點的另一種方式是採用量表，編號爲 1 到 50+，使用滑標讓受訪者提供他們的答案。這既解決了 SDB 的問題，因爲透過建議一個 50 的答案也是可以接受的，同時爲受訪者提供一些不同的答案格式。由於這些原因，我們選擇使用它。

關鍵要點

- 在有潛在的「正確」或「更可接受」答案之情況下，SDB 就有發生的風險。它導致對社會可接受之行爲或態度的誇大聲稱，以及對社會不可接受的行爲或態度的低估。

  ⊙ 它可以是有意識的，即受訪者試圖管理他們給人的印象。

  ⊙ 或者是無意識的，即自欺欺人地相信自己是比實際情況更好。

- 由於更多互動的個人性質，SDB 更有可能在訪員執行的調查中更爲明顯，但它出現在包括線上（儘管匿名性更高）的所有資料蒐集形式中。

- 問卷編寫者需要確認可能是 SDB 來源的問題領域，並採取措施減少其影響。有時可以透過謹慎的措辭或替代的提問方法來實現。

- 然而，要完全消除這類偏差是很困難的——或者很難知道問卷編寫者已經成功的程度。在解釋資料時，需要承認 SDB 對答案的可能影響。

為多國調查設計問卷

簡介

多國調查遇到了許多獨特的問題。顯然地，如果需要進行翻譯，文字表達將面臨許多挑戰。問題可能會受到語言的慣例、細微差別和微妙之處的影響，因此直接翻譯可能並不合適。此外，國家之間的其他差異將影響是否可以建立一種通用問卷，或者是否需要為部分或所有國家設計單獨的問卷。

國家之間差異

結構差異

Worcester 和 Downham（1978）列出了問卷編寫者需要考慮的下列層面：

- **語言**：不僅在國家之間且在同一國家內部，也可能有不同的語言。是否有必要包括所有國家中的所有少數民族語言？通用語言也可能有不同的用法（例如：英國的英語與美國的英語）。
- **種族差異**：即使不同的種族群體使用相同的語言，他們也可能有不同的習慣和態度。
- **宗教**：這可能會對態度、生活方式和產品消費，如酒精和肉類等有所影響，須提出不同的問題，使問卷既有意義又要避免冒犯。
- **文化與傳統**：Behling 和 Law（2000）特別關注不同文化對分享個人訊息的意願所帶來的困難；與陌生人討論哪些行為、態度和願望是被視為可接受的；以普遍理解的方式表達抽象的想法和概念；並且找到表達意圖和願望的正確術語。可能需要在問卷表達中反映的其他文化差異的例子，包括對送禮和「保全面子」議題給予不同程度的重視。
- **識字率**：各國的識字程度不同，甚至官方統計數據也會誇大其辭。低識字水準意味著不能使用口頭提示資料等輔助工具，也不能使用自我完成問卷。

- **地理和氣候**：氣候差異可能意味著產品使用方式不同，特別是對於適合溫暖或涼爽氣候的食品，例如：乳製品。
- **制度因素**：不同的市場背景往往需要詢問不同的問題。在一些國家浴缸比淋浴更常見，但在其他國家卻很少安裝；其他像洗衣服、儲蓄和使用信用卡的方法等都會因國家不同而異。
- **配銷**：在一些國家，超市、大賣場和購物中心主導許多商品的配銷，但在其他國家卻是不常見的，因此可能需要提出不同的問題。
- **媒體和廣告**：不同國家間可能存在對媒體的接觸和可供使用媒體類型的不同。
- **基礎設施**：不同的基礎設施可能會對使用和態度產生影響。不同的交通系統、不同的電信發展階段，以及不同的醫療保健方法，都可能影響為不同國家編寫問卷的方式。

行銷差異

　　除了這些結構因素之外，Goodyear（1996）確認了行銷素養的連續性，分為五個階段：

1. 賣方市場。
2. 行銷。
3. 經典品牌行銷。
4. 客戶為導向的行銷。
5. 後現代行銷。

　　瞭解要調查的每一個市場是處於這個連續性的哪一個階段，可以影響對每個市場的處理方式，進而影響應該詢問哪些問題以及如何詢問。

在開始編寫問卷之前，透過與當地辦事處交談並吸收當地報告來瞭解國家之間的差異。

不同市場區隔

　　存在於一個國家的市場區隔，可能不存在於另一個國家。在西方國家可能占據大部分市場的低中價位蘇格蘭威士忌，在一些亞洲國家可能不存在這樣的細分，因為在那裡只有奢侈品牌可購買。在具有眾多品牌強大中價位市場區隔中，適用的使用問題和形象構面，可能在某些國家毫無用處。特別是在競爭對手不僅是蘇格蘭威士忌，還包括其他高價奢侈飲料的國家。

不同區隔的品牌

　　品牌在不同國家可能處於不同的市場區隔。這可能發生在任何市場，很可能發生在經銷商獨立於製造商的國家，這些經銷商在歷史上經常被授予依照自己的意願定位品牌的權限。在一個國家被認為是中等價位的品牌，在其他國家可能是奢侈品牌；良好的市場資料和當地知識應該能夠辨識出這種差異。

市場知識

　　使用一種跨國研究時，委託進行研究的組織或客戶可能在大多數（如果不是所有）所要涵蓋的國家／地區都有業務存在。但是，這種存在的範圍和專業知識可能在國家之間有所差異。

　　由於在每一個國家具有強大的影響力，因此很可能對該市場已經有很多瞭解，並且在編寫問卷時可以做出某些特定假設。如果對市場所知甚少，則問卷可能需要在處理主題的方式上更加開放，因為存在做出錯誤假設的風險。對每一個市場的瞭解程度，將影響跨國間採用相同方法的方式。

　　客戶可能希望採用一種共同的行銷策略，但如果客戶被引導相信市場僅具有一些共同特性，並因未提問相關的差異，而對差異毫無察覺，那麼研究人員將無

法完成他或她的工作。最大的風險是假設問卷已經在一個國家成功地使用，因此可以在任何國家使用。

資料蒐集形式

在線上是大多數國家獲取樣本的有效方式。這可能存在樣本如何代表母體的問題，但在商業研究主要感興趣的大多數已開發市場中，線上訪問非常普遍。在低度開發市場，線上訪問可能仍偏向於經濟較高的群體，這些是普遍商業研究人員通常最感興趣的部分。

在某些情況下，可能有必要混合使用資料蒐集的方式，以優化樣本概況（例如：可能存在難以在線上訪問，但是對調查目標至關重要的部分群體）。問卷編寫者面臨的挑戰是確保使用的問題技術最大程度地減少不同模式（見第 2 章）中固有的偏見，以減少模式偏誤。

對問卷編寫者而言，更重要的問題可能是不同地區讀取線上問卷的方式。在許多國家，不僅網際網路普及率相對較低，而且大多數參與者可能是透過手機而不是個人電腦訪談問卷。如果調查要覆蓋這些國家，那麼問卷編寫者必須要針對行動電話的調查長度和問題複雜性編寫問卷。

然而，以行動裝置作為優先設計的重要性在任何地方都變得越來越重要。即使在擁有大量家用電腦的已開發國家，行動裝置也逐漸成為上網的主要途徑。

比較性

嘗試使問卷調查以及資料輸出盡可能具有比較性的原因有很多。Worcester 和 Downham（1978）建議：

- 透過使用標準化方法可以節省時間和金錢。
- 研究人員的生活變得更加簡單。

- 最終使用者通常對標準化方法更有信心，而不是一種有很多變化的方法。
- 在某些情況下，絕對統一性是基本的，特別是在產品技術開發所需資料方面。

　　相較於有許多不同的問卷，擁有一份共同的問卷也可能使調查管理中的錯誤更少。基於這些原因，大多數組織都同意標準化問卷始終是更可取的，並且應該被使用，除非有充分的理由說明它不適合一個特定國家或國家群體。

　　為多國研究編寫問卷的一種方法是，先針對一個國家來編寫問卷。一旦問卷修改完善，就應該在每個使用它的國家測試其適用性，即使這些國家使用共同的語言。然後，應該進行修正以應對市場之間的差異。這可能只需要更改品牌列表，但也可能需要更改形象構面、使用的廣告媒體和提示、市場行銷方法、絕對價格、相對價格、競爭產品組合、使用頻率範圍或完全不同的行為問題進行修改。研究人員可能會發現變化非常顯著，以至於形成了一個不同的問卷。

協調共同元素

　　即使可以跨越多個不同國家而使用一種標準問卷進行研究，但幾乎總是會有微小的變化需要加以考慮。

品牌列表

　　幾乎無例外，大多數消費市場的品牌列表都會發生變化。可能存在只在該國家或地區提供的當地品牌，而跨國公司可能在不同國家銷售不同的品牌。

　　例如：某些蘇格蘭威士忌品牌只在亞太地區銷售。其他品牌僅在少數歐洲國家有相當程度的分布。

品牌形象

　　品牌形象問題通常針對在市場上或在直接競爭對手中，對客戶品牌中的重要少數品牌做提問。即使在兩個國家可用的長串品牌列表是相似的，但與形象和品牌定位問題最相關的品牌簡短列表可能因國家不同而異。

通常，客戶能夠就每一個國家的合適品牌提供長的和短的列表建議。這可能來自公司針對每一個國家的行銷計畫，以及公司的辦事處、代表或經銷商。與當地代表一起查看品牌列表總是值得的，他們可能知道尚未將其納入公司全球行銷策略之新的當地品牌。基於同樣的原因，研究機構也值得向其在每一個國家的代表詢問他們對品牌列表的看法。

形象構面

通常，目標是製作一張單一的、全球的品牌形象地圖，以便可以在地圖上繪製國家之間的差異。如果在選擇與每一個國家相關的形象構面時不夠謹慎，這可能會導致為某些國家製作誤導性圖像。

為了獲得理想的形象構面組合，研究人員應該確定每一個國家的所有相關形象構面，考慮到定位和競爭對手可能是不同的。這可能涉及初步的質性研究或如先前研究對二手資料的審查。

然而，可以對研究中各國的所有相關形象屬性的精華，編製成一套主要的形象構面。如果打算使用諸如對應分析之類的技術來製作一張全球地圖，則不管它們的相關性如何，可能必須在所有國家中使用所有形象構面。這份列表試圖在不會變得過度冗長的情況下，容納每一個國家的關鍵要點時，它將包含太多的妥協。雖然這將提供全球概覽，但將不足以提供在任何一個國家進行準確定位所需的足夠細節。為了實現這一點，可能需要針對每一個國家提出具體的補充問題。

態度問題

有時候態度問題可能難以保持國家之間的比較性。消費者不僅對不同國家中的市場或產品領域有不同的態度，而且在形成這些態度時對他們而言重要的因素也可能完全不同。

通常，每一個國家要測量的態度構面應該是相同的，儘管預期各國之間的回應方式將會非常的不同。如果使用一系列的態度評比量表，每一個構面的措辭必須適用於每個國家，並且必須注意避免冒犯文化和宗教態度關係。

翻譯問卷

當然，準確的翻譯是基本的。但是準確的翻譯不僅僅是字面上的準確。翻譯必須謹慎進行，以確保含義、意義的細微差別及細微之處得以準確保留。

例如：Forsyth 等人（2007）提倡在翻譯問卷時使用五階段過程——在他們的案例中，翻譯是從英語翻譯成一系列亞洲語言：

1. 翻譯——使用專業翻譯人員。
2. 審查。
3. 初步裁決——使用雙語裁決者提出修訂建議。
4. 認知訪談前測。
5. 最終審查和裁決。

這種翻譯－測試－審查過程代表了所有多語言計畫的理想，以梳理出可能破壞語言間比較性之意義的微妙變化及細微差別。

最難翻譯的可能是品牌形象和定位陳述，以及態度構面。一種語言中可能存在細微但清晰的區別，而這些區別在另一種語言中無法翻譯。在英語中，這個字詞「老式的（old-fashioned）」和「傳統的（traditional）」之間有明顯的理解差異。在某些語言中，無法做出這種區別。「溫暖（warm）」一詞在英語中經常被用作品牌形象的描述詞，用來描述品牌和消費者之間關係的溫暖和情感。然而，它經常被翻譯成其他語言時，相當於「微辣（mildly hot）」的東西。

有兩種主要選項：

1. **最初的翻譯**是由瞭解研究過程以及捕捉情感的人進行，而不是一種直譯。Oppenheim（1992）指出，房屋是否有「自來水（running water）」，當字面地翻譯成其他語言時，在某些情況下被理解為有一條小溪或河流穿過房子。

Wright 和 Crimp（2000）注意到片語「眼不見，心不念（out of sight, out of mind）」如何在普通話中變成「看不見的，瘋狂的（invisible, insane）」。

2. 一種機器翻譯，例如：谷歌翻譯（Google Translate）用於進行初始翻譯，然後由瞭解研究過程的翻譯人員進行審查和修改。一些 DIY 調查套裝軟體提供翻譯服務，但這些可能是機器翻譯。

使用講母語的人

無論採取哪種方式，翻譯者最好是該語言的母語人士。

母語人士最有可能理解語言的細微差別，就像其他講母語的人士所理解的那樣。許多跨國研究公司僱用來自其他國家的多語言研究主管或其他員工，Forsyth 等人（2007）主張使用專業的翻譯人員，但是他們也應該對調查過程有一定程度的瞭解，如此可避免研究術語的誤譯。

然而，居住在國外的母語人士可能——取決於他們生活在那裡多久——與當地使用的語言變化脫節。含義的細微變化可能會隨著時尚或新用法而發生。

在一家德國酒店的一份顧客滿意度調查英文版中，可以看到以下問卷：

• 從 1 到 5 分，請對餐廳的以下方面進行評分，其中 1 分為非常不滿意，5 分為非常滿意。

	1	2	3	4	5
食物的品質	—	—	—	—	—
服務的速度	—	—	—	—	—
桌子	—	—	—	—	—

此問題真的意指桌子本身嗎？還是指工匠的手藝及其在餐廳中的位置？又或者指的是餐桌上的食物？一位母語翻譯者可能會質疑這個問題的真正含義。

圖 17.1　翻譯議題

隨著越來越多的線上多國調查是從一個中心位置，而不是從當地辦公室進行，可能會缺乏當地參與的機會。

因此，找一些居住在該國的人來檢查翻譯是否符合當地當前語言的使用總是值得的。

使用客戶的代表

如果可能，每一個國家的客戶在當地的代表也應該檢查翻譯。當地代表可能就問卷編寫者對該國市場結構的理解有直接或間接的參與，他們應該瞭解以研究為主導的翻譯人員可能不知道有關當地市場中技術專有名詞的任何變化。讓當地代表「接受（buy-in）」問卷可能也很重要，特別是如果他們將負責執行因研究計畫結果而產生的行動。如果他們對問卷不滿意，可能不太願意執行研究的結果。

反向翻譯

最後，問卷應該反向翻譯成原始語言。這可以顯示含義的變化，儘管必須確定這些變化是來自原始翻譯還是來自反向翻譯。

這裡描述的過程是理想情況下應該發生的。但是，根據翻譯人員的能力以及問卷是否先前已使用過，其中的一些步驟可能被省略。

人口統計資料

一個經常引起困擾的領域是人口統計資料的分類。許多國家都採用社會等級分類系統，該系統使用 A、B 等分組系統。在那裡，相似性經常就此結束，各級的數量及其定義差異很大：

• 英國有一種六等級系統（A、B、C1、C2、D、E）。

- 愛爾蘭有一種七等級系統（A、B、C1、C2、D、E、F）。
- 印度有一種八等級系統（A1、A2、B1、B2、C、D、E1、E2）。

　　許多發展中國家沒有公認的社會等級分類系統，而且當地研究人員可能都有自己的方法。教育程度可以作為一種社會等級的替代指標或對其進行補充，但是不同國家的教育系統也有所不同。最終教育年齡可以在國家之間以一致的方式被衡量，但是其隱含意思可能截然不同。

　　相對地，可以透過詢問耐用品的所有權來衡量生活水準。這也必須因地制宜。在越南和德國，擁有一臺輕型摩托車、冰箱或電視的情況，可能顯示一種非常不同的社會階級水準。

文化回應差異

　　在某些文化中，人們相較於其他文化更不願意批評。例如：在印度，批評別人的工作通常被認為是不禮貌的。因此，對評級量表的回應相較於許多其他國家傾向是正面的。在歐洲，通常來說，拉丁國家的人們相較於北歐國家的人們往往會給予較高的評價。Puleston 和 Eggers（2012）表明在印度存在較高的默認偏見程度，但是在日本／韓國、北美和北歐相對是較低的，而南歐和東歐介於兩者之間。同樣地，他們發現在印度和南美，相較於在日本和北歐更傾向於「喜歡」某事物。大多數研究人員的經驗都支持這一點。

　　這些差異也可以表現在同一國家內的文化之間。Savitz（2011）在美國達拉斯地區進行了一項實驗，他證明在一個 100 分量尺下，西班牙裔對產品評級的文化影響相較於非西班牙裔平均高出 5.9 分。這不是一個可以應用於所有市場的通用修正因素，但它顯示了文化影響的效果。

　　一些研究人員在問卷中特別處理這個問題，特別是在研究中包括了西方和亞州國家，而這些國家之間存在明顯差異的情況下。一種方法是使用僅具有積極回

應的量表。因此，量尺可能從「非常好」到「普通」。相對地，可以將量尺擴展到 10 或 11 分，有五個正面積極回應以增加辨別力，或者可以使用擴展的數字量尺，透過避免使用負面字詞試圖使批評感最小化。

Roster 等人（2006）顯示，在量尺上使用極端點也可能因國家而異。這意味著儘管可能在多個國家詢問相同的問題，但所得資料可能無法直接做比較。Puleston 和 Eggers（2012）表示在他們的線上調查中，印度、中國和南美洲的受訪者同意李克特量表問題可能大約是北歐和日本受訪者的 2 倍。

> 提示：總是期望拉丁國家和那些重視「面子」的國家會爲您帶來更正面積極的結果。

偏見程度將根據所詢問問題的類型不同而異，而且研究人員必須注意不要排除市場間的眞正差異是由文化反應差異所引起的。透過詢問已知回應的問題來計算一項調查中的補償因素，例如：受訪者是否出生在特定月分，並從中推估默認偏見過度聲稱的數量。在編寫問卷時，需要仔細考慮這些問題。

Wable 和 Pall（1998）所引用的另一種方法是使用一種「熱身（warm-up）」語句，使研究人員與正在研究的產品或廣告保持距離，讓受訪者感覺更能進行批評。這是質性研究中常用的一種技術，他們已被轉移到量化問卷中。他們引用了一種典型的熱身語句：

> 「我想聽聽您對這則廣告的眞實意見。您不一定要對它說好話。請隨時給我們任何正面或負面的意見。我們並不是製作這則廣告的人，所以如果您沒有關於它的好話要說，我們不會感到難過。」

他們已經證明，在印度這樣做確實對減少正面評論的水準是有可衡量的效果，儘管尚不清楚這是否足以使結果與所有其他國家直接進行比較。

版面配置問卷

透過由一位中央協調員執行的線上問卷，問卷的版面配置、問題編號等將在所有語言版本和所有地區保持一致，僅針對特定的一個國家或地區之問題或議題時，才會有所不同。在使用訪員的情況下，各國之間的培訓或問卷中使用的慣例可能有所差異。在使用紙本問卷的情況下，這些差異可能特別地明顯。然後出現的問題是，如何使版面配置之間的差異最小化。

版面配置慣例

然而，當地機構在不同的地方使用自己的版面配置慣例也是重要的。如果訪員看到不熟悉的版面配置，他們更有可能犯錯。可能需要指示當地機構員工，以他們自己的格式進行版面配置。這也將鼓勵當地機構的管理人員更加熟悉問卷，並且增加他們發現不適當的措辭或能夠回答在現場可能出現的問題之可能性。

問題編號

一項通用的問題編號方案，有助於輕鬆地對跨國的相同問題進行比較。當提到相同的問題時，如果該問題在每一個國家都有不同的編號，則有一種潛在的錯誤來源。如果使用相同的問題編號，則對導引指示的檢查也更加直接。但是，一項共同的問題編號方案可能意味著某些版本的問卷中未使用某些問題編號。例如：在只有一個國家需要額外提出問題的情況下，則該問題的編號不會出現在研究中所有其他國家的問卷中。這必須清楚地被標記在問卷上，否則會在訪員中產生混淆。如果有許多問題編號遺漏，它將導致訪員難以遵循指引，則為了減少訪員錯誤，必須考慮放棄共同的問題編號。

◎ 個案研究：威士忌的使用與態度

國際考量

我們的威士忌廣告和品牌研究專為英國市場調查而設計。但是，客戶 Crianlarich 現在希望將其擴展到下列國家：

- 法國。
- 比利時。
- 美國。
- 日本。
- 中國。

首先，我們必須檢查它是否適合在這些其他市場進行調查。可能會出現以下問題：

- 篩選 QB：被用來掩飾我們對威士忌感興趣的一系列競爭性飲料，在這些其他國家可能不太適用。「ale」及「stout」等飲料可能無法被理解。
- 篩選 QC：我們可能希望保持對一位威士忌飲用者有一個共同定義，即每三個月至少喝一次威士忌的人，但在所有這些國家都是切實可行的嗎？威士忌飲用者的滲透率或飲用威士忌的頻率是否太低，而無法透過該定義獲得合理的樣本量？相對地，如果滲透率如此低，受訪者是否有足夠的知識能夠回答所有問題？

一般來說，我們將市場定義為威士忌飲用者，而不區分蘇格蘭威士忌、愛爾蘭威士忌或波本威士忌的飲用者，因為在英國，蘇格蘭威士忌占主導地位。然而，在其他國家——尤其是美國——其他形式的威士忌擁有更大的市場占有

率。因此，我們需要為這些國家決定是否我們的研究對象應該是所有威士忌飲用者，包括可能不喝蘇格蘭威士忌的波本威士忌飲用者，還是僅限於蘇格蘭威士忌飲用者。這是將研究與行銷目標相匹配，並根據每一個國家的策略量身訂製的問題。然而，這可能意味著國家之間的樣本定義不同，使得國家之間的資料比較不那麼直接。該決策將影響篩選問題和品牌列表如下：

- Q3、Q4 以及所有後續具有較長的品牌列表：這些回應代碼需要涵蓋感興趣市場中的主要品牌。這將因市場不同而異。

- Q7：這裡我們將「Grand Prix」定義為特定關注的競爭對手。對所有國家都是這樣嗎？Grand Prix 是否在所有這些國家都有銷售——如果有的話，在競爭環境中銷售嗎？如果不是，主要關注的競爭對手是什麼？

- Q9：這裡我們使用了英國的「不允許當場飲用（off-licence）」和「允許當場飲用（on-licence）」的飲酒概念，通常只需要最少的解釋就可以被理解。這些術語在其他國家是否適用？我們是否需區分「在家飲酒（at home drinking）」和「在公共場所飲酒（drinking in a public place）」——例如：一家酒吧或餐廳？在這裡，我們需要借助當地知識來確定適當術語。

- Q23：這使用了一組為英國市場開發的屬性。它們是否適用於所有其他國家，或是否有其他更重要的屬性？例如：在某些國家購買威士忌前，先聞一聞香氣是否為習慣的或普遍的？如果這在某個市場很重要，則需要犧牲一些不那麼重要的屬性，而將其包括在內。

- Q24：包含一種簡化的品牌列表，包括在行銷策略中對 Crianlarich 定義的競爭組合；這將因國家不同而異。

- Q25：我們必須檢查 Crianlarich 的廣告在每一個國家都是正確的，國家之間經常會有所差異。

  Q27：我們希望對每一個國家測量的主要競爭對手品牌廣告是什麼？

最後，我們需要檢查在每一個國家裡的法定飲酒年齡，並修改我們的樣本定義和問卷以反映該年齡。

翻譯

由於國家之間存在許多差異，以及在形象屬性中有些細微差別，我們偏好的方法是最初由一位專業翻譯者進行翻譯，而不是使用機器翻譯。然後，每一個國家的翻譯將由當地的 Crianlarich 辦事處進行檢查，他們還可以就我們忽略的任何當地問題提供建議。

我們必須記住，對於比利時，需要翻譯成兩種語言！

關鍵要點

- 關鍵決策為是否曾嘗試建立一個通用的「主（master）」問卷——僅針對極少的國家進行客製化——還是採取逐個國家的方法。許多因素都會影響這一點：
  ⊙ 各國調查目標的一致性。
  ⊙ 國家之間潛在結構差異的程度（例如：文化影響）。
  ⊙ 國家之間市場和行銷差異的程度。
- 保持問卷大體上的一致性具有許多實務優勢，但如果不能反映重要的差異，那麼調查只會產生比較性的錯覺。
- 翻譯過程中，必須留出足夠的時間進行精確的與謹慎的翻譯，以便在符合該語言慣例的同時，準確保留語言的含義與含義中細微差異。
- 讓母語人士審查問卷是很重要的，他們是該國的居民，並且對創建良好問題的挑戰有一些瞭解。

個案研究：威士忌的使用與態度研究

問卷

我們現在有最終版的問卷，在接下來的頁面中，問卷將以受訪者看到的形式顯示。每一個螢幕下方的注解，顯示每一個問題所遵循的篩選或邏輯。

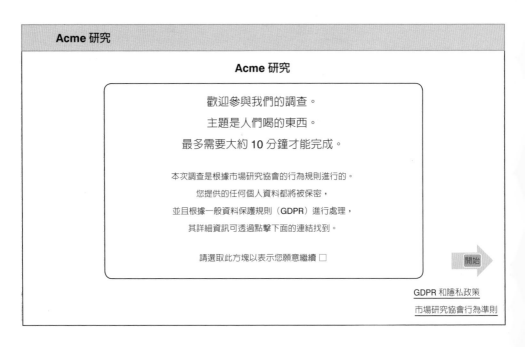

螢幕 1：歡迎螢幕。在這裡，我們需要告訴受訪者主題議題的廣泛性質——在這個階段我們不希望透露它是關於蘇格蘭威士忌。我們還說明預計可能需要多長時間。對於沒有通過篩選問題的人來說，花費的時間會更少，這就是為什麼我們說「最多大約 10 分鐘」。

我們的資料保護責任透過「資料保護和隱私政策」連結處理。

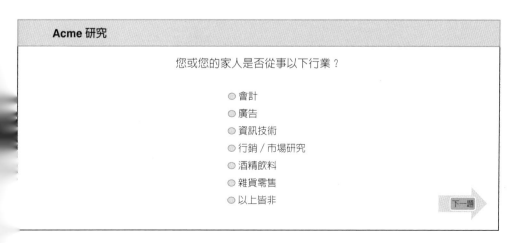

Acme 研究

首先第一件事情。

您是……？

○12 歲或以下
○13 至 17 歲
○18 至 24 歲
○25 至 34 歲
○35 至 44 歲
○45 至 54 歲
○55 歲或以上

下一題

螢幕 2：因為調查是關於一種含酒精的飲料，因此我們需要篩選出任何低於法定飲酒年齡的人，本範例為 18 歲。我們透過設定在 18 歲以上和以下的年齡範圍來掩飾我們正在做的事情。這使得更難猜測這是我們正在做的事情，並對其謊報年齡。

任何未滿 18 歲的人都會被引導到螢幕 33，這是針對不符合資格者的關閉螢幕。

其他人到 QA。

Acme 研究

您或您的家人是否從事以下行業？

◎ 會計
◎ 廣告
◎ 資訊技術
◎ 行銷／市場研究
◎ 酒精飲料
◎ 雜貨零售
◎ 以上皆非

下一題

　　螢幕 3：QA。安全篩選器。在這裡，我們確認人們從事或有近親從事該職業的人，這些職業會扭曲樣本的代表性。那些在 Crianlarich 競爭對手工作的人，也可能從一些問題中推論出 Crianlarich 的策略。

　　其他答案則隱蔽的包含在內，讓每個人都有機會提供一個答案。

　　任何回答「廣告」、「行銷 / 市場研究」或「酒精飲料」的人都會被引導到螢幕 33。

　　其他人到 QB。

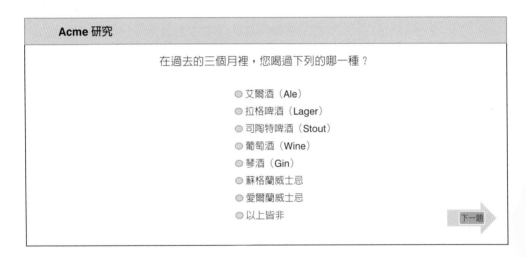

　　螢幕 4：QB。這可以辨識那些喝蘇格蘭威士忌的人。再次，提供了一組隱蔽的答案，讓每個人都可以回答一些問題，而不是透過聲稱喝蘇格蘭威士忌來「幫助」，如果這是唯一的選擇，可能會發生這種情況。這也提供了有關蘇格蘭威士忌飲用者使用哪些其他飲料的寶貴資訊。

　　那些不喝蘇格蘭威士忌的人，請前往螢幕 33。

　　其他人到 QC。

Acme 研究

您多久喝一次蘇格蘭威士忌？

- ○ 幾乎每天
- ○ 至少每週一次
- ○ 至少每月一次
- ○ 至少每三個月一次
- ○ 至少每六個月一次
- ○ 不常喝

下一題 ⇨

螢幕 5：QC。我們希望辨識每三個月至少喝一次蘇格蘭威士忌的人。包含其他答案部分是爲了隱藏哪裡是截止的地方，但是也提供了有關樣本中飲酒頻率的寶貴資訊。在一項追蹤研究中，這與 QB 蘇格蘭威士忌飲用者的滲透率相結合，可以提供關於整個市場是成長還是衰退的寶貴資訊。

那些喝蘇格蘭威士忌的頻率低於每三個月至少一次的人，會被引導到螢幕 33。其他所有人成了我們正在尋找的樣本定義，並繼續前往 Q1。

Acme 研究

您能說出八種蘇格蘭威士忌品牌名稱嗎？

品牌 1	_____
品牌 2	_____
品牌 3	_____
品牌 4	_____
品牌 5	_____
品牌 6	_____
品牌 7	_____
品牌 8	_____

下一題 ⇨

　　螢幕 6：Q1。自發的品牌意識，這是一個關鍵問題。這是我們的挑戰性問題，看看他們是否可以說出八種品牌名稱。相較於如果簡單地要求命名蘇格蘭威士忌品牌，這可能會誘導出更多的品牌名稱。我們可以從完成的方格順序中看出，隨著時間的推移，Crianlarich 在人們意識中的地位是否超越其他品牌。

　　繼續進行 Q2。

Acme 研究

最近您看過或聽過哪些蘇格蘭威士忌品牌的廣告？

請在下面輸入品牌名稱

第一 _____

第二 _____

第三 _____

第四 _____

第五 _____

第六 _____

第七 _____

第八 _____

　　　　　　　　　　　　　　　　　　　下一題 ▶

　　螢幕 7：Q2。自發的廣告意識，這是一個關鍵問題。這裡沒有挑戰，因為我們希望受訪者去思考最近的廣告，而不是只為了迎接挑戰而回溯太遠。

　　繼續進行 Q3。

Acme 研究

您聽過以下哪些品牌的蘇格蘭威士忌？

- ○ Bell's
- ○ Chivas Regal
- ○ Crianlarich
- ○ Famous Grouse
- ○ Glenfiddich
- ○ Glenmorangie
- ○ Grand Prix
- ○ Johnnie Walker
- ○ Teacher's
- ○ Whyte & Mackay
- ○ 以上皆非

下一題 ▶

　　螢幕 8：Q3。提示品牌知名度。在這裡，我們有一系列主要品牌以及我們認為與 Crianlarich 最接近的競爭對手品牌。這是關於品牌識別，我們在這裡主要關注的是不認識 Crianlarich 這個名字的人所占的比例。這告訴我們，如果知名度很低，廣告的主要工作是否應該在提升知名度，還是加強對已經知名品牌的品牌定位，或者是否有更大的空間為一種已被知道但不是知名的品牌創建品牌定位。

螢幕 9：Q4。提示廣告知名度。我們在這裡尋找的是 Crianlarich 廣告是否已經深入人們的意識。這不像 Q2 的關鍵，即自發的廣告意識，但允許我們確認 Q5 的受訪者。請注意，沒有「其他」回應代碼。我們只對作為我們參考組的主要品牌感興趣。

如果點擊 Crianlarich，請前往 Q5。

如果點擊 Grand Prix，請前往 Q7。

如果兩者都沒有提到，請前往 Q9。

如果 Crianlarich 和 Grand Prix 都提到了，顯示關於 Crianlarich 的區塊 Q5 和 Q6 的順序，以及關於 Grand Prix 的區塊 Q7 和 Q8 的順序，應在受訪者之間隨機排列或輪換。

螢幕 10：Q5。Crianlarich 廣告的來源。這個問題是在 Q6 之前引導 Crianlarich 廣告的回憶。它也有助於辨別媒體中 Crianlarich 被認為用於廣告的任何虛假回憶。

繼續進行 Q6。

螢幕 11：Q6。回憶 Crianlarich 廣告。這是為了告訴我們：1. 回憶是否能夠被確認為真正的 Crianlarich，或者是否與另一個品牌的廣告產生混淆，以及 2. 在

確認為真實的情況下，什麼是深植腦海中的廣告要點。這些要點可能有助於解釋感知品牌定位的變動。它們也可能在後續的廣告中得到應用，因為我們知道它們能夠切入市場。

　　如果在 Q4 提到 Grand Prix，請繼續進行 Q7。

　　其他人則前往 Q9。

Acme 研究

您在哪裡看過或聽過 Grand Prix 的廣告？

○ 電影院
○ 廣告信件
○ 線上／網路
○ 雜誌
○ 報紙
○ 廣播節目
○ 電視
○ 其他（請輸入）［　　　　］
○ 不記得／不知道

下一題 →

　　螢幕 12：Q7。Grand Prix 廣告的來源。這重複了 Q5，但針對 Grand Prix，因為我們需要監控最接近的競爭對手之表現。

　　繼續到 Q8。

Acme 研究

有關 Grand Prix 廣告，您記得什麼嗎？
它是關於什麼的？它說了什麼？

［　　　　　　　　　　］

下一題 →

　　螢幕 13：Q8。Grand Prix 廣告的回憶。這重複爲了 Grand Prix 的 Q6。除了提供我們有關 Grand Prix 表現的判斷資訊外，還提供我們可以據以評估 Crianlarich 績效與具有類似規模廣告預算之品牌的基準數據。

　　繼續到 Q9。

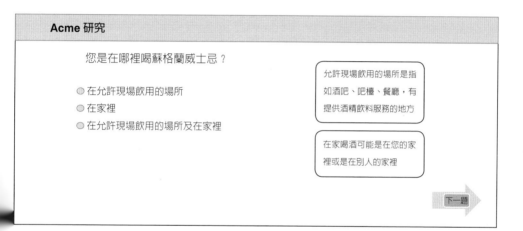

　　螢幕 14：Q9。飲用蘇格蘭威士忌的地方。在這裡，我們從複雜的導引邏輯開始一系列問題，旨在確定在哪裡飲用蘇格蘭威士忌、選擇哪些品牌以及由誰選擇；這將有助於針對他們可能並不總是與飲酒者相同的決策者。這個問題決定了受訪者是一位「在允許現場飲用的」或「不允許現場飲用的」蘇格蘭威士忌飲用者，還是兩者兼而有之。

　　爲了使問題中的單詞數量最少化，以及減少重複，採用答案代碼作爲問題的一部分。

　　請注意，問題中使用的術語定義是在遠離問題本身的框格中被提出的。這是爲了避免問題猶如一大塊文本，這會阻礙正確地閱讀。該定義也可以被程式設計，當游標「滑過」答案代碼中的術語時，定義就會出現。

　　如果是在允許現場飲用的場所飲用蘇格蘭威士忌，請繼續進行 Q10。

　　如果是在不允許現場飲用的場所飲用蘇格蘭威士忌，即在家裡，請前往 Q11。

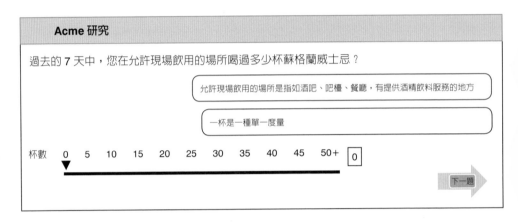

　　螢幕 15：Q10。過去一週在允許現場飲用的場所的飲酒消費情況。我們希望獲得受訪者在允許現場飲用的場所飲酒量的測量。Crianlarich 主要針對不允許當場飲用的市場，我們需要知道在家的重度飲用者是否也是在允許現場飲用之場所的重度飲酒者。

　　我們選擇具有較高頂端的一種數字滑鼠量尺，為了抗拒社會期望的回應（見第 16 章）。

　　如果 Q9 的回答也是在家裡、在不允許現場飲用的場所喝蘇格蘭威士忌，繼續作答 Q11。

　　其他人前往 Q21。

Acme 研究

過去的 7 天中，您在家裡飲用多少杯蘇格蘭威士忌？

> 在家喝酒可以是在您的家裡或是在別人的家裡

> 一杯相當於您在酒吧或吧檯獲得的一種單一度量

杯數　0　5　10　15　20　25　30　35　40　45　50+　　0

▼

下一題

螢幕 16：Q11。過去一週，在不允許現場飲用的場所、在家裡的飲酒消費情況。這裡我們獲得受訪者在自己家裡或在其他人家裡飲酒量的測量，這占了不允許現場飲用的飲酒場所的大部分。我們使用如 Q10 相同的量尺和滑動技術，許多受訪者都會回答這兩種問題，而且改變技術或使用不同的長度量尺將引起混淆。

一杯的大小和一杯有多少容量可能因家庭而異，因此我們對「一杯」的定義進行了說明。請注意，這再次放在問題外，以避免出現一大塊文本。

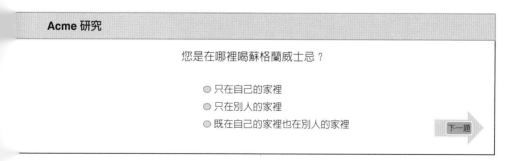

Acme 研究

您是在哪裡喝蘇格蘭威士忌？

○ 只在自己的家裡
○ 只在別人的家裡
○ 既在自己的家裡也在別人的家裡

下一題

螢幕 17：Q12。現在我們只想詢問在自己家裡飲酒的情況，而不是在別人家裡飲酒的情況，因為他們無法選擇品牌，因此這個篩選問題是必需的。

如果他們在自己家裡飲酒，請繼續 Q13。

如果他們只在別人的家裡飲酒，請前往 Q21。

Acme 研究

通常誰會購買蘇格蘭威士忌在家裡喝？

- 我自己購買
- 別人購買
- 有時候我購買，有時候別人購買
- 別人作為禮物贈送的
- 其他答案

下一題 ▶

螢幕 18：Q13。我們想找出誰是家裡的品牌決策者，所以首先我們必須詢問誰是購買者。這是另一個篩選問題。

如果受訪者總是或有時候購買蘇格蘭威士忌，請前往 Q19。

如果總是由別人購買蘇格蘭威士忌，請前往 Q14。

如果是作為禮物贈送的或者有其他答案，請前往 Q21。

Acme 研究

您對購買哪一個品牌有發言權嗎？

- 是的，我有
- 不，他們決定
- 總是購買相同的品牌

下一題 ▶

螢幕 19：Q14。另一個篩選問題。如果由他人購買，受訪者是否對品牌選擇有發言權？

如果受訪者有發言權，請前往 Q19。

如果受訪者沒有發言權，請前往 Q17。

如果始終是相同品牌，請繼續進行 Q15。

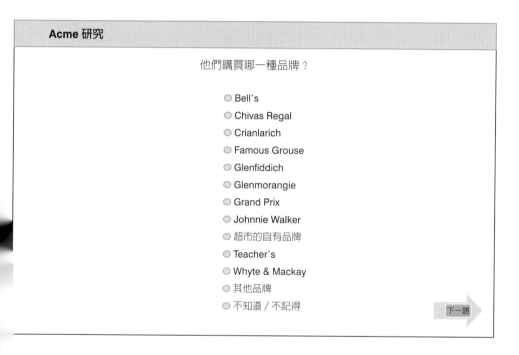

螢幕 20：Q15。有可能家庭總是購買相同品牌的威士忌，我們需要在這個問題和以下問題中來考慮這種可能性。這個問題詢問的是哪一種品牌？

如果這種品牌不為人知，請前往 Q21。

其他者，則繼續進行 Q16。

Acme 研究

那最初是……

○ 您的選擇
○ 別人的選擇
○ 一起決定的
○ 不知道／不記得

下一題

螢幕 21：Q16。我們現在希望受訪者回想一下，是誰決定該品牌應該成為常喝的品牌，以便找出誰是或曾經是決策者。

全部前往 Q21。這個特殊的行為問題導引已經完成。

Acme 研究

他們購買哪些品牌？

○ Bell's
○ Chivas Regal
○ Crianlarich
○ Famous Grouse
○ Glenfiddich
○ Glenmorangie
○ Grand Prix
○ Johnnie Walker
○ 超市的自有品牌
○ Teacher's
○ Whyte & Mackay
○ 以上皆非／其他品牌
○ 不知道／不記得

下一題

螢幕 22：Q17。這是針對在家飲酒者所提出，他們由其他人決定購買哪些品牌的蘇格蘭威士忌。在這裡，我們詢問購買哪一種或哪些品牌。

如果提到多種品牌，請繼續進行 Q18。

其他人則前往 Q21。

螢幕 23：Q18。如果在上一個問題中提到了多個品牌，我們想知道是否有其中一種品牌比其他品牌更經常購買。

全部前往 Q21。這個特殊的行為問題導引已經完成。

螢幕 24：Q19。這個問題是針對在家飲酒者，他們也是單獨的或共同的決策者，並且詢問他們購買或要求購買什麼品牌。

如果提到多種品牌，請繼續 Q20。

其他人則前往 Q21。

Acme 研究

您最常購買哪一種品牌？

○ Bell's
○ Chivas Regal
○ Crianlarich
○ Famous Grouse
○ Glenfiddich
○ Glenmorangie
○ Grand Prix
○ Johnnie Walker
○ 超市的自有品牌
○ Teacher's
○ Whyte & Mackay
○ 以上皆非／其他品牌
○ 沒有最常購買的品牌

下一題

螢幕 25：Q20。如果在上一個問題中提到多個品牌，我們想知道是否有其中一種品牌相較於其他品牌更經常購買。

全部前往 Q21。這個特定的行為問題導引已經完成。

Acme 研究		
對於每一對短語，在選擇威士忌品牌時，請說明哪一個對您更重要。		

	更重要許多	差不多相同	更重要許多	
顏色深淺		▼		口味滑順
品牌傳統		▼		口味滑順
口味滑順		▼		是否在蘇格蘭飲用
顏色深淺		▼		價格
是否在蘇格蘭飲用		▼		品牌傳統
品牌傳統		▼		價格
是否在蘇格蘭飲用		▼		顏色深淺
價格		▼		是否在蘇格蘭飲用

螢幕 26：Q21。這是向所有受訪者提出之問題。這是一個態度問題，有助於我們確定在品牌選擇的關鍵驅動因素是什麼。在相對較少的屬性數量中，通常是五個，我們可以要求在每一對短語之間進行選擇，總共有十對。我們已經選擇使用一種滑動量尺而不是單選按鈕（見第 6 章）。顯示配對的順序在受訪者之間是隨機的，而且我們確保每一個屬性在量尺的兩端出現大致相同的次數，以盡量減少左撇子偏差。為了消除滑動起始點的位置偏差，它始終從量尺的中間開始。

請注意，這是受訪者在個人電腦上必須向下捲動才能完成問題的唯一螢幕。

繼續進行 Q22。

Acme 研究

這個敘述適用於這些品牌中的哪一個？

是傳統的

- ◯ Bell's
- ◯ Crianlarich
- ◯ Famous Grouse
- ◯ Grand Prix
- ◯ Teacher's
- ◯ Whyte & Mackay
- ◯ 以上皆非
- ◯ 不知道

下一題

　　螢幕 27：Q22。這裡我們根據一組形象屬性與一個明確定義的競爭組合，其中包括我們最接近的競爭對手和主要品牌作為參考點，來測量感知的品牌形象。這是一種使用動態框格的「任意選擇」方法，其中形象構面一個接一個地呈現（見第 8 章）。

　　品牌名稱的順序在受訪者之間是隨機的顯示。我們不會顯示包裝照片或品牌商標，因為這些照片或品牌商標會透過暗示品牌屬性來影響回應。

　　使用來自這個問題的數據，我們將能夠使用對應分析產生品牌地圖，以便可以看到每一種品牌的形象優勢，以及哪些品牌因為它們被認為是相似的而聚集在一起、哪些品牌的形象與其他品牌不同。透過這種方式，我們可以看到我們在廣告中如何成功定位 Crianlarich 的形象。

　　繼續進行 Q23。

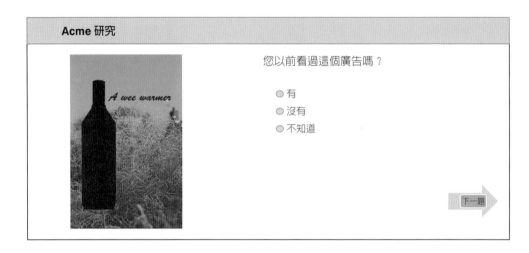

　　螢幕 28：Q23。這裡我們展示了 Crianlarich 的廣告，其中品牌已被移除。我們想知道此廣告是否被辨認出來，這將有助於我們評估廣告的覆蓋範圍，這可能反映了廣告媒體的投放效果。但是，我們必須小心，將廣告的識別與 Crianlarich 的購買相關聯，並且將購買歸因於廣告。購買該品牌與對品牌的熟悉性很可能部分導致對廣告的認可，就像瞭解廣告會導致購買一樣（品牌使用者通常對「他們的」品牌有較高的廣告認知度）。

　　如果已看過廣告，請繼續進行 Q24。

　　其他人則前往 Q25。

Acme 研究

這是哪個品牌的廣告？

- ○ Bell's
- ○ Chivas Regal
- ○ Crianlarich
- ○ Famous Grouse
- ○ Glenfiddich
- ○ Glenmorangie
- ○ Grand Prix
- ○ Johnnie Walker
- ○ 超市的自有品牌
- ○ Teacher's
- ○ Whyte & Mackay
- ○ 以上皆非 / 其他品牌
- ○ 不知道 / 不記得

下一題

　　螢幕 29：Q24。因為看到了廣告並不意味著知道它是品牌 Crianlarich 的。這個問題是測量廣告中品牌推廣成功與否的指標。如果廣告的認知度很高，但與正確品牌的關聯度較低，這可能意味著需要重新思考廣告，並提高品牌推廣的影響力。

　　品牌呈現的順序應在受訪者之間隨機排列。

Acme 研究

您以前看過這個廣告嗎？

- ○ 有
- ○ 沒有
- ○ 不知道

下一題

螢幕 30：Q25。這重複了 Q23，使用最近的 Grand Prix 廣告。這為我們提供了對主要競爭對手表現的評估，以及測量我們自己結果的一項基準。

如果已看過廣告，請繼續進行 Q26。

其他人前往螢幕 32。

螢幕 31：Q26。此重複了 Grand Prix 的 Q24，為我們提供測量其廣告品牌效果有多好的指標。

品牌列表應按照每一個受訪者在 Q24 中看到的相同順序呈現。

Q23 和 Q24（Crianlarich）、Q25 和 Q26（Grand Prix）的問題區塊應在受訪者之間進行輪換（見第 10 章）。

繼續前往螢幕 32。

Acme 研究

Acme 研究

感謝您參與本次調查。

根據資料保護法，您提供的任何個人資料都將被保密。

Acme 研究衷心期待如果將來有需要，

您能樂意參與我們的另一項調查。

隱私政策

螢幕 32：對參與調查之受訪者的關閉畫面。重要的是，要感謝受訪者願意花時間參與，同時確保資料的安全性。

關閉。

Acme 研究

Acme 研究

我們非常抱歉本次調查不適合您。

Acme 研究衷心期待如果將來受到邀請，

您將樂意參與我們所舉辦的調查。

隱私政策

螢幕 33。為無法通過篩選問題之受訪者的結束畫面。它位於螢幕中的此處，以避免干擾問題的流程。相對於他們無法符合我們的資格標準，這是因為調查不適合他們，這是我們的責任。

關閉。

市場研究協會和行為準則

1. 市場研究協會（www.mrs.org.uk）

   行為規則：http://www.mrs.org.uk/standards/code_of_conduct/

2. ICC（www.iccwbo.org）和 ICC／ESOMAR（www.esomar.org）

3. 澳洲 AMSRS：www.mrsa.com.au

   專業行為規則：https://researchsociety.com.au/documents/item/2796

4. MRIA（加拿大）：www.mria-arim.ca

   行為和良好做法規則：http://www.mria-arim.ca/STANDARDS/ CODE2007.asp

5. 德意志聯邦共和國領土宣言關於 ICC/ESOMAR 市場和社會研究國際規則：

   www.adm-ev.de

6. ASSIRM（義大利）專業道德規則：www.assirm.it

7. JMRA（日本）行銷研究規則：www.jmra-net.or.jp

8. 觀察協會（美國）：http://www.insightsassociation.org

9. EphMRA（歐洲藥品市場研究）：http://www.ephmra.org/

References

参考書目

• 參考書目 •

Albaum, G (1997) The Likert scale revisited, *Journal of the Market Research Society*, **39** (2), pp 331–48

Albaum, G, Roster, C, Yu, J H and Rogers, R D (2007) Simple rating scale formats: exploring extreme responses, *International Journal of Market Research*, **49** (5), pp 633–50

Albaum, G, Wiley, J, Roster, C, and Smith, S M (2011) Visiting item non-responses in internet survey data collection, *International Journal of Market Research*, **53** (5)

Alwin, D F and Krosnick, J (1985) The measurement of values in surveys: a comparison of ratings and rankings, *Public Opinion Quarterly*, **49** (4), pp 535–52

Anderson, K, Wright, M and Wheeler, M (2011) Snap judgement polling: street interviews enabled by new technology, *International Journal of Market Research*, **53** (4)

Antoun, C, Couper, M, Conrad, F (2017) Effects of mobile versus PC web on survey response quality: a crossover experiment in probability web panel. *Public Opinion Quarterly* **81** (S1), pp 280–306

Artingstall, R (1978) Some random thoughts on non-sampling error, *European Research*, **6** (6)

Bailey, P, Pritchard G and Kernohan, H (2015) Gamification in market research: increasing enjoyment, participant engagement and richness of data, but what of data validity?, *International Journal of Market Research*, **57** (1), pp 17–28

Baker, R and Downes-Le-Guin, T (2011) All fun and games? Myths and realities of respondent engagement in online surveys, ESOMAR Congress, Amsterdam

Basi, R K (1999) WWW response rates to socio-demographic items, *Journal of the Market Research Society*, **41** (4), pp 397–401

Bearden, W O and Netermeyer, R G (1999) *Handbook of Marketing Scales*, Sage, Thousand Oaks, CA

Behling, O and Law, K S (2000) *Translating Questionnaires and Other Research Instruments: Problems and solutions*, Sage, Thousand Oaks, CA

Brace, I and Nancarrow, C (2008) Let's get ethical: dealing with socially desirable responding online, Market Research Society Annual Conference

Brace, I, Nancarrow, C and McCloskey, J (1999) MR confidential: a help or a hindrance in the new marketing era? *The Journal of Database Marketing*, 7 (2), pp 173–85

Bradley, N (1999) Sampling for internet surveys: an examination of respondent selection for internet research, *Journal of the Market Research Society*, 41 (4), pp 387–95

Bronner, F and Kuijlen, T (2007) The live or digital interviewer: a comparison between CASI, CAPI and CATI with respect to differences in response behaviour, *International Journal of Market Research*, 49 (2), pp 167–90

Brown, G, Copeland, T and Millward, M (1973) Monadic testing of new products: an old problem and some partial solutions, *Journal of the Market Research Society*, 15 (2), pp 112–31

Brüggen, E, Wetzels, M, de Ruyter, K, Schillewaert, N (2011) Individual differences in motivation to participate in online panels: the effect on response rate and response quality perceptions. International Journal of Market Research, 53 (3), pp 369–90

Brunel, F, Tietje, B, Greenwald, A (2004) Is the Implicit Association Test a valid and valuable measure of implicit consumer social cognition?, *Journal of Consumer Psychology*, 14 (4), pp 385–404

Cape, P (2009) Slider scales in online surveys. CASRO Panel Conference, February 2–3, 2009, New Orleans, LA. Retrieved from, http://www.surveysampling.com/ssi-media/Corporate/white_papers/SSI-Sliders-White-Pape.image (archived at https://perma.cc/E92X-H5F7)

Cape, P (2015) Questionnaire length and fatigue effects: what 10 years have taught us Webinar 28/05/2015, "http://www.surveysampling.com/ssi-media/webinars/ (archived at https://perma.cc/TN62-GNT6)" www.surveysampling.com/ssi-media/webinars/ (archived at https://perma.cc/BX2E-4T3P) [Last accessed 05.08.2017]

Cape, P, Lorch, J and Piekarski, L (2007) A tale of two questionnaires, *Proceedings of the ESOMAR Panel Research Conference*, Orlando, pp 136–49

Cechanowicz, J, Gutwin, C, Brownell, B, and Goodfellow, L, (2013) Effects of gamification on participation and data quality in a real-world market research domain. *Proceedings of the First International Conference on Gameful Design, Research, and Applications, Gamification* 13, October, Stratford, Ontario

Chang, L C and Krosnick, J A (2003) Measuring the frequency of regular behaviors: comparing the 'typical week' to the 'past week', *Sociological Methodology*, 33, pp 55–80

Christian, L M and Dillman, D A (2004) The influence of graphical and symbolic language manipulations on responses to self-administered questions, *Public Opinion Quarterly*, **68** (1) pp 57–80

Christian, L M, Dillman, D A and Smyth, J D (2007) Helping respondents get it right the first time: the influence of words, symbols, and graphics in web surveys, *Public Opinion Quarterly*, **71** (1), pp 113–25

Chrzan, K and Golovashkina, N (2006) An empirical test of stated importance measures, *International Journal of Market Research*, **48** (6), pp 717–40

Cobanoglu, C, Warde, B, and Moreo, P J (2001) A comparison of mail, fax and web-based survey methods, *International Journal of Market Research*, **43** (4), pp 441–52

Coelho, P and Esteves, S (2007) The choice between a five-point and a ten-point scale in the framework of customer satisfaction measurement, *International Journal of Market Research*, **49** (3), pp 313–39

Conrad, F, Couper, M, Tourangeau, R and Peytchev, A (2005) Impact of progress feedback on task completion: first impressions matter, Association for Computing Machinery, Conference on Human Factors in Computing Systems

Converse, J M and Presser, S (1986) *Handcrafting the Standardized Questionnaire*, Sage, Thousand Oaks, CA

Cooke, M (2010) The Engagement Agenda, Association of Survey Computing Conference, Bristol

Couper, M, Traugott, M and Lamias, M (2001) Web survey design and administration, *Public Opinion Quarterly*, **65**, pp 230–53

Cox, E (1980) The optimal number of response alternatives for a scale: a review, *Journal of Marketing Research*, **17**, pp 407–22

Crowne, D P and Marlowe, D (1960) A new scale of social desirability independent of psychopathology, *Journal of Consulting Psychology*, **24**, pp 349–54

Diamantopolous, A, Schlegelmilch, B and Reynolds, N (1994) Pre-testing in questionnaire design: the impact of respondent characteristics on error detection, *Journal of the Market Research Society*, **36** (4), pp 295–311

Dillman, D (2000) *Mail and Internet Surveys, 2nd edn, The Tailored Design Method*, John Wiley, New York

Dillman, D A, Singer, E, Clark, J R and Treat, J B (1996) Effects of benefits appeals and variations in statements of confidentiality on completion rate for census questionnaires, *Public Opinion Quarterly*, **60** (3)

Dolnicar, S, Grun, B and Leisch, F (2011) Quick, simple and reliable: forced binary survey questions, *International Journal of Market Research*, **53** (2)

Dolnicar, S, Rossiter, J and Grun, B (2012) 'Pick any' measures contaminate brand image studies, *International Journal of Market Research*, **56** (6)

Duffy, B (2003) Response order effects: how do people read?, *International Journal of Market Research*, **45** (4), pp 457–66

Duffy, B, Smith, K, Terhanian, G and Bremer, J (2005) Comparing data from online and face-to-face surveys, *International Journal of Market Research*, **47** (6), pp 615–40

Edwards, A L (1957) *The Social Desirability Variable in Personality Assessment*, Dryden, New York

Eisenhower, D, Mathiowetz, N A and Morganstein, D (1991) Recall error: sources and bias reduction techniques, in (eds) P Biemer, S Sudman, and R M Groves, *Measurement Error in Surveys*, Wiley, New York

Esuli, A and Sebastiani, F (2010) Machines that learn how to code open-ended questions, *International Journal of Market Research*, **52** (6)

Findlay, K and Alberts, K (2011) Gamification – the reality of what it is … and what it isn't, ESOMAR Congress, Amsterdam

Flores, L (2007) Customer Satisfaction, in *Market Research Handbook*, 5th edn, ESOMAR, pp 347–63

Forsyth, B H, Kudela, M S, Levin, K, Lawrence, D and Willis, G B (2007) Methods for translating an English-language questionnaire on tobacco use into Mandarin, Cantonese, Korean and Vietnamese, *Field Methods*, **19** (3), pp 264–83

Funke, F (2016) A web experiment showing negative effects of slider compared to visual analogue scales and radio button scales, *Social Science Computer Review*, **34** (2), pp 244–254

Goodyear, M (1996) Divided by a common language, *International Journal of Market Research*, **38** (2)

Greenleaf, E A (1992) Measuring extreme response style, *The Public Opinion Quarterly*, **56** (3), pp 328–51

Greenwald, H J and Satow, Y (1970) A short social desirability scale, *Psychology Rep*, **27**, pp 131–35

Gregg, A, Klymowsky, J, Owens, D, and Perryman, A (2013) Let their fingers do the talking? Using the implicit association test in market research, *International Journal of Market Research*, **55** (4)

Harms, J, Biegler, S, Wimmer, C, Kappel, K and Grechenig, T, (2014) 'Gamification of online surveys: design process, case study, and evaluation', NordiCHI '14: proceedings of the 8th Nordic Conference on Human-Computer Interaction: Fun, Fast, Foundational, Association for Survey Computing, Berkeley, England

Harms, J, Seitz, D, Wimmer, C, Kappel, K, and Grechenig, T (2015) Low-Cost Gamification of Online Surveys: Improving the User Experience through Achievement Badges, CHI PLAY 2015, October 03–07, 2015, London

Hogg, A and Masztal, J J (2001) A practical learning about online research, *Advertising Research Foundation Workshop*, October

Holbrook, A L and Krosnick, J A (2010) Social desirability bias in voter turnout reports *Public Opinion Quarterly* **74** (1), pp 37–67

Holbrook, A L, Green, M C and Krosnick, J A (2003) Telephone versus face-to-face interviewing of national probability samples with long questionnaires, *Public Opinion Quarterly*, **67**, pp 79–125

Holtgraves, T, Eck, J and Lasky, B (1997) Face management, question wording and social desirability, *Journal of Applied Psychology*, **27**, pp 1650–71

Hubert, M, Kenning, P (2008) A current overview of consumer neuroscience, *Journal of Consumer Behaviour*, 7, pp 272–92

Johnson, A and Rolfe, G (2011) Engagement, consistency, reach – why the technology landscape precludes all three, Association of Survey Computing Conference, Bristol

Kalton, G and Schuman, H (1982) The effect of the question on survey responses: a review, *Journal of the Royal Statistical Society, Series A*, **145** (1), pp 42–73

Kalton, G, Roberts, J and Holt, D (1980) The effects of offering a middle response option with opinion questions, *Statistician*, **29**, pp 65–78

Katz, L (2006) *Rethinking and Remodelling Customer Satisfaction, Working Paper*, quoted in *Market Research Handbook*, Fifth Edition, ESOMAR, 2007.

Kellner, P (2004) Can online polls produce accurate findings?, *International Journal of Marketing Research*, **46** (1), pp 3–21

Keusch, F, and Zhang, C (2014) A review of issues in gamified survey design, *Annual Conference of the Midwest Association for Public Opinion Research*, November 21–22, Chicago

Krosnick, J A and Alwin, D F (1987) An evaluation of a cognitive theory of response order effects in survey measurement, *Public Opinion Quarterly*, **51** (2), pp 201–19

Krosnick, J and Fabrigar, L (1997) Designing rating scales for effective measurement in surveys, in (eds) L Lyberg, P Biemer, M Collins, E De Leeuw, C Dippo, N Schwarz and D Trewin, *Survey Measurement and Process Quality*, John Wiley, New York

Laflin, L and Hanson, M (2006) https://www.quirks.com/articles/satisfaction-study-is-vehicle-for-minnesota-departmentof-transportation-to-test-question-order (archived at https://perma.cc/HN7P-TV4H) Accessed 23 August 2017

Likert, R (1932) A technique for the measurement of attitudes, *Archives of Psychology*, **140**, pp 5–55

Macer, T and Wilson S (2013) https://www.quirks.com/articles/a-report-on-the-confirmit-market-research-software-survey-1 (archived at https://perma.cc/663F-N79R). Accessed 20 September 2017

McDaniel, C Jr and Gates, R (1993) *Contemporary Marketing Research*, West Publishing Company, St Paul, MN, Chs 11/12

McFarland, S G (1981) Effects of question order on survey responses, *Public Opinion Quarterly*, **45**, pp 208–15

McKay, R and de la Puente, M (1996) Cognitive testing of racial and ethnic questions for the CPS supplement, *Monthly Labor Review*, September, pp 8–12

Malinoff, B and Puleston, J (2011) How far is too far: traditional, flash and gamification interfaces for the future of market research online survey design, ESOMAR 3D Digital Dimensions Conference, Miami

Nancarrow, C, Brace, I and Wright, L T (2000) Tell me lies, tell me sweet little lies: dealing with socially desirable responses in market research, *The Marketing Review*, **2** (1), pp 55–69

Nancarrow, C, Pallister, J and Brace, I (2001) A new research medium, new research populations and seven deadly sins for internet researchers, *Qualitative Market Research*, **4** (3), pp 136–49

Nunan, D and Knox, S (2011) Can search engine advertising help access rare samples?, *International Journal of Market Research*, **53** (4)

Oppenheim, A N (1992) *Questionnaire Design, Interviewing and Attitude Measurement*, 2nd edn, Continuum, London

Osgood, C E, Suci, G J and Tannenbaum, P (1957) *The Measurement of Meaning*, University of Illinois Press, Urbana, IL

Paulhus, D L and Reid, D B (1991) Enhancement and denial in socially desirable responding, *Journal of Personality and Social Psychology*, **60** (2), pp 307–17

Peterson, R A (2000) *Constructing Effective Questionnaires*, Sage, Thousand Oaks, CA

Phillips, D L and Clancy, K J (1972) Some effects of 'social desirability' in survey studies, *American Journal of Sociology*, **77** (5), pp 921–38

Poynter, R and Comley, P (2003) Beyond online panels, *Proceedings of ESOMAR Technovate Conference*, Cannes

Presser, S and Schuman, H (1980) The measurement of a middle position in attitude studies, *Public Opinion Quarterly*, **44**, pp 70–85

Puleston, J and Eggers, M (2012) Dimensions of online survey data quality: What really matters?, *Proceedings of the ESOMAR Congress*, Atlanta

Puleston, J and Sleep, D (2008) Measuring the value of respondent engagement – innovative techniques to improve panel quality, ESOMAR Panel Research, Dublin, October

Puleston, J and Sleep, D (2011) The game experiments – researching how gaming techniques can be used to improve the quality of feedback from online research, ESOMAR Congress, Amsterdam

Reicheld, F (2003) The one number you need to grow, *Harvard Business Review*, December

Reid, J, Morden, M and Reid, A (2007) Maximizing respondent engagement: the use of rich media, *Proceedings of the ESOMAR Congress*, Berlin

Ring, E (1975) Asymmetrical rotation, *European Research*, 3 (3), pp 111–19

Roster, C, Albaum, G and Rogers, R (2006) Can cross-national/cultural studies presume etic equivalency in respondents' use of extreme categories of Likert rating scales?, *International Journal of Market Research*, 48 (6), pp 741–59

Roster, C, Lucianetti, L, and Albaum, G. (2015). Exploring slider vs. categorical response formats in web-based surveys, *Journal of Research Practice*, 11 (1), Article D1. Retrieved from http://jrp.icaap.org/index.php/jrp/article/view/509/413 (archived at https://perma.cc/22PC-4TU9)

Rungie, C, Laurent, G, Dall'Olmo Riley, F, Morrison, D G and Roy, T (2005) Measuring and modeling the (limited) reliability of free choice attitude questions, *International Journal of Research in Marketing*, 22 (3), pp 309–18

Saris, W E and Gallhofer, I N (2007) *Design, Evaluation, and Analysis of Questionnaires for Survey Research*, John Wiley, Hoboken

Saris, W E, Krosnick, J A and Schaeffer, E M (2005) Comparing questions with agree/disagree options to questions with construct-specific response options, http://comm.stanford.edu/faculty/krosnick (archived at https://perma.cc/L3Z4-UQUX). Accessed October 2012

Savitz, J (2011) https://www.quirks.com/articles/data-use-reconciling-hispanic-product-evaluation-ratings (archived at https://perma.cc/PR9V-UU5K). Accessed 23 August 2017

Schaeffer, E M, Krosnick, J A, Langer, G E and Merkle, D M (2005) Comparing the quality of data obtained by minimally balanced and fully balanced attitude questions, *Public Opinion Quarterly*, 69 (3), pp 417–28

Schuman, H and Presser, S (1981) *Questions and Answers in Attitude Surveys*, Sage, Thousand Oaks, CA

Schwarz, N, Hippler, H and Noelle-Neumann, E (1991) A cognitive model of response-order effects in survey measurement, in (eds) N Schwarz and S Sudman, *Context Effects in Social and Psychological Research*, pp 187–201, Springer Verlag, New York

Singer, E, Hippler, H-J and Schwarz, N (1992) Confidentiality assurances in surveys: reassurance or threat, *International Journal of Public Opinion Research*, 4 (34), pp 256–68

Singer, E, Von Thurn, D R and Miller, E R (1995) Confidentiality assurances and response: a quantitative review of the experimental literature, *Public Opinion Quarterly*, 59 (1), pp 67–77

Smyth, J D, Dillman, D A, Christian, L M and Stern, M J (2006) Comparing check-all and forced-choice question formats in web surveys, *Public Opinion Quarterly*, 70 (1), pp 66–77

Stern, M J, Smyth, J D and Mendez, J (2012) The effects of item saliency and question design on measurement error in a self-administered survey, *Field Methods*, 24 (1), pp 3–27

Strahan, R and Gerbasi, K C (1972) Short homogeneous versions of the Marlowe-Crowne social desirability scale, *Journal of Clinical Psychology*, 28, pp 191–3

Suchman, L and Jordan, B (1990) Interactional troubles in face-to-face survey interviews, *Journal of the American Statistical Association*, 85 (409), pp 232–41

Sudman, S and Bradburn, N (1973) Effects of time and memory factors on response in surveys, *Journal of the American Statistical Association*, 68, pp 805–15

Sudman, S and Bradburn, N (1982) *Asking Questions: A practical guide to questionnaire design*, Jossey-Bass, San Francisco, CA

Sullivan, O and Gershuny, J (2017) Speed up society? Evidence from the UK 2000 and 2015 time use diary surveys. *Oxford University Research Archive* https://

ora.ox.ac.uk/objects/uuid:9a837e21-7e86-4d77-ab66-60c14dea8b97 (archived at https://perma.cc/4VL4-LUW8) Accessed 24 August 2017

Thomas, R, Couper, M P, Bremer, J and Terhanian, G (2007) Truth in measurement: comparing web-based interviewing techniques, *Proceedings of the ESOMAR Congress*, Berlin, pp 195–206

Toepoel, V and Dillman, D A (2010) Words, numbers and visual heuristics in web surveys: is there a hierarchy of importance? *Social Science Computer Review*, **29**, pp 193–207

Toepoel, V, Das, M and Van Soest, A (2008) Effects of design in web surveys – comparing trained and fresh respondents, *Public Opinion Quarterly*, **72** (5), pp 985–1007

Tourangeau, R (1984) Cognitive science and survey methods, in (eds) T Jabine, M Straf, J Tanur and R Tourangeau, *Cognitive Aspects of Survey Methodology: Building a bridge between disciplines*, National Academy Press, Washington, DC

Tourangeau, R, Couper, M and Conrad, F (2004) Spacing, position, and order: interpretive heuristics for visual features of survey questions, *Public Opinion Quarterly*, **68** (3), pp 368–93

Tourangeau, R, Couper, M and Conrad, F (2007) Color, labels and interpretative heuristics for response scales, *Public Opinion Quarterly*, **71** (1), pp 91–112

Tourangeau, R, Rips, L J and Rasinski, K (2000) *The Psychology of Survey Response*, Cambridge University Press, Cambridge

Van Schaik, P and Ling, J (2007) Design parameters of rating scales for web sites, *ACM Transactions on Computer–Human Interaction*, **14**

Vercruyssen, A, van de Putte, B, and Stoop, I, (2011) Are they really too busy for survey participation? The evolution of busyness and busyness claims in Flanders, *Journal of Official Statistics*, **27** (4), pp 619–632

Wable, N and Pall, S (1998) You just do not understand! More and more respondents are saying this to market researchers today, ESOMAR Congress

Warner, S L (1965) Randomized response: a survey technique for eliminating evasive answer bias, *Journal of the American Statistical Association*, **60**, pp 63–9

Weijters, B, Geuens, M and Schillewaert, N (2010) The individual consistency of acquiescence and exteme response style in self-report questionnaires, *Applied Psychological Measurement*, **34** (2), pp 105–21

Wood, O (2007) Using faces: measuring emotional engagement for early stage creative, *Proceedings of the ESOMAR Congress*, Berlin, pp 412–37

Worcester, R and Downham, J (1978) *Consumer Market Research Handbook*, 2nd edn, Van Nostrand Reinhold, Wokingham

Wright, L T and Crimp, M (2000) *The Marketing Research Process*, 5th edn, Pearson Education, Harlow

Yang, M-L and Yu, R-R (2011) Effects of identifiers in mail surveys, *Field Methods*, 23 (3), pp 243–65

Zaichkowsky, J L (1999) Personal involvement inventory for advertising, in (eds) W O Bearden and R G Netemeyer, *Handbook of Marketing Scales*, Sage Publications, Thousand Oaks, CA

Zaltman, G (1997) Rethinking market research: putting people back in, *Journal of Marketing Research*, 34 (4), pp 424–437

國家圖書館出版品預行編目(CIP)資料

問卷設計：如何規劃、建構與編寫有效市場研
究之調查資料／Ian Brace, Kate Bolton著；
王親仁譯. -- 二版. -- 臺北市：五南圖書
出版股份有限公司, 2024.12
面；　公分
譯自：Questionnaire design：how to plan, structure
　　　and write survey material for effective
　　　market research, 5th ed.
ISBN 978-626-393-972-1（平裝）

1.CST: 市場調查　2.CST: 市場分析

496.3　　　　　　　　　　　113018189

1HOL

問卷設計：如何規劃、建構與編寫有效市場研究之調查資料

作　　　者 ― 伊恩·布萊斯（Ian Brace）、凱特·博爾頓
　　　　　　　（Kate Bolton）

譯　　　者 ― 王親仁

編輯主編 ― 侯家嵐

責任編輯 ― 吳瑀芳

文字校對 ― 陳俐君、石曉蓉

封面設計 ― 姚孝慈

出 版 者 ― 五南圖書出版股份有限公司

發 行 人 ― 楊榮川

總 經 理 ― 楊士清

總 編 輯 ― 楊秀麗

地　　　址：106臺北市大安區和平東路二段339號4樓

電　　　話：(02)2705-5066　　傳　　真：(02)2706-6100

網　　　址：https://www.wunan.com.tw

電子郵件：wunan@wunan.com.tw

劃撥帳號：01068953

戶　　　名：五南圖書出版股份有限公司

法律顧問：林勝安律師

出版日期：2018年6月初版一刷
　　　　　　2024年12月二版一刷

定　　　價：新臺幣550元

經典永恆·名著常在

五十週年的獻禮——經典名著文庫

五南，五十年了，半個世紀，人生旅程的一大半，走過來了。

思索著，邁向百年的未來歷程，能為知識界、文化學術界作些什麼？

在速食文化的生態下，有什麼值得讓人雋永品味的？

歷代經典·當今名著，經過時間的洗禮，千錘百鍊，流傳至今，光芒耀人；

不僅使我們能領悟前人的智慧，同時也增深加廣我們思考的深度與視野。

我們決心投入巨資，有計畫的系統梳選，成立「經典名著文庫」，

希望收入古今中外思想性的、充滿睿智與獨見的經典、名著。

這是一項理想性的、永續性的巨大出版工程。

不在意讀者的眾寡，只考慮它的學術價值，力求完整展現先哲思想的軌跡；

為知識界開啟一片智慧之窗，營造一座百花綻放的世界文明公園，

任君遨遊、取菁吸蜜、嘉惠學子！